高等职业教育课程改革项目研究成果系列教材

基于Android物联网技术应用

主　编　王　浩
副主编　郑广成　史桂红

北京理工大学出版社
BEIJING INSTITUTE OF TECHNOLOGY PRESS

内容简介

本书以贴近实际的Android物联网工程项目为依托，将必须掌握的项目开发技术与项目实施建立联系，并将能力和技能培养贯穿其中。本书根据行业产业对人才的知识和技能要求，设计了七个工程开发项目：基于Android温湿度采集应用、基于Android温湿度采集和风扇控制应用、基于Android光照度采集应用、基于Android光照度数据采集及步进电机控制应用、基于Android人体红外检测应用、基于Android人体红外检测继电器控制应用、基于Android无线音乐播放控制应用。根据项目实施过程，以任务方式将课程内容的各种实际操作"项目化"，使学生能在较短时间内掌握Android物联网采集和控制技术。

本书既可以作为高、中职学校移动互联和物联网技术等相关专业的课程教材，也可作为移动互联应用和物联网应用编程考证培训参考书。

图书在版编目（CIP）数据

基于Android物联网技术应用 / 王浩主编. -- 北京 : 北京理工大学出版社, 2021.5（2021.9重印）
ISBN 978-7-5682-9864-3

Ⅰ. ①基… Ⅱ. ①王… Ⅲ. ①移动终端-应用程序-程序设计 Ⅳ. ①TN929.53

中国版本图书馆CIP数据核字（2021）第097939号

出版发行 / 北京理工大学出版社有限责任公司
社　　址 / 北京市海淀区中关村南大街5号
邮　　编 / 100081
电　　话 / (010)68914775(总编室)
(010)82562903(教材售后服务热线)
(010)68944723(其他图书服务热线)
网　　址 / http://www.bitpress.com.cn
经　　销 / 全国各地新华书店
印　　刷 / 河北盛世彩捷印刷有限公司
开　　本 / 787毫米×1092毫米 1/16
印　　张 / 11.25
字　　数 / 252千字
版　　次 / 2021年5月第1版 2021年9月第2次印刷
定　　价 / 36.00元

责任编辑 / 朱　婧
文案编辑 / 朱　婧
责任校对 / 周瑞红
责任印制 / 施胜娟

图书出现印装质量问题，请拨打售后服务热线，本社负责调换

前　言

基于Android物联网技术应用是一门实用性很强的专业课程，内容注重理论知识和实践应用的紧密结合。本书的设计思路是采用项目式和任务驱动方式将课程内容实际操作“项目化”，项目课程强调不仅要给学生知识，而且要通过训练，使学生能够在知识与工作任务之间建立联系。项目化课程的实施将课程的技能目标、学习目标要素贯穿在对工作任务的认识、体验和实施当中，并通过技能训练加以考核和完成。在项目课程的实施过程中，以项目任务为驱动，强化知识的学习和技能的培养。

本书以贴近实际的具体项目为依托，将必须掌握的基本知识与项目设计和实施建立联系，将能力和技能培养贯穿其中。本书通过最新的Android studio开发平台，设计了七个物联网工程案例项目分别为：基于Android温湿度采集应用、基于Android温湿度采集和风扇控制应用、基于Android光照度采集应用、基于Android光照度数据采集及步进电机控制应用、基于Android人体红外检测应用、基于Android人体红外检测继电器控制应用、基于Android无线音乐播放控制应用。根据项目实施过程，以任务方式将课程内容的各种实际操作“项目化”，使学生能在较短时间内掌握Android物联网采集和控制技术。

本书内容体系完整，案例翔实，叙述风格平实、通俗易懂，书中的项目工程源码已全部通过了相关物联网移动端实验实训设备验证。该设备平台是由苏州创彦物联网科技有限公司研制的实验实训设备。另外本书的编写得到了谷歌（Google）中国教育合作部的立项资助，通过本书的学习，学生可以快速掌握Android移动端物联网传感器数据采集和控制应用编程能力，并能快速提升移动端物联网应用编程软件设计与开发水平。

由于编者水平有限，加上Android物联网技术发展日新月异，书中难免存在错误和疏漏之处，敬请广大读者批评指正。

编　者

目　录

项目一

基于 Android 温湿度采集应用

项目情境

随着生活水平的提高，人们对于生活环境也有了更高的要求。数显电子钟、家用加湿器、温湿度计等产品都加装有温湿度传感器，可以检测室内温湿度。为了能够让用户通过移动端采集温湿度数据信息，当前很多智能家居系统都采用了 WIFI 无线通信方式设置和获取温湿度信息，使得主人打开家门就能享受到温馨的家居环境，如图 1－1 所示。

图 1－1　智能家居温湿度采集

学习目标

（1）能正确使用移动设备通过 WIFI 通信获取温湿度数据。
（2）理解 Android 温湿度采集程序的功能结构。
（3）掌握 Android 温湿度采集程序的功能设计。
（4）掌握 Android 温湿度采集程序的功能实现。
（5）掌握 Android 温湿度采集程序的调试和运行。

任务1.1 移动端 WIFI 通信温湿度传感器数据采集

1.1.1 任务描述

本次任务中，首先将物联网教学设备接入的温湿度传感器对实训室的周边环境参数（温度、湿度等）进行实时采集，然后通过 ZigBee 无线传感网络传输至嵌入式网关，这里嵌入式网关主要包含 ZigBee 协调器和 WIFI 无线通信模块，接着 Android 移动端连接嵌入式网关中 WIFI 模块 AP 热点，最后将嵌入式网关中采集到的温湿度数据通过 WIFI 无线通信方式实时显示在移动端网络调试助手界面上，如图 1－2 所示为温湿度采集整体功能结构。

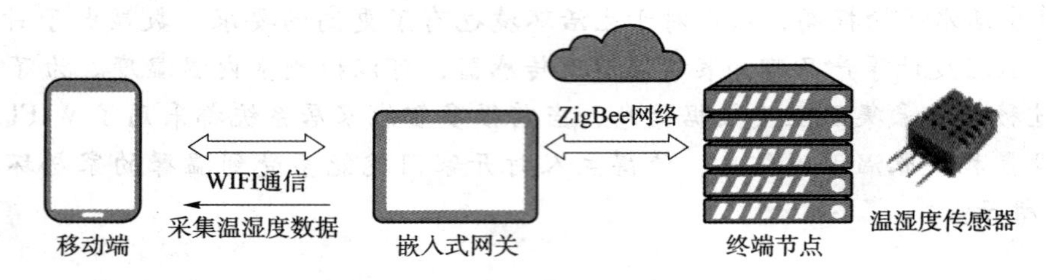

图 1－2　温湿度采集整体功能结构

1.1.2 任务分析

温湿度采集模块主要包括 DHT11 温湿度传感器，它连接 ZigBee 终端节点（简称温湿度传感节点），当 ZigBee 无线传感网络连接成功之后，温湿度传感节点将实时获取 DHT11 温湿度传感器采集的温湿度数据信息，然后周期性地通过 ZigBee 无线网络发送至 ZigBee 协调器。当 ZigBee 协调器节点收到数据之后，通过串口转 WIFI 方式发送给 WIFI 无线通信模块，最后移动端通过 WIFI 方式连接 WIFI 无线通信模块 AP 热点，将温湿度数据信息实时显示在网络调试助手运行界面上，如图 1－3 所示。

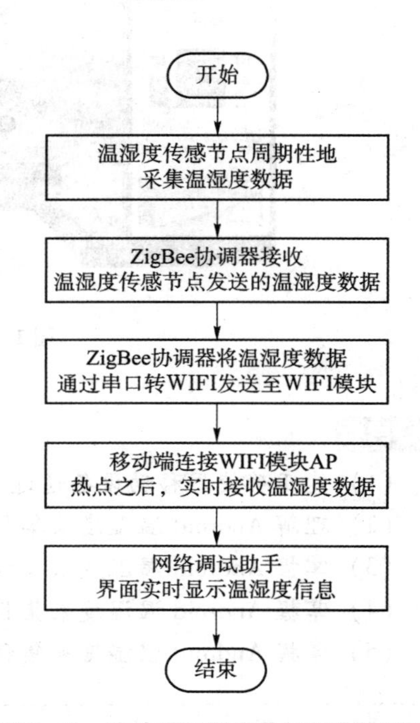

图 1－3　移动端温湿度数据采集流程图

1.1.3 操作方法与步骤

WIFI 模块网络参数配置如下：

（1）打开物联网设备电源，嵌入式网关中的 WIFI 模块可以根据相应的参数设置，作为 AP 热点组建局域网，实现 WIFI 无线采集和控制，如图 1－4 所示。

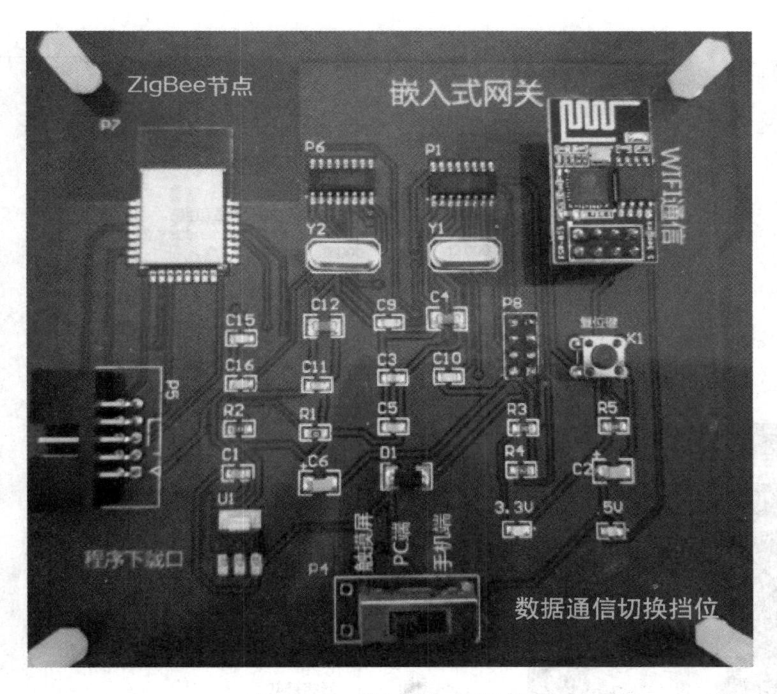

图 1－4　嵌入式智能网关

（2）将功能开关挡位切换到移动端挡之后，嵌入式网关将传感器采集的数据信息通过 WIFI 模块无线发送至移动设备端，从而无线接收各种采集数据，如图 1－5 所示。

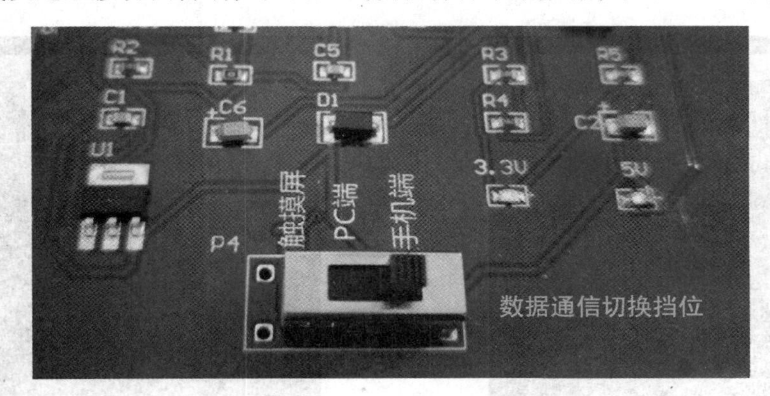

图 1－5　设备端与 Android 移动端通信挡位

（3）物联网教学设备中的温湿度传感器模块如图 1－6 所示。

（4）在 Android 移动设备端上，打开 WIFI 功能，连接 WIFI 模块热点 CYWL001，如图 1－7 所示。

（5）运行 Android 手机中的网络调试助手软件，选择 tcpclient 通信模式，然后单击"增加"按钮，出现如图 1－8 所示对话框，IP 地址输入 192. 168. 4. 1，端口为 8002。

（6）如果连接 WIFI 模块成功，则显示传感器端周期性传输过来的相关采集数据，如温湿度数据信息。0101 开头的后两位数据代表温度信息，如 010115，代表当前温度为 15℃；0102 开头的后两位数据代表湿度信息，如 010273，代表湿度为 73，如图 1－9 所示。

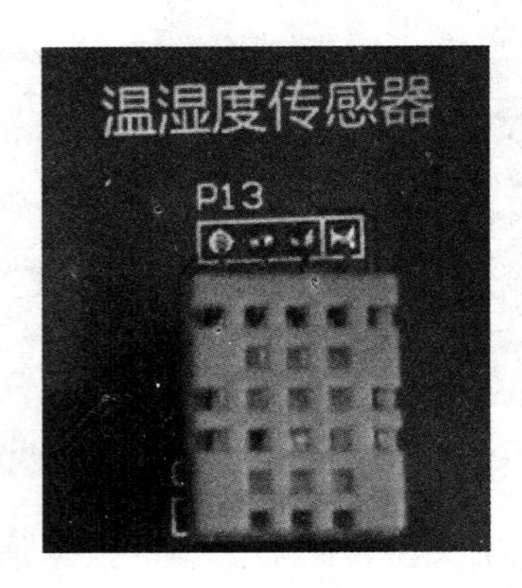

图 1－6　温湿度传感器模块

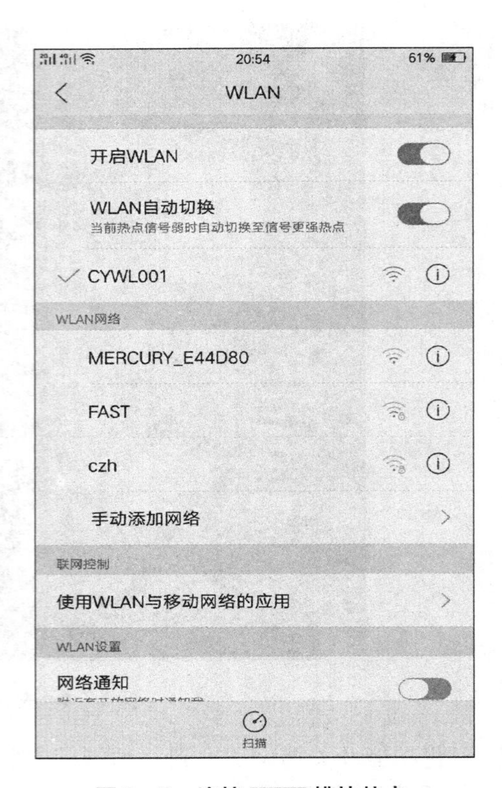

图 1－7　连接 WIFI 模块热点

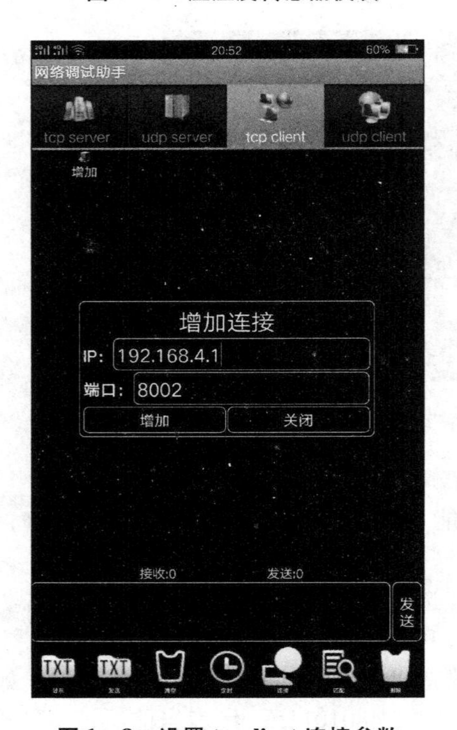

图 1－8　设置 tcpclient 连接参数

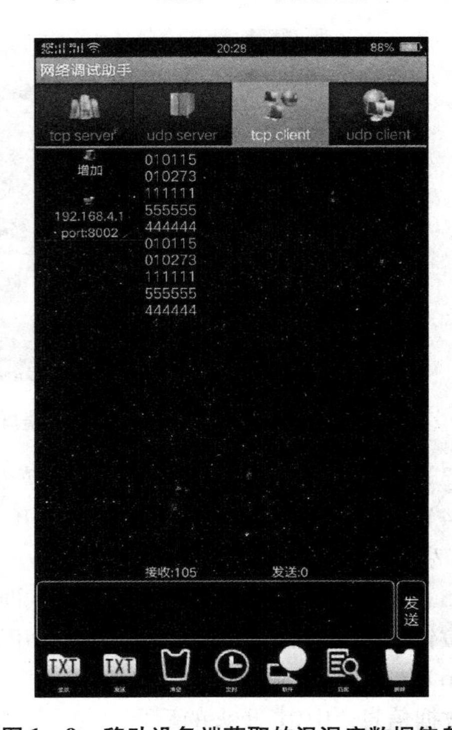

图 1－9　移动设备端获取的温湿度数据信息

任务 1.2　基于 Android 温湿度采集程序开发

1.2.1　任务描述

在任务 1.1 中，温湿度传感节点将采集到的温湿度数据通过 ZigBee 无线传感网络传输至嵌入式网关，然后嵌入式网关通过 WIFI 方式与移动端通信，将温湿度数据实时显示在网络调试助手界面上。本次任务通过 Android 编程，实现对物联网设备平台上的温湿度传感器进行数据采集、数据处理以及数据实时显示，让同学们在本次项目实践中能够掌握 Android 温湿度采集程序开发技术。

1.2.2　任务分析

温湿度采集功能主要实现 Android 温湿度采集程序运行界面上温度数据和湿度数据的实时显示。这里温湿度传感节点实时采集温湿度数据信息，周期性地通过 ZigBee 无线传感网络发送至 ZigBee 协调器，由 ZigBee 协调器通过串口转 WIFI 发送给 WIFI 模块，当手机移动端通过 WIFI 无线通信连接嵌入式网关中 WIFI 模块 AP 热点之后，将温湿度数据信息实时发送到温湿度采集程序中进行解析处理，并最终显示在 Android 图形交互界面上，如图 1-10 所示为温湿度采集模块流程图。

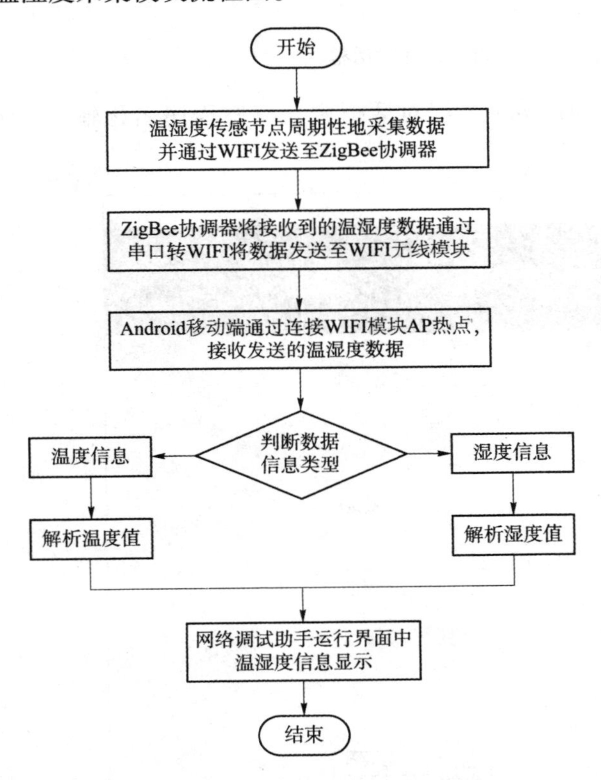

图 1-10　温湿度采集模块流程图

基于 ANDROID 温湿度
采集程序开发流程

1.2.3 操作方法与步骤

1. 创建 Android 温湿度采集程序工程项目

（1）打开 Android Studio 开发环境，项目选择对话窗体界面上，选择 Start a new Android Studio project 项，如图 1-11 所示。

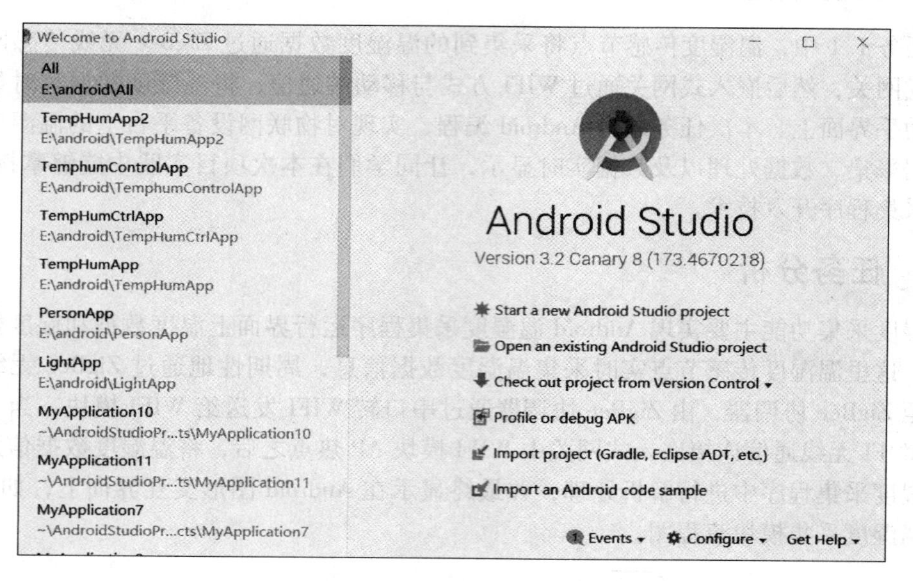

图 1-11　新建工程对话框

（2）在如图 1-12 所示的创建 Android 工程对话框中，应用程序名称输入 TempHum-NewApp，单击“Next”按钮。

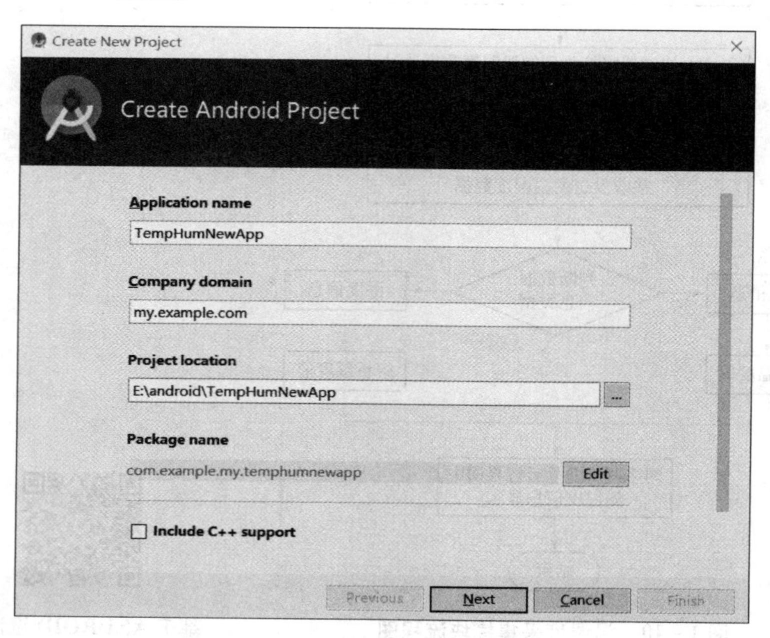

图 1-12　输入 Android 项目名称

（3）选择合适的 Android SDK 版本，这里手机和平板设备选择 API 22 版本，如图 1－13 所示。

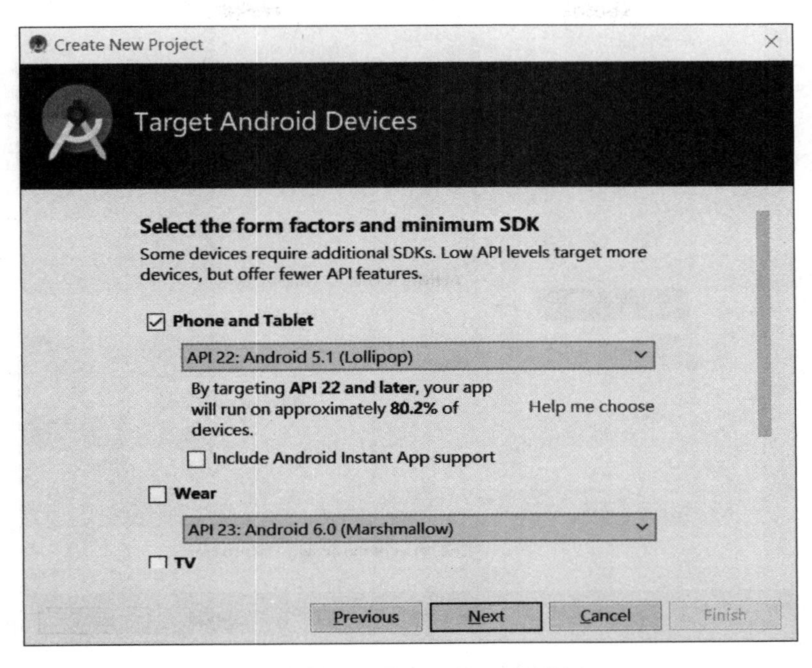

图 1－13　选择 Android SDK 版本

（4）在添加 Activity 的对话框内，选择“Empty Activity”模板，单击“Next”按钮，如图 1－14 所示。

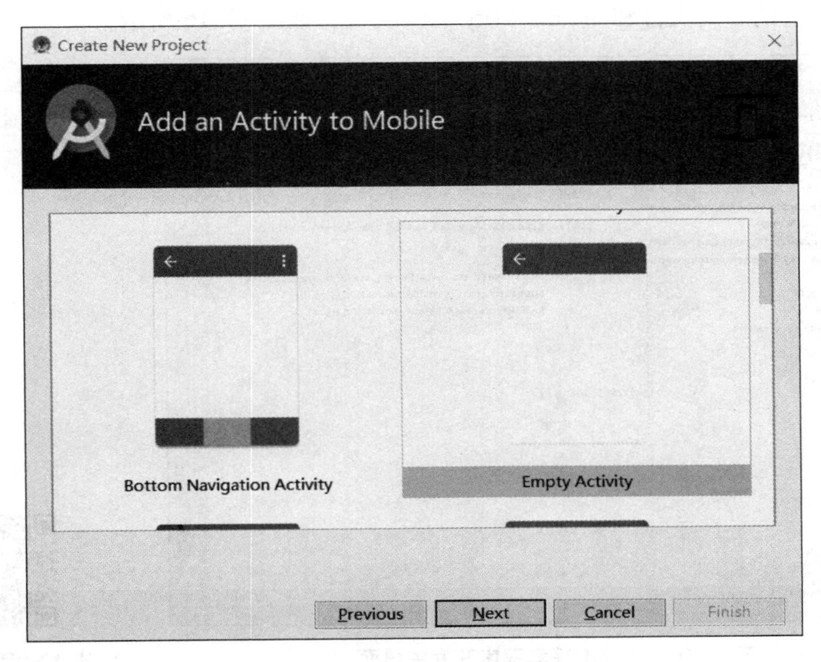

图 1－14　选择创建的 Activity 样式

（5）在定制 Activity 的对话框内，设置 Activity Name 为“MainActivity”，Layout Name 为“activity_main”，单击“Finish”按钮，如图 1－15 所示。

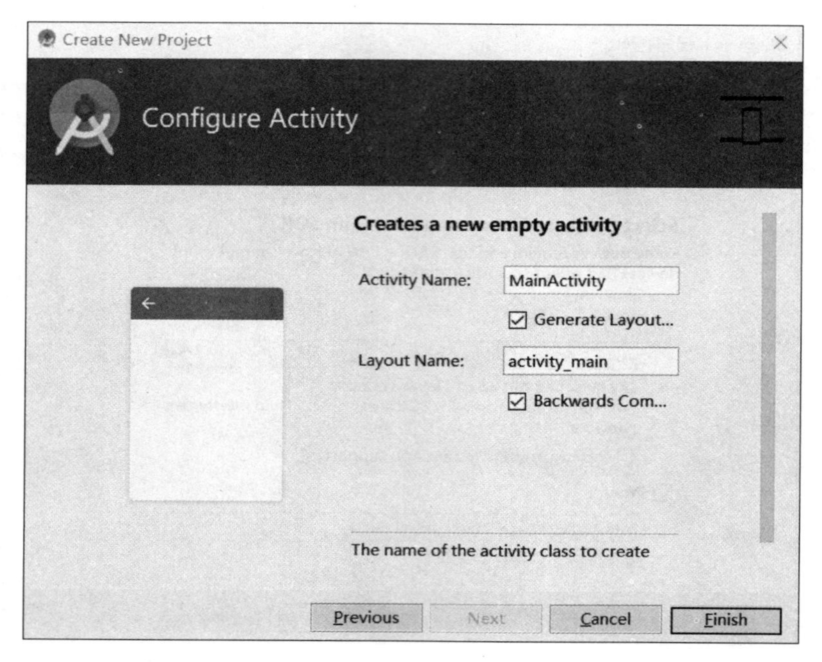

图 1－15　设置文件名称

（6）Android 温湿度采集程序项目创建完成之后，会自动打开项目开发主界面。在 Android Studio 的主界面上，除了菜单工具栏外，主要是项目结构与项目开发两栏，默认打开 activity_main 的布局文件和 MainActivity. java 文件，如图 1－16 所示。

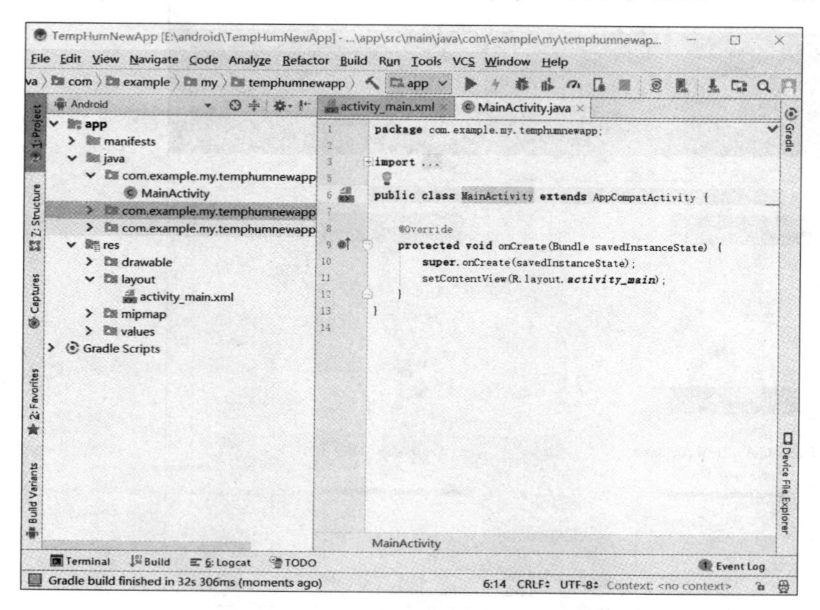

图 1－16　温湿度采集程序开发主界面

创建 ANDROID 温湿度采集程序工程项目

2. 温湿度采集程序窗体界面设计

（1）打开 activity_main 文件，显示 Android 的设计界面，然后在 AppTheme 下拉列表中选择 AppCompat. Light. NoActionBar 主题选项，如图 1－17 所示。

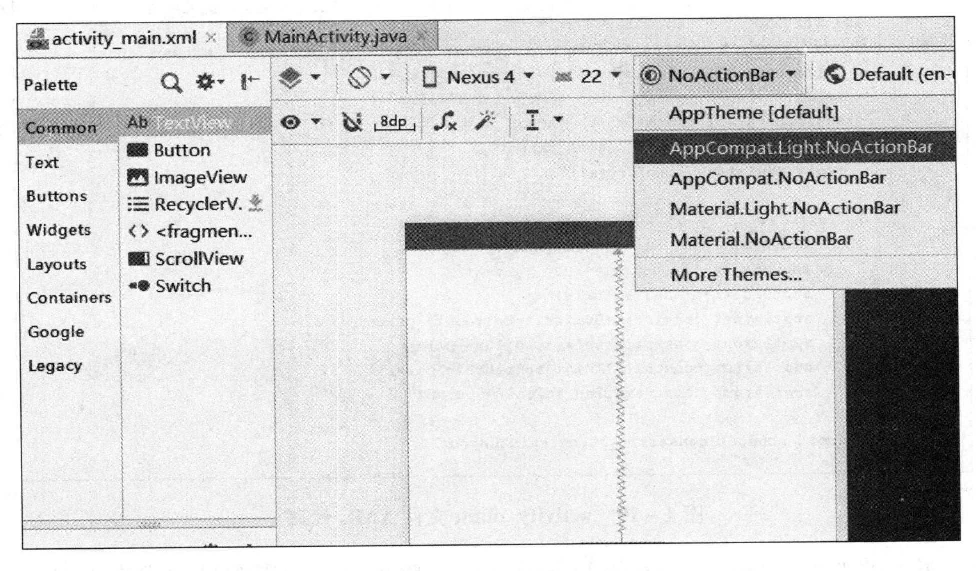

图 1－17　选择主题选项

（2）设置主题风格完成之后，显示 Android 的设计界面，左边界面显示设计效果，右边界面显示控件摆放的轨迹，如图 1－18 所示。

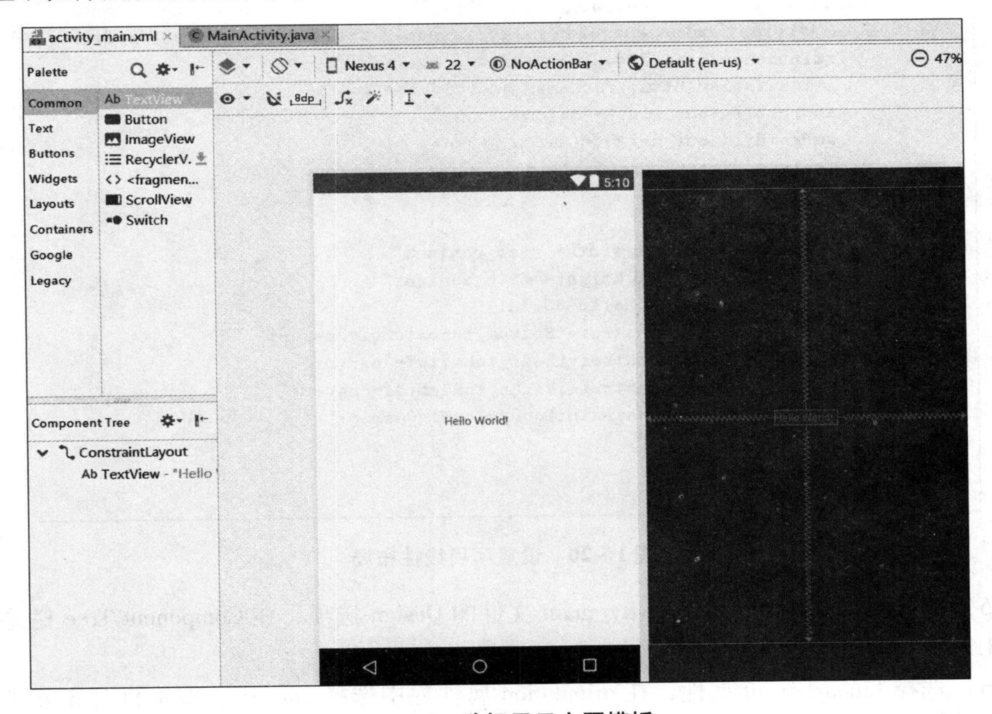

图 1－18　选择显示主题模板

（3）选择 activity_main 文件的 Text 选项，显示界面的 XML 代码，项目界面布局默认采用约束布局方式，如图 1－19 所示。

```
activity_main.xml ×    MainActivity.java ×
1   <?xml version="1.0" encoding="utf-8"?>
2   <android.support.constraint.ConstraintLayout xmlns:android="http://schemas.android.com/a
3       xmlns:app="http://schemas.android.com/apk/res-auto"
4       xmlns:tools="http://schemas.android.com/tools"
5       android:layout_width="match_parent"
6       android:layout_height="match_parent"
7       tools:context=".MainActivity">
8
9       <TextView
10          android:layout_width="wrap_content"
11          android:layout_height="wrap_content"
12          android:text="Hello World!"
13          app:layout_constraintBottom_toBottomOf="parent"
14          app:layout_constraintLeft_toLeftOf="parent"
15          app:layout_constraintRight_toRightOf="parent"
16          app:layout_constraintTop_toTopOf="parent" />
17
18  </android.support.constraint.ConstraintLayout>
```

图 1－19　activity_main 文件 XML 代码

（4）通过修改 ConstraintLayout 为 LinearLayout，将项目的约束布局方式修改为线性布局方式，如图 1－20 所示，显示界面的 XML 代码。

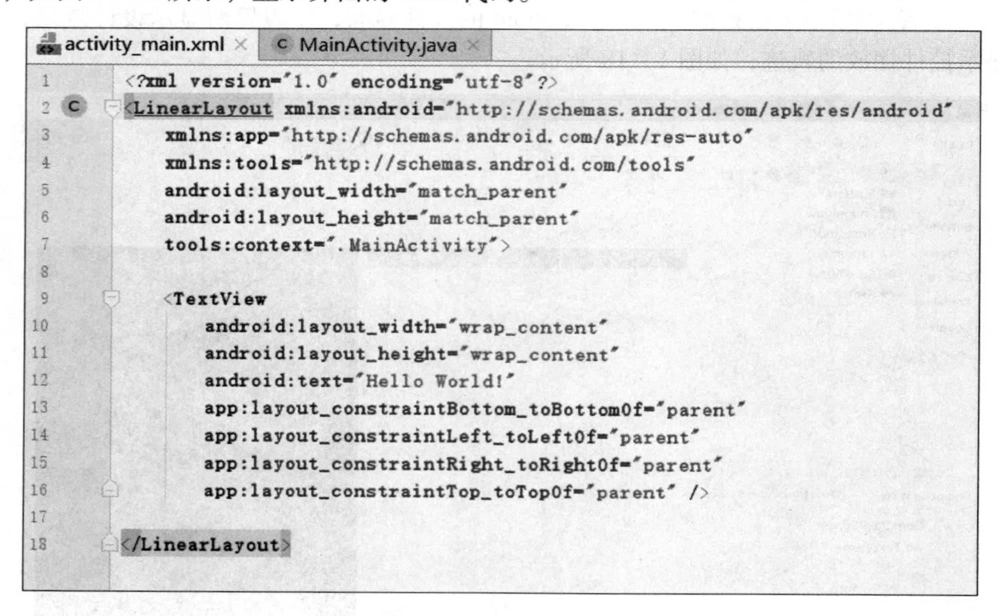

```
activity_main.xml ×    MainActivity.java ×
1   <?xml version="1.0" encoding="utf-8"?>
2   <LinearLayout xmlns:android="http://schemas.android.com/apk/res/android"
3       xmlns:app="http://schemas.android.com/apk/res-auto"
4       xmlns:tools="http://schemas.android.com/tools"
5       android:layout_width="match_parent"
6       android:layout_height="match_parent"
7       tools:context=".MainActivity">
8
9       <TextView
10          android:layout_width="wrap_content"
11          android:layout_height="wrap_content"
12          android:text="Hello World!"
13          app:layout_constraintBottom_toBottomOf="parent"
14          app:layout_constraintLeft_toLeftOf="parent"
15          app:layout_constraintRight_toRightOf="parent"
16          app:layout_constraintTop_toTopOf="parent" />
17
18  </LinearLayout>
```

图 1－20　设置项目线性布局

（5）修改完成之后，选择 activity_main 文件的 Design 选项，在 Component Tree 栏显示为 LinearLayout，如图 1－21 所示。

（6）选择 LinearLayout 属性，在 orientation 属性栏中选择 vertical，即垂直对齐方式，如图 1－22 所示。

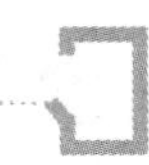

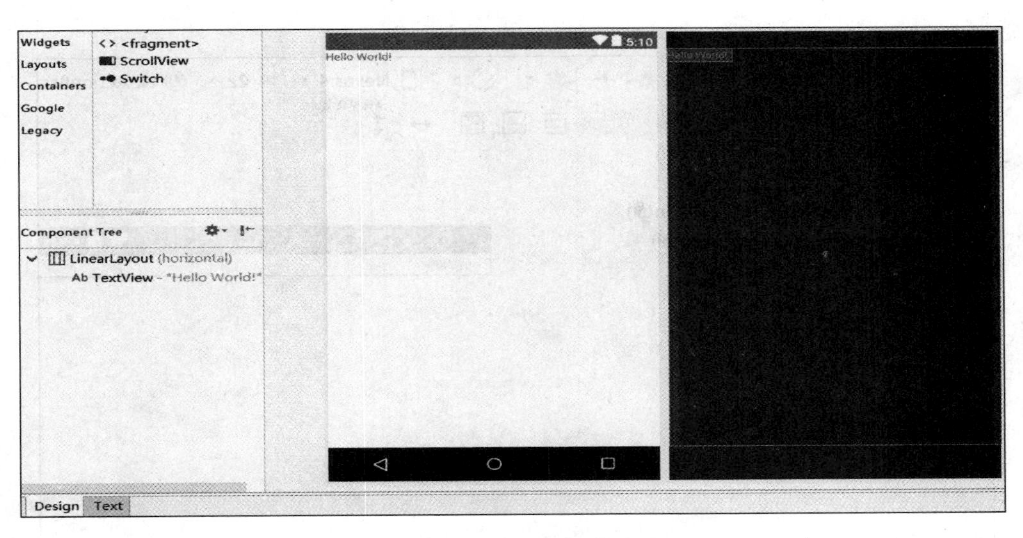

图 1-21　项目界面的线性布局效果

（7）在左右对齐方式 gravity 属性栏中选择 center，即中间对齐方式，如图 1-23 所示。

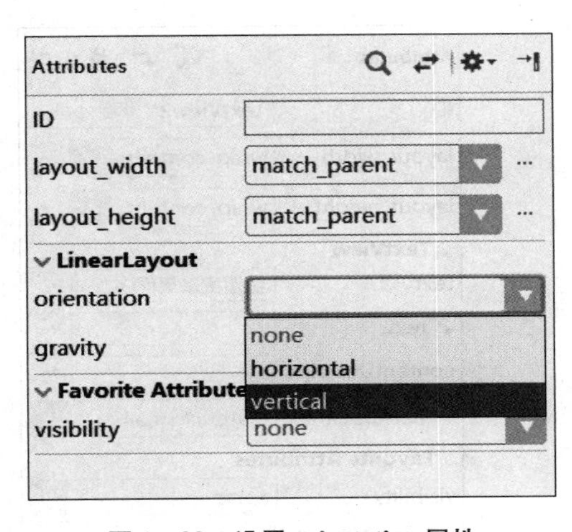

图 1-22　设置 orientation 属性

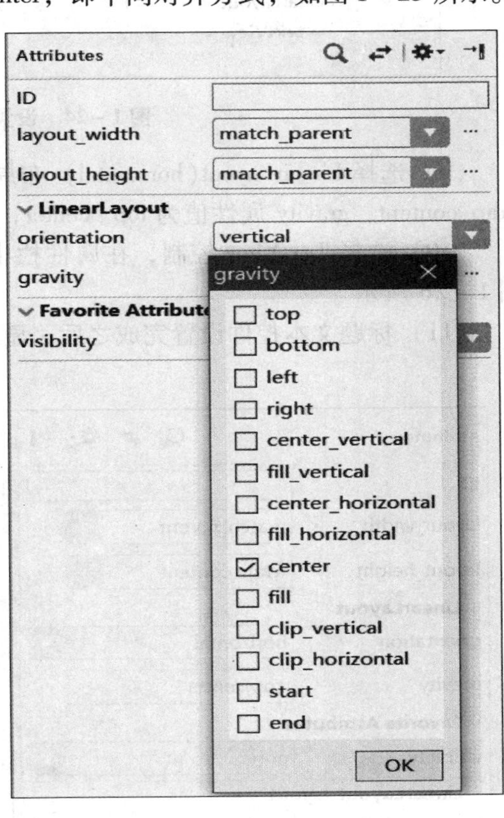

图 1-23　设置 gravity 属性

（8）在 Palette 工具栏中，选择 LinearLayout（horizontal）布局控件拖动到界面上，同理，选择 TextView 文本控件拖动到界面上，如图 1-24 所示。

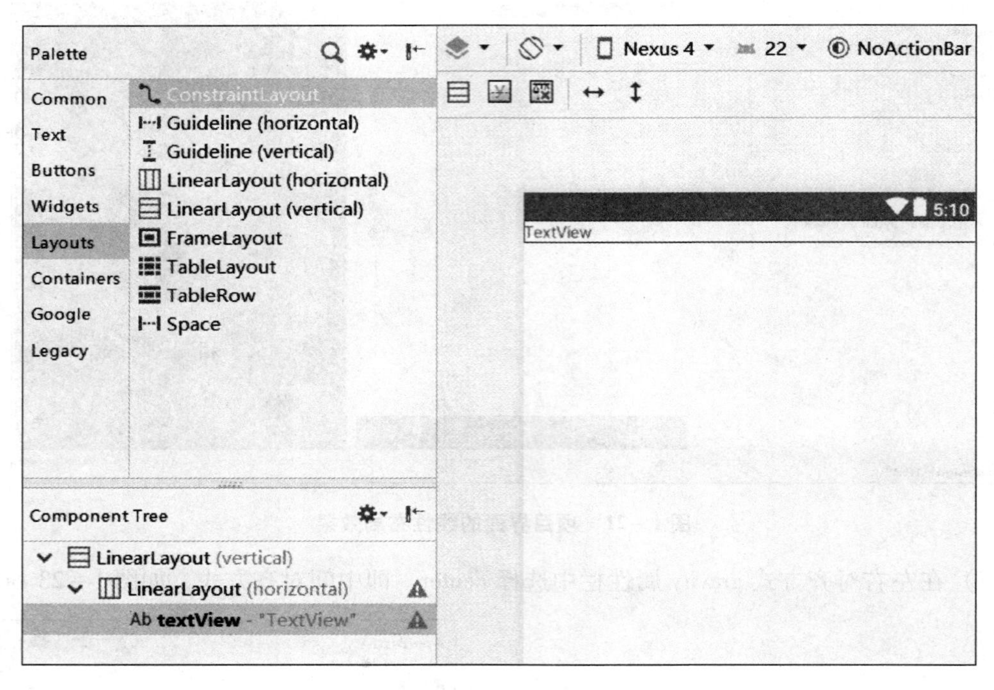

图 1－24　设置标题布局和文本控件

（9）选择 LinearLayout（horizontal）布局控件，在属性栏中，设置 layout_height 属性值为 wrap_content，gravity 属性值为 top | center，如图 1－25 所示。

（10）选择 TextView 控制，在属性栏中将 text 属性值设置为“温湿度采集程序”，如图 1－26 所示。

（11）标题文本控件设置完成之后，显示如图 1－27 所示界面效果。

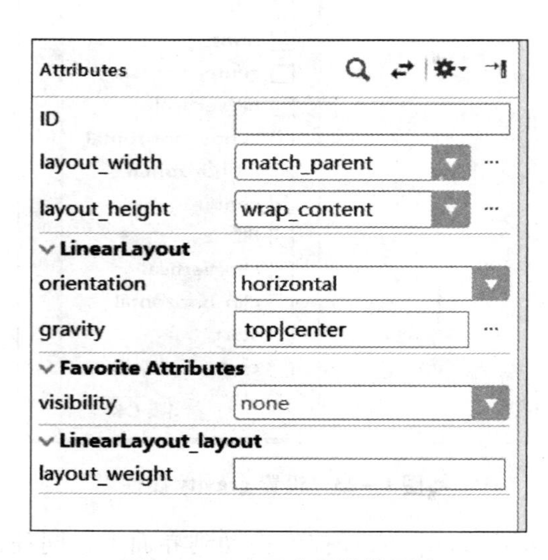

图 1－25　水平布局控件属性

图 1－26　设置标题文本属性

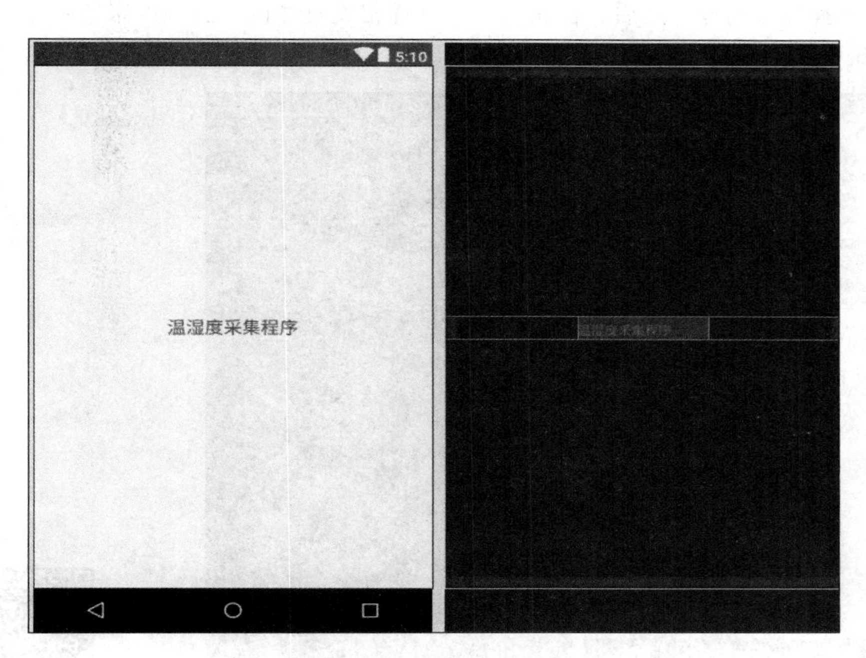

图 1-27　标题显示效果

（12）同理，在 Palette 工具栏中，选择四个 LinearLayout（horizontal）布局控件拖动到 Component Tree 栏上，选择 TextView 和 Plain Text 以及 Button 控件拖动到 Component Tree 栏上，设置相应属性值之后，显示如图 1-28 所示。

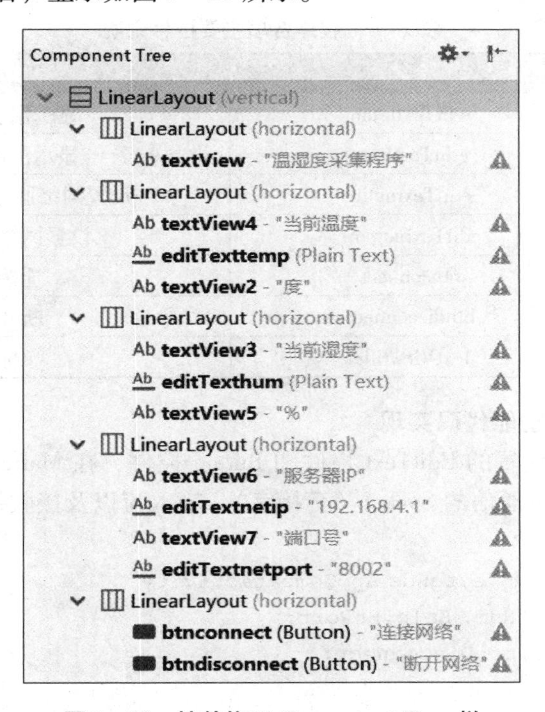

图 1-28　控件拖至 Component Tree 栏

（13）选择相应的控件之后，在属性栏中设置相关属性值，温湿度采集程序界面设计完成之后如图 1－29 所示。

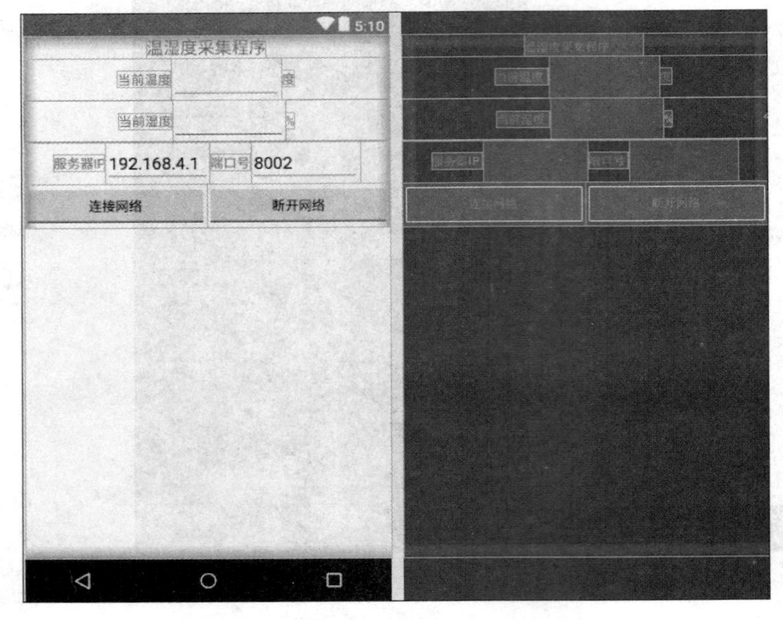

图 1－29　温湿度采集程序界面设计

ANDROID 温湿度采集程序界面设计

（14）将图 1－28 中主要控件进行规范命名和设置初始值，如表 1－1 进行说明。

表 1－1　程序各项主要控件说明

控件名称	命名	说明
EditText	editTexttemp	显示温度信息文本框
EditText	editTexthum	显示湿度信息文本框
EditText	editTextnetip	设置网络服务器 IP 地址文本框
EditText	editTextnetport	设置网络端口号文本框
Button	btnconnect	连接网络按钮
Button	btndisconnect	断开网络按钮
TextView	textViewtitle	标题信息

3. 温湿度采集程序功能代码实现

（1）根据界面中所设置的 EditText 控件和 Button 控件，在 MainActivity 类中定义对应的控件变量，同时定义网络通信的 Socket（套接字）、输入流以及接收线程对象等。

具体代码如下：

```
public class MainActivity extends AppCompatActivity {
    EditText EtTemp,EtHum, EtIp,EtPort;
    Button btnConnect,btnDisConnect;
    Socket socket;
    boolean isConnect = false;
```

```
    String NetIp;
    int NetPort;
    ReceivedThread receiveThread;
    BufferedReader bufferedReader;
}
```

（2）在 onCreate 方法中通过调用 findViewById 方法将控件的 ID 号转变为对象变量，如 EtTemp = findViewById（R. id. editTextTemp）。另外，为了单击按钮产生 onClick 方法进行单击事件处理，进行设置 Button 的 setOnClickListener 监听器，并采用匿名内部类实现 onClick 方法，这里在连接网络按钮事件处理方法中主要完成线程的启动，实现网络连接功能，同时开启接收线程，实现 WIFI 网络中传感器数据的接收。在断开网络按钮事件处理方法中主要完成输入流和套接字关闭功能。

具体代码如下：

```
@Override
protected void onCreate(Bundle savedInstanceState){
    super.onCreate(savedInstanceState);
    setContentView(R.layout.activity_main);
    EtTemp = findViewById(R.id.editTexttemp);
    EtHum = findViewById(R.id.editTexthum);
    EtIp = findViewById(R.id.editTextnetip);
    EtPort = findViewById(R.id.editTextnetport);
    btnConnect = findViewById(R.id.btnconnect);
    btnDisConnect = findViewById(R.id.btndisconnect);
    btnConnect.setOnClickListener(new View.OnClickListener(){
        @Override
        public void onClick(View v){
            Thread thread = new Thread(Connectthread);
            thread.start();
            Toast. makeText (MainActivity. this," 网络连接成功", Toast. LENGTH _
SHORT).show();
            btnDisConnect.setEnabled(true);
            btnConnect.setEnabled(false);
        }
    });
    btnDisConnect.setOnClickListener(new View.OnClickListener(){
        @Override
        public void onClick(View v){
            if(isConnect)
            {
                try {
                    bufferedReader.close();
                    socket.close();
                    isConnect = false;
                    btnDisConnect.setEnabled(false);
```

```
                        btnConnect.setEnabled(true);
                    Toast.makeText(MainActivity.this,"网络断开",Toast.LENGTH_
SHORT).show();
                } catch(IOException e){
                    e.printStackTrace();
                }
            }
        }
    });
}
```

ANDROID 温湿度采集程序功能代码实现 1

(3) 为了通过启动 Thread 线程连接 WIFI 网络，需要实现 Runnable 接口，在接口 Run 方法中实现套接字对象，并绑定服务器 IP 地址和端口号。另外为了接收服务器端发送过来的温湿度数据，需要再次启动 ReceivedThread 线程进行接收。

具体代码如下：

```
Runnable Connectthread=new Runnable(){
    @Override
    public void run(){
        NetIp=EtIp.getText().toString();
        NetPort=Integer.valueOf(EtPort.getText().toString());
        try {
            socket=new Socket(NetIp,NetPort);
            isConnect=true;
            receiveThread=new ReceivedThread(socket);
            receiveThread.start();
        } catch(IOException e){
            e.printStackTrace();
        }
    }
}
```

(4) 为了在连接 WIFI 网络成功之后，能够接收服务器端发送的温湿度数据，需要开启 ReceivedThread 线程进行接收，这里通过继承 Thread 线程类，实现 ReceivedThread 线程类，并在 ReceivedThread 线程类构造方法中传递套接字对象作为参数。

具体代码如下：

```
class  ReceivedThread  extends  Thread {
    ReceivedThread(Socket socket){
            try {
bufferedReader=new BufferedReader(new InputStreamReader(socket.getInputStream
(),"UTF-8"));
            }
            catch(IOException e){
                e.printStackTrace();
            }
    }
```

ANDROID 温湿度采集程序功能代码实现 2

（5）ReceivedThread 线程类中需要实现 Run 方法，在 Run 方法中通过输入流的 Read 方法读取服务器发送的温湿度数据，并解析数据。首先判断数据是否为空，当不为空时，再判断字符串是否以“0101”开始。如果成立，则取 0101 后面的两位字符，它们是温度数据。然后判断“0102”字符串是否存在，如果成立，则取 0102 后面的两位字符，它们是湿度数据，最后以 Message 对象作为参数调用 Handler 对象的 sendMessage 方法，发送给 UI 主线程。

具体代码如下：

```
@Override
    public void run(){
            while(!socket.isClosed())
            {
                char[] buffer =new char[64];
                for(int i =0;i <buffer.length;i + +)
                {
                    buffer[i] = '\0';
                }
                int len =0;
                try {
                    len =bufferedReader.read(buffer);
                } catch(IOException e){
                    e.printStackTrace();
                }
                if(len! = -1)
                {
                        String str =String.copyValueOf(buffer);
                        String sub ="";
                        int index;
                        if(str.indexOf("0101")! = -1)
                        {
                            index =str.indexOf("0101");
                            sub =str.substring(index +4,index +6);
                            Message msg =new Message();
                            msg.obj =sub;
                            msg.what =1;
                            handler.sendMessage(msg);
                        }
                        if(str.indexOf("0102")! = -1)
                        {
                            index =str.indexOf("0102");
                            sub =str.substring(index +4,index +6);
                            Message msg =new Message();
                            msg.obj =sub;
                            msg.what =2;
```

```
                    handler.sendMessage(msg);
                }
            }
        }
        super.run();
    }
}
```

ANDROID 温湿度采集
程序功能代码实现 3

（6）当 Handler 对象调用 sendMessage 方法之后，将包含温湿度数据的 Message 对象发送至 UI 主线程，主线程中的 Handler 对象再次调用 handleMessage 方法处理 Message 对象中的消息数据，并根据 what 属性值分别将温度数据和湿度数据显示在界面中对应的控件中。

具体代码如下：

```
Handler handler = new Handler(){
    @Override
    public void handleMessage(Message msg){
        switch(msg.what)
        {
            case  1:
                EtTemp.setText(msg.obj.toString());
                break;
            case 2:
                EtHum.setText(msg.obj.toString());
                break;
        }
        super.handleMessage(msg);
    }
}
```

ANDROID 温湿度采集
程序功能代码实现 4

（7）为了让程序在移动端通过 WIFI 网络连接物联网网关设备中的服务器，需要将 AndroidManifest. xml 文件打开，添加网络访问权限，如图 1－30 所示。

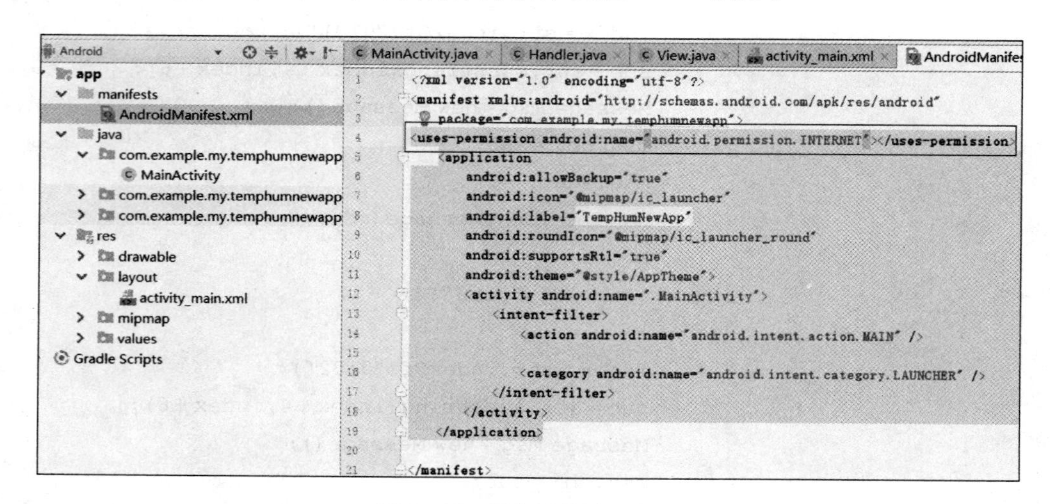

图 1－30　添加网络访问权限

4. 温湿度采集程序下载至移动端运行

（1）程序编译完成之后，单击红色的三角运行按钮“▶”，将温湿度采集下载至移动端，如图 1－31 所示。

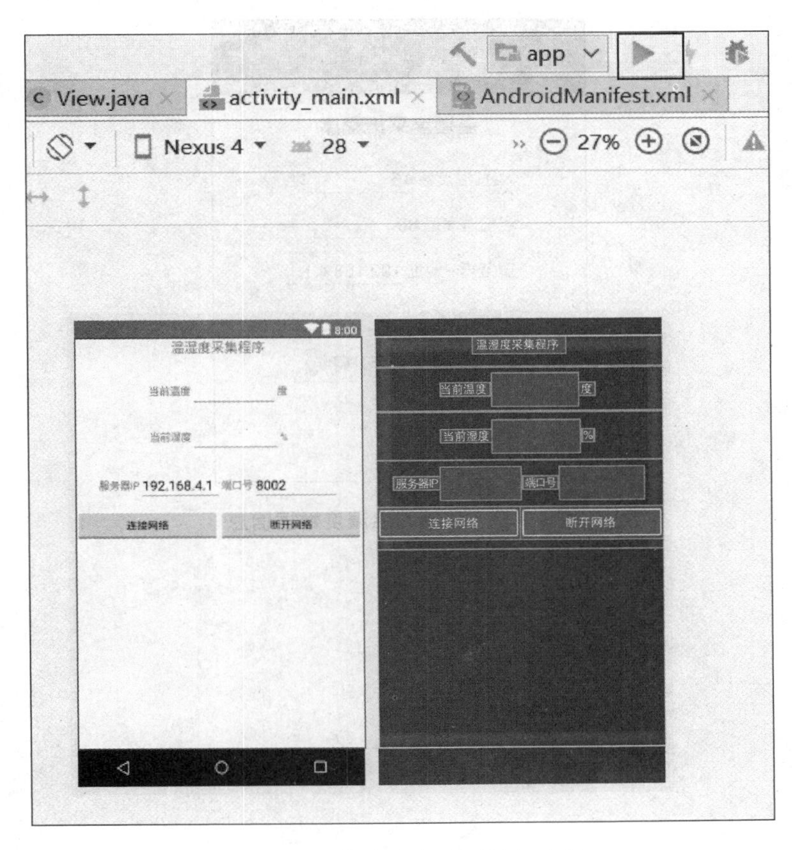

图 1－31　单击“程序下载”按钮

（2）将功能开关挡位切换到移动端挡之后，嵌入式网关模块将传感器采集的数据信息通过 WIFI 模块无线发送至手机设备端，从而无线接收各种采集数据，如图 1－32 所示。

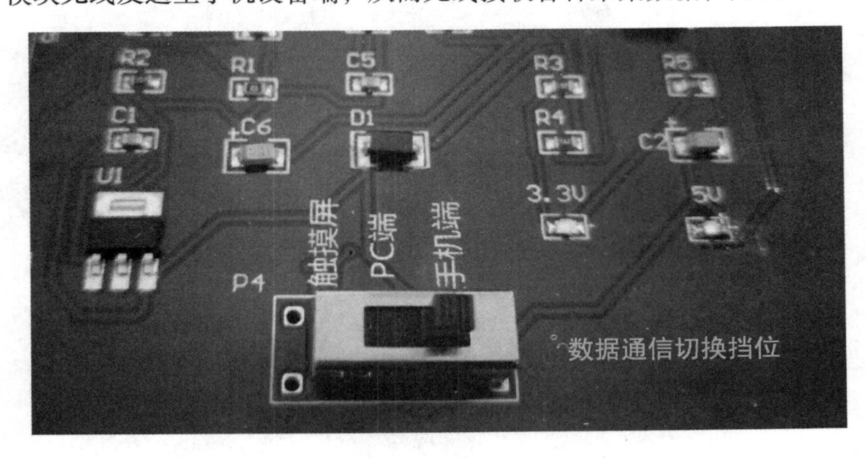

图 1－32　移动端通信挡位

（3）当温湿度采集程序下载至移动端之后，首先将移动端 WIFI 网络连接到物联网设备 WIFI 模块的 AP 热点中，然后运行程序，单击“连接网络”按钮，显示如图 1－33 所示温湿度数据信息。

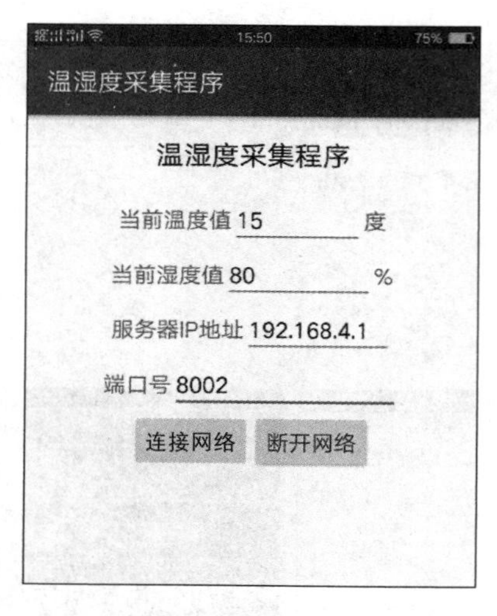

图 1－33　移动端温湿度数据信息

项目二

基于 Android 温湿度采集和风扇控制应用

项目情境

夏季来临，气温迅速攀升，令人感到燥热。尤其当回到家打开门，一股热浪扑面而来时。如果家中安装了智能家居温湿度采集控制系统，不仅可以在回家之前提前用手机把空调调整到最适宜的温度环境，而且可以利用手机通过互联网系统提前开空调，让用户享受清凉一夏，如图 2－1 所示为手机端温湿度采集控制系统。

图 2－1　手机端温湿度采集控制系统

学习目标

（1）能正确使用移动设备通过 WIFI 通信获取温湿度数据和控制风扇。

（2）了解 Android 温湿度采集和风扇控制的应用场景。

（3）掌握 Android 温湿度采集和风扇控制程序的功能结构。

（4）掌握 Android 温湿度采集和风扇控制程序的功能设计。

（5）掌握 Android 温湿度采集和风扇控制程序的功能实现。

（6）掌握 Android 温湿度采集和风扇控制程序的调试和运行。

任务 2.1　移动端 WIFI 通信温湿度数据采集和风扇控制

2.1.1　任务描述

本次任务是在温湿度采集程序项目的基础上，通过物联网教学设备中的温湿度传感器对周边环境参数（温度、湿度等）进行实时采集之后，通过 ZigBee 无线传感网络传输至嵌入式网关。一方面移动端通过 WIFI 通信方式连接嵌入式网关，将采集到的温湿度数据实时显示在移动端网络调试助手界面上，另一方面可以在网络调试助手上发送字符串控制命令给嵌入式网关，再由嵌入式网关中 ZigBee 协调器通过 ZigBee 无线传感网络发送至 ZigBee 终端节点，从而实现对风扇控制模块的运行和停止。如图 2－2 所示为温湿度采集和风扇控制整体功能结构。

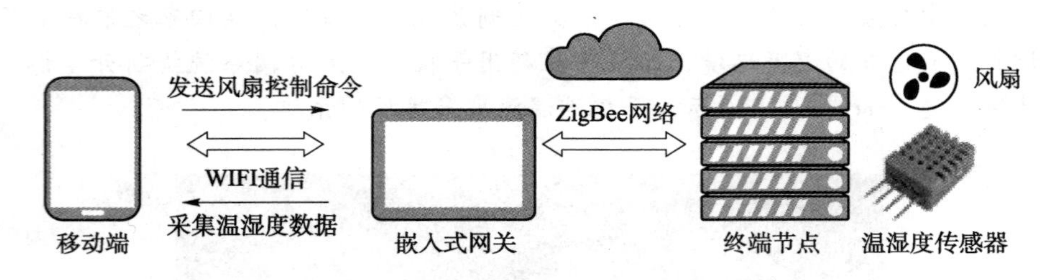

图 2－2　温湿度采集和风扇控制整体功能结构

2.1.2　任务分析

这里 WIFI 通信主要实现温湿度采集和风扇控制功能，其中一个是温湿度采集模块，另一个是风扇控制模块。这里温湿度传感节点实时采集温湿度数据信息，周期性地通过 ZigBee 网络发送至 ZigBee 协调器，当 ZigBee 协调器节点收到数据之后，通过串口转 WIFI 方式发送给 WIFI 无线通信模块。当移动端连接嵌入式网关中 WIFI 模块 AP 热点之后，一方面将温湿度数据信息实时显示在网络调试助手运行界面中，另一方面移动端可以通过 WIFI 方式发送风扇控制命令信息给嵌入式网关中 ZigBee 协调器，再由 ZigBee 协调器通过无线传感网络发送至 ZigBee 终端通信节点，实现风扇的转动和停止控制，如图 2－3 所示。

2.1.3　操作方法与步骤

WIFI 模块网络参数配置如下：

（1）打开物联网设备电源，中央通信处理模块中的 WIFI 模块可以根据相应的参数设置，作为 AP 热点组建局域网，实现 WIFI 无线采集和控制，如图 2－4 所示。

（2）将功能开关挡位切换到移动端挡之后，嵌入式网关将传感器采集的数据信息通过 WIFI 模块无线发送至移动设备端，从而无线接收各种采集数据，如图 2－5 所示。

（3）物联网教学设备的温湿度传感器和风扇控制模块如图 2－6 所示。

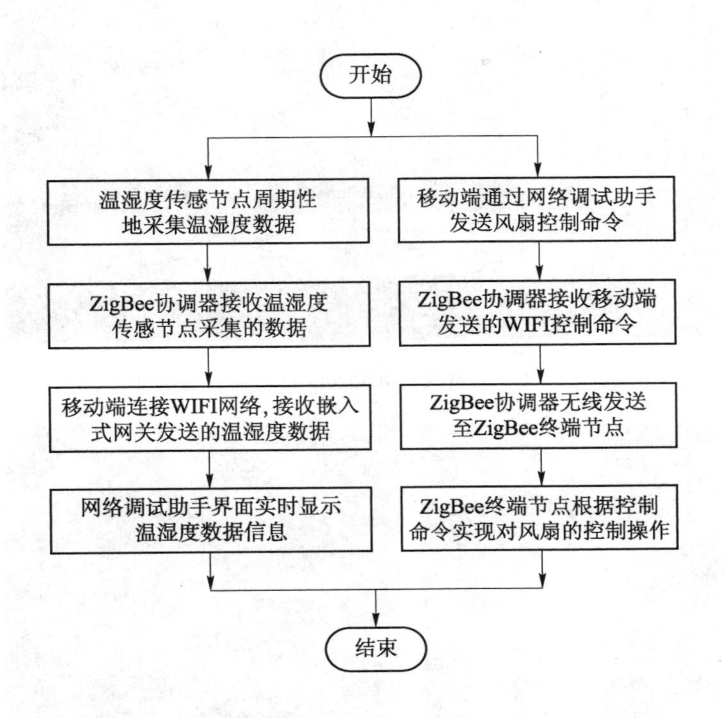

图 2－3　WIFI 通信进行温湿度采集和风扇控制流程图

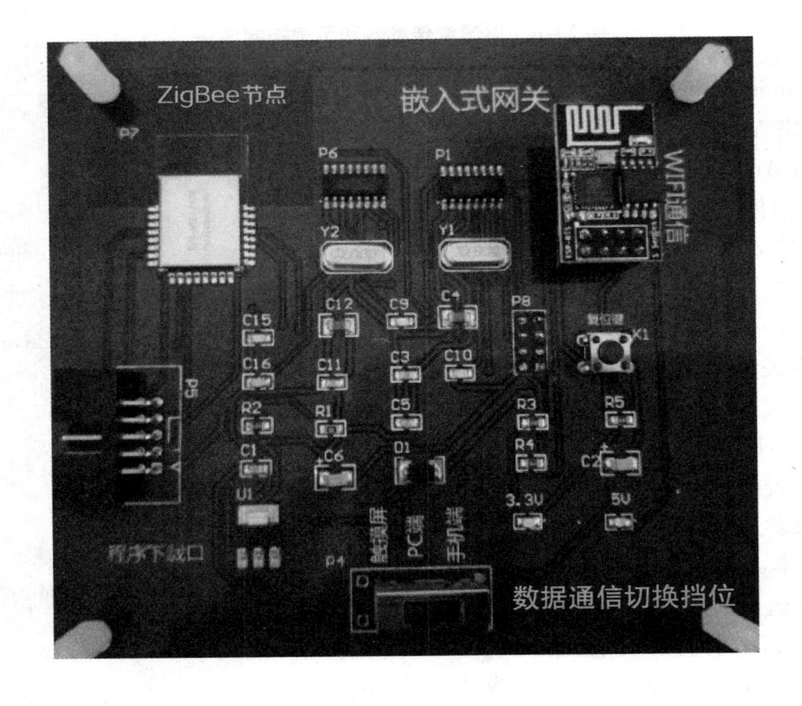

图 2－4　嵌入式网关

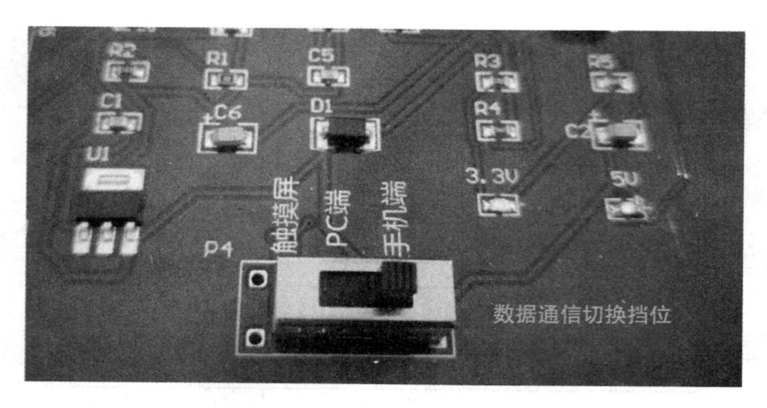

图 2-5　设备端与 Android 移动端通信挡位

图 2-6　温湿度传感器和风扇控制模块

(4) 在 Android 移动设备端上，打开 WIFI 功能，连接 WIFI 模块 AP 热点 CYWL001，如图 2-7 所示。

(5) 运行 Android 手机中的网络调试助手软件，选择 tcpclient 通信模式，然后单击“增加”按钮，出现如图 2-8 所示对话框，IP 地址输入 192.168.4.1，端口为 8002。

(6) 如果连接 WIFI 模块成功，则显示传感器端周期性传输的相关采集数据，如温湿度数据信息。0101 开头的后两位数据代表温度信息，如 010115，代表当前温度为 15℃；0102 开头的后两位数据代表湿度信息，如 010273，代表湿度为 73，如图 2-9 所示。

(7) 如果发送风扇控制命令，需要将客户端发送方式设置为文本，如图 2-10 所示。

(8) 在发送区发送字符串“268”，单击“发送”按钮，则通过移动端向嵌入式智能网关 WIFI 模块发送“268”，这时终端采集节点通过无线传感网络接收“268”字符串，然后控制风扇设备，实现风扇的打开或者关闭，如图 2-11 所示。

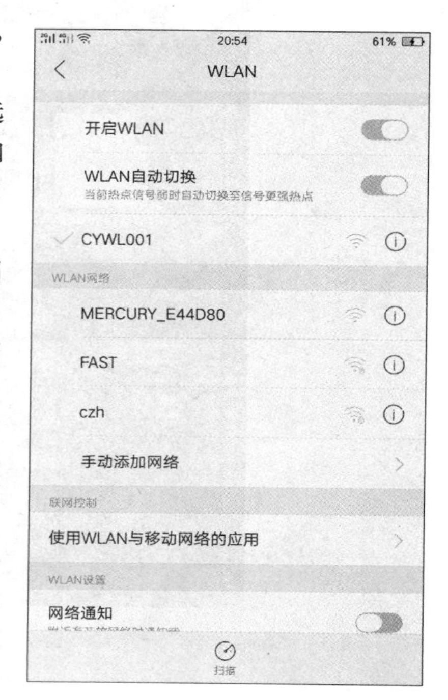

图 2-7　连接 WIFI 模块热点

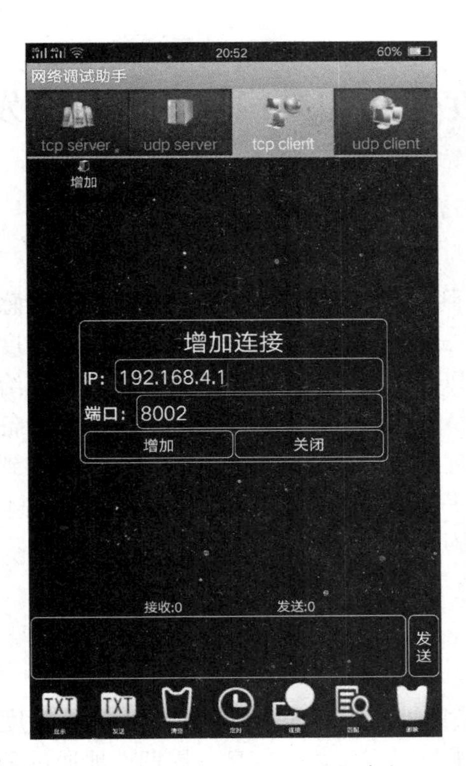

图 2－8　设置 tcpclient 连接参数

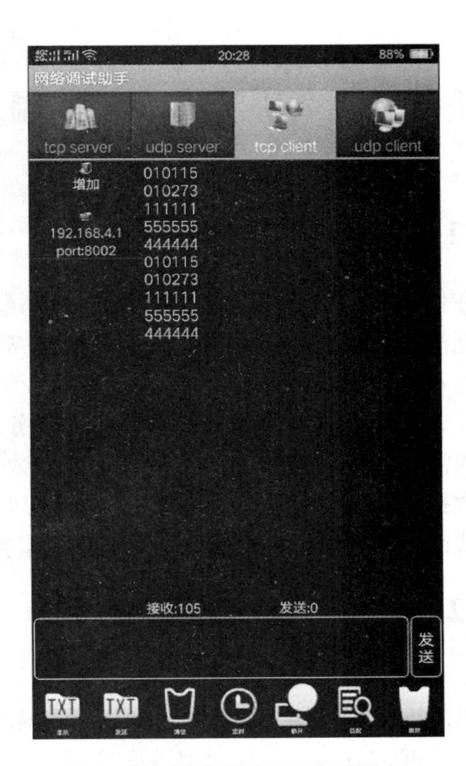

图 2－9　移动端显示温湿度数据

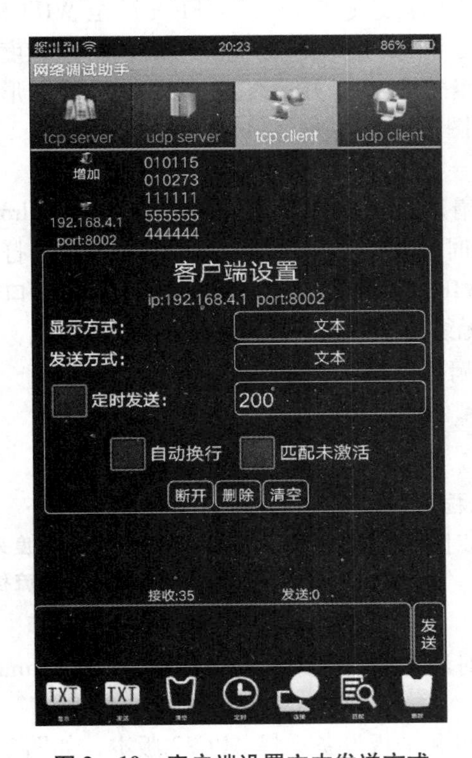

图 2－10　客户端设置文本发送方式

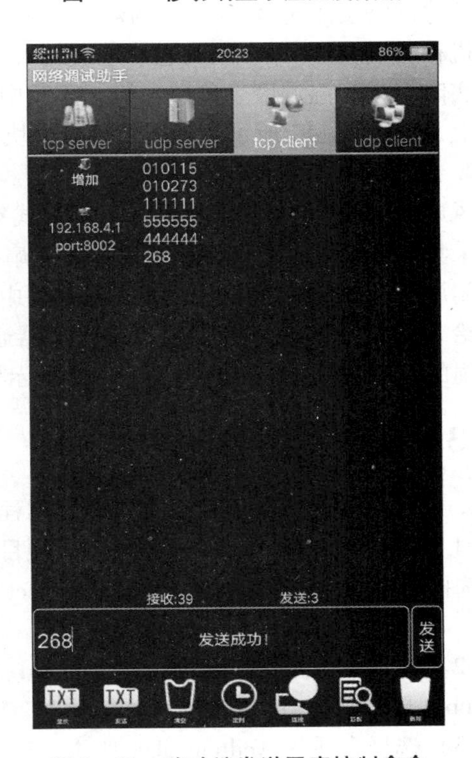

图 2－11　移动端发送风扇控制命令

任务 2.2　基于 Android 温湿度采集和风扇控制程序开发

2.2.1　任务描述

在任务 2.1 中，温湿度传感节点可以将采集到的温湿度数据通过 ZigBee 无线传感网络传输至嵌入式网关，然后嵌入式网关通过 WIFI 方式与移动端进行通信，可以将温湿度数据实时显示在网络调试助手界面上，同时移动端可以通过 WIFI 方式发送风扇控制命令给嵌入式网关，实现无线控制风扇模块。本次任务通过 Android 应用编程，实现对物联网设备平台上的温湿度传感器进行温湿度数据采集、数据处理以及数据实时显示，并且根据采集到的温湿度数据与设定的阈值进行比较，完成对风扇的手动和联动模式控制，让同学们通过本次项目实践能够掌握 Android 温湿度采集和风扇控制程序开发技术。

2.2.2　任务分析

1. 温湿度采集模块设计

温湿度采集模块主要实现在 Android 温湿度采集风扇控制程序运行界面上进行温度数据和湿度数据实时显示。这里温湿度传感节点实时采集温湿度数据信息，周期性地通过 ZigBee 无线传感网络发送至 ZigBee 协调器，由 ZigBee 协调器通过串口转 WIFI 发送至 WIFI 模块，当手机移动端通过 WIFI 无线通信连接嵌入式网关中 WIFI 模块 AP 热点之后，将温湿度数据信息实时发送到温湿度采集风扇控制程序中进行解析处理，并最终显示在 Android 图形交互界面上，如图 2－12 所示为温湿度采集模块流程图。

2. 风扇控制模块设计

风扇控制模块主要实现通过 WIFI 方式对风扇进行转动和停止操作。当点击 Android 温湿度采集和风扇控制程序界面上的打开风扇按钮时，移动端通过 WIFI 无线方式发送打开或者关闭风扇的控制命令信息给嵌入式网关中的 WIFI 通信模块，然后通过 WIFI 转串口将数据发给 ZigBee 协调器，再由 ZigBee 协调器通过无线传感网络发送至 ZigBee 终端节点，实现对风扇的转动和停止控制。如图 2－13 所示为风扇控制模块流程图。

2.2.3　操作方法与步骤

基于 ANDROID 温湿度采集风扇控制程序开发流程

1. 创建 Android 温湿度采集风扇控制程序工程项目

（1）打开 Android Studio 开发环境，项目选择对话窗体界面上，选择“Start a new Android Studio project”项，如图 2－14 所示。

（2）在如图 2－15 所示的创建 Android 工程对话框中，应用程序名称输入 TempHumCtrl-NewApp，单击“Next”按钮。

（3）选择合适的 Android SDK 版本，这里手机和平板设备选择 API 22 版本，如图 2－16 所示。

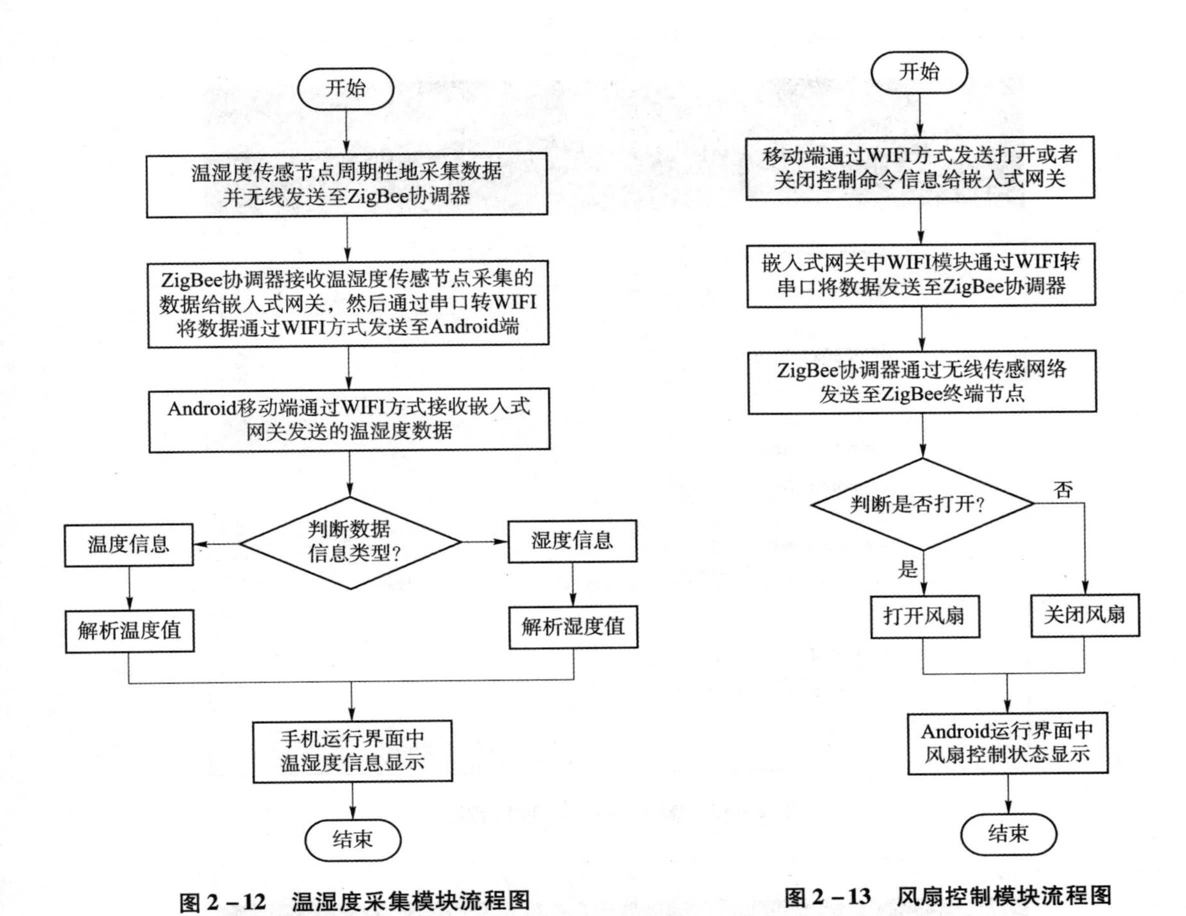

图 2－12　温湿度采集模块流程图

图 2－13　风扇控制模块流程图

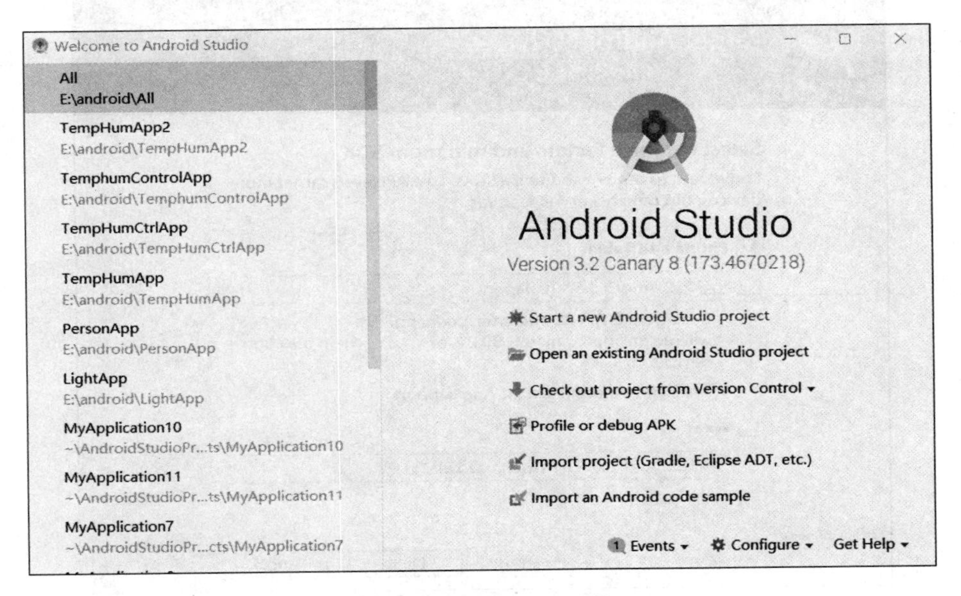

图 2－14　新建工程对话框

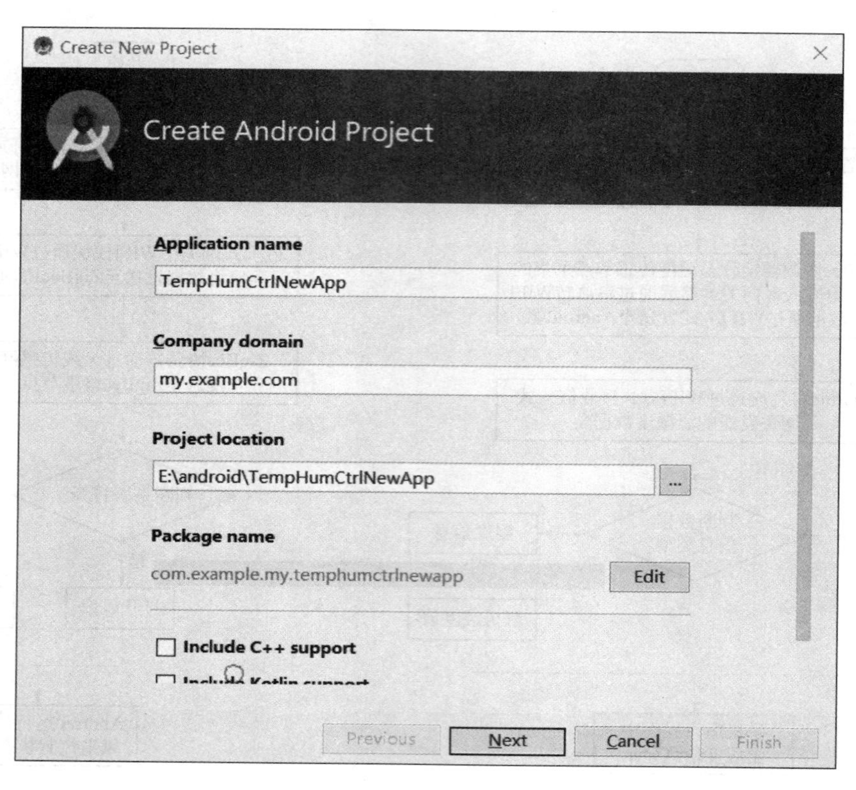

图 2-15　输入 Android 项目名称

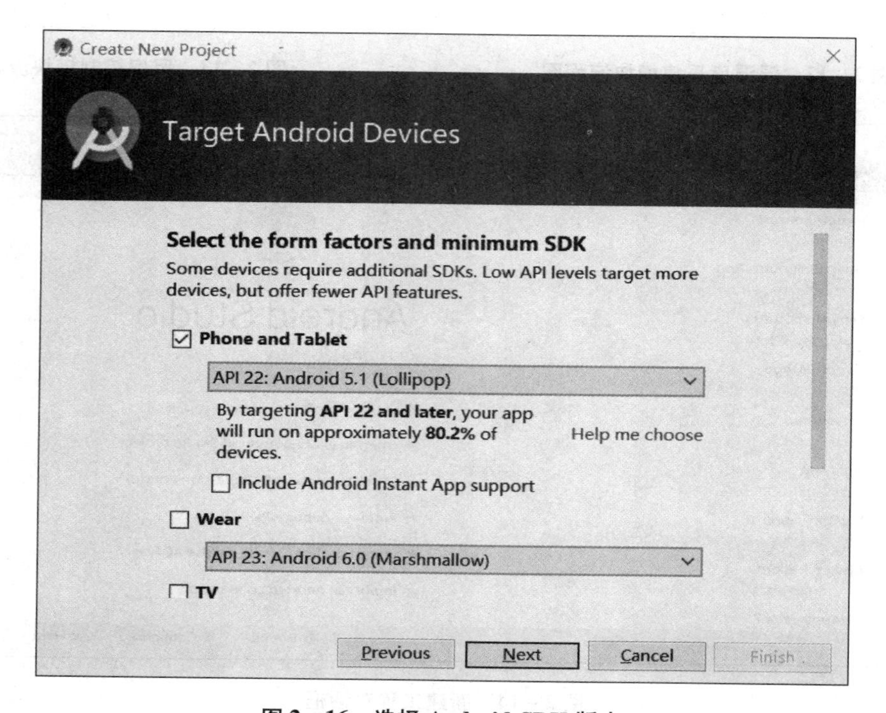

图 2-16　选择 Android SDK 版本

（4）在添加 Activity 的对话框内，选择“Empty Activity”模板，单击“Next”按钮，如图 2-17 所示。

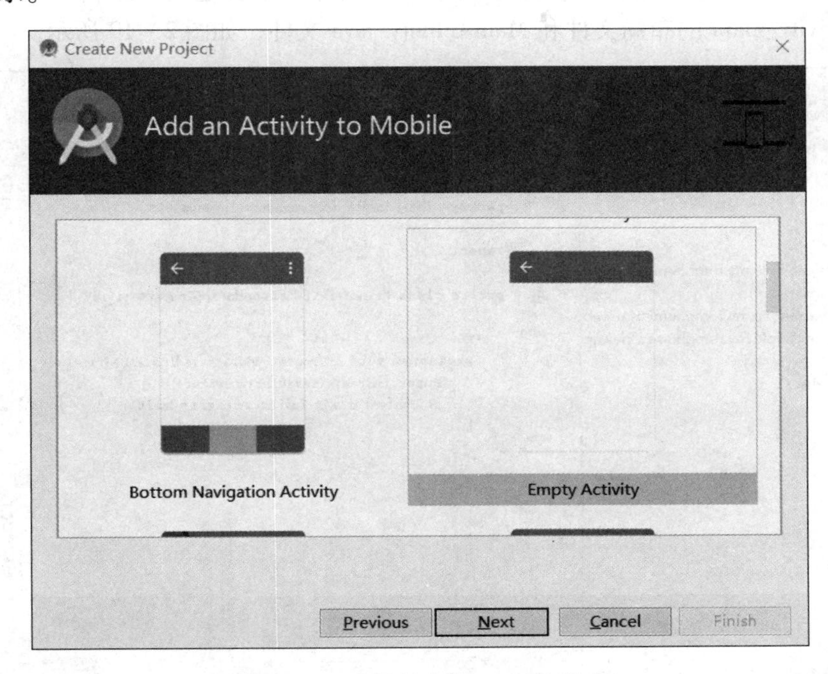

图 2-17　选择创建的 Activity 样式

（5）在定制 Activity 的对话框内，设置 Activity Name 为“MainActivity”，Layout Name 为“activity_main”，单击“Finish”按钮，如图 2-18 所示。

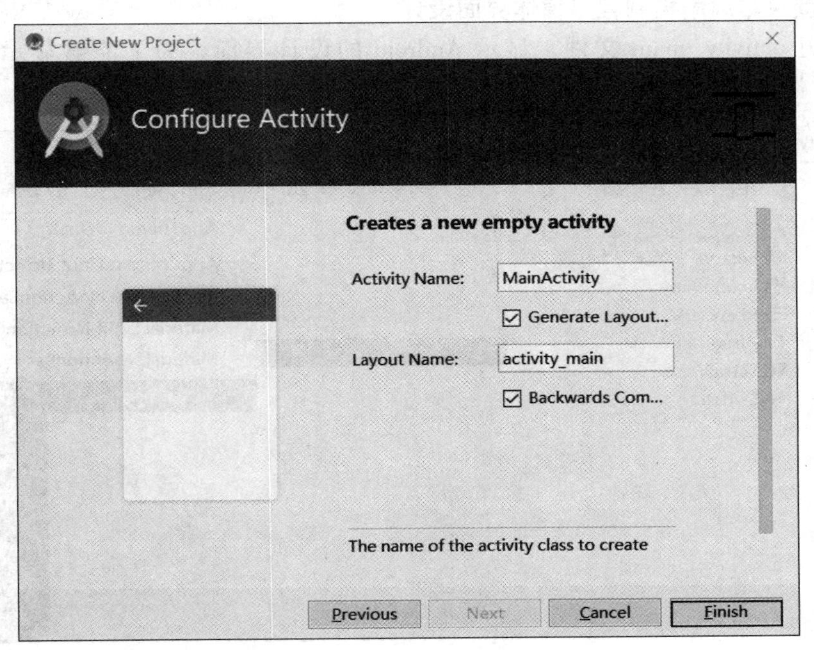

图 2-18　设置文件名称

（6）Android 温湿度采集风扇控制程序项目创建完成之后，会自动打开项目开发主界面，在 Android Studio 的主界面上，除了菜单工具栏外，主要是项目结构与项目开发两栏，默认打开 activity_main 的布局文件和 MainActivity. java 文件，如图 2－19 所示。

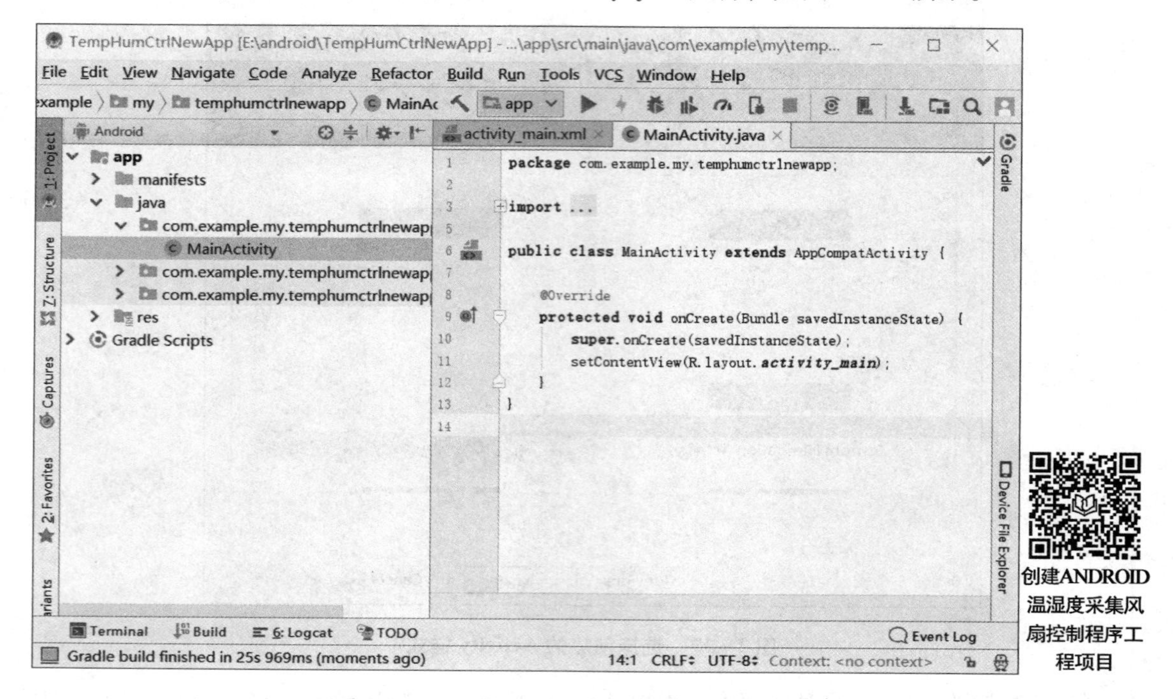

创建ANDROID温湿度采集风扇控制程序工程项目

图 2－19　温湿度采集风扇控制程序开发主界面

2. 温湿度采集风扇控制程序窗体界面设计

（1）打开 activity_main 文件，显示 Android 的设计界面，为了能够显示标题栏，在 AppTheme 下拉列表中选择“More Themes...”选项，如图 2－20 所示。

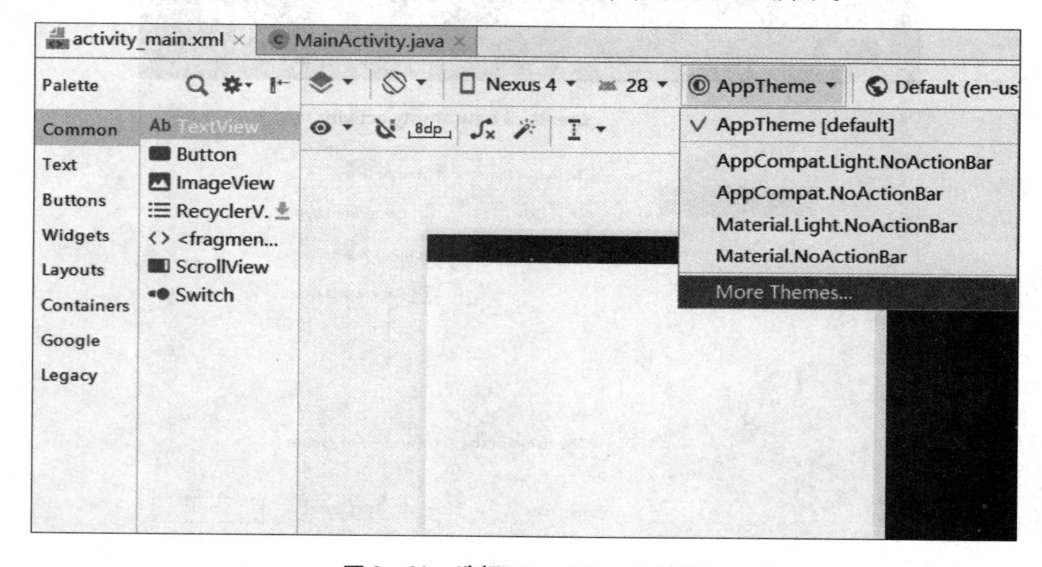

图 2－20　选择 More Themes 选项

（2）在选择主题对话框中，左边选择 Light 项，右边选择 Material. Light 选项，如图 2－21 所示。

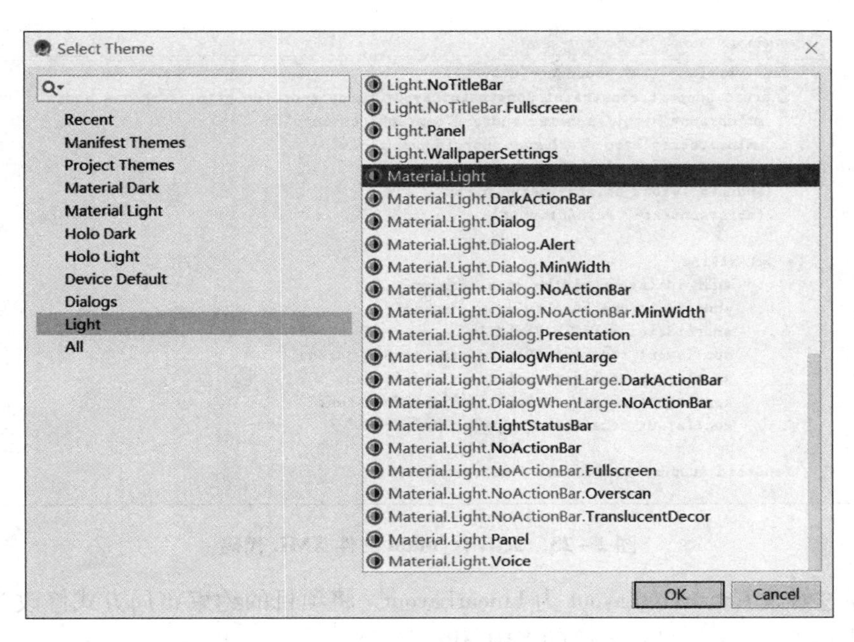

图 2－21　选择 Material. Light 主题选项

（3）设置主题风格完成之后，显示带有标题栏的 Android 的设计界面，左边界面显示设计效果，右边界面显示控件摆放的轨迹，如图 2－22 所示。

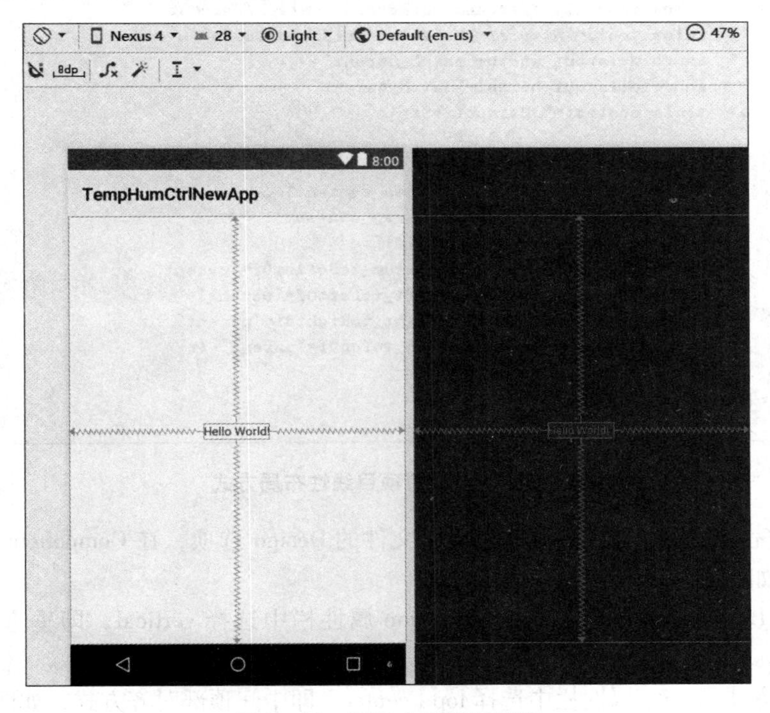

图 2－22　显示主题模板风格

（4）选择 activity_main 文件的 Text 选项，显示界面的 XML 代码，项目界面布局默认采用约束布局方式，如图 2－23 所示。

```
activity_main.xml ×   MainActivity.java ×
1   <?xml version="1.0" encoding="utf-8"?>
2   <android.support.constraint.ConstraintLayout xmlns:android="http://schemas.android.com/
3       xmlns:app="http://schemas.android.com/apk/res-auto"
4       xmlns:tools="http://schemas.android.com/tools"
5       android:layout_width="match_parent"
6       android:layout_height="match_parent"
7       tools:context=".MainActivity">
8
9       <TextView
10          android:layout_width="wrap_content"
11          android:layout_height="wrap_content"
12          android:text="Hello World!"
13          app:layout_constraintBottom_toBottomOf="parent"
14          app:layout_constraintLeft_toLeftOf="parent"
15          app:layout_constraintRight_toRightOf="parent"
16          app:layout_constraintTop_toTopOf="parent" />
17
18  </android.support.constraint.ConstraintLayout>
```

图 2－23　activity_main 文件 XML 代码

（5）通过修改 ConstraintLayout 为 LinearLayout，将项目的约束布局方式修改为线性布局方式，如图 2－24 所示，显示界面的 XML 代码。

```
activity_main.xml ×   MainActivity.java ×
1   <?xml version="1.0" encoding="utf-8"?>
2   <LinearLayout xmlns:android="http://schemas.android.com/apk/res/android"
3       xmlns:app="http://schemas.android.com/apk/res-auto"
4       xmlns:tools="http://schemas.android.com/tools"
5       android:layout_width="match_parent"
6       android:layout_height="match_parent"
7       tools:context=".MainActivity">
8
9       <TextView
10          android:layout_width="wrap_content"
11          android:layout_height="wrap_content"
12          android:text="Hello World!"
13          app:layout_constraintBottom_toBottomOf="parent"
14          app:layout_constraintLeft_toLeftOf="parent"
15          app:layout_constraintRight_toRightOf="parent"
16          app:layout_constraintTop_toTopOf="parent" />
17
18  </LinearLayout>
```

图 2－24　设置项目线性布局方式

（6）修改完成之后，选择 activity_main 文件的 Design 选项，在 Component Tree 栏显示为 LinearLayout，如图 2－25 所示。

（7）选择 LinearLayout 属性，在 orientation 属性栏中选择 vertical，即垂直对齐方式，如图 2－26 所示。

（8）对齐方式 gravity 属性栏中选择 top | center，即中间顶部对齐方式，如图 2－27 所示。

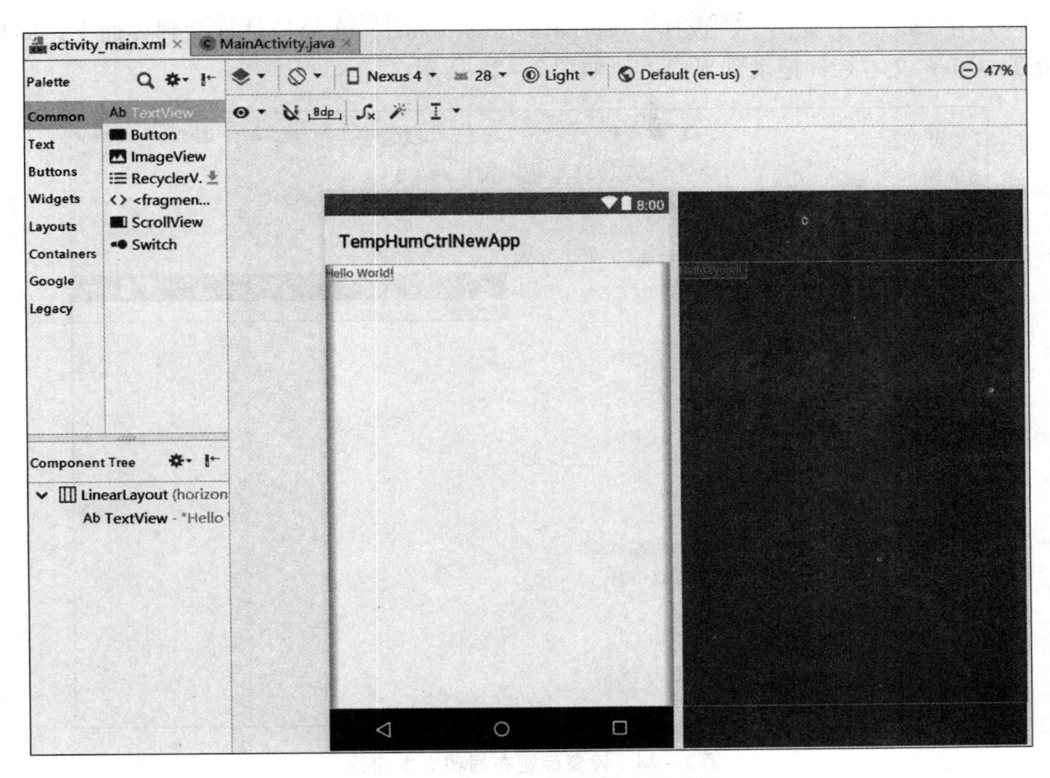

图 2－25　项目界面的线性布局效果

ANDROID温湿度采集
控制程序界面设计1

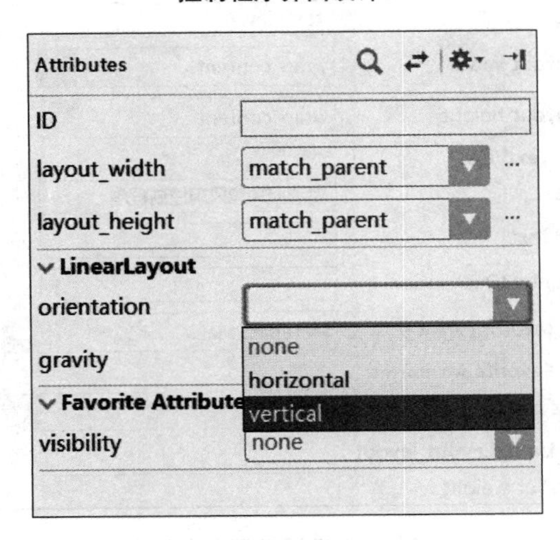

图 2－26　设置 orientation 属性

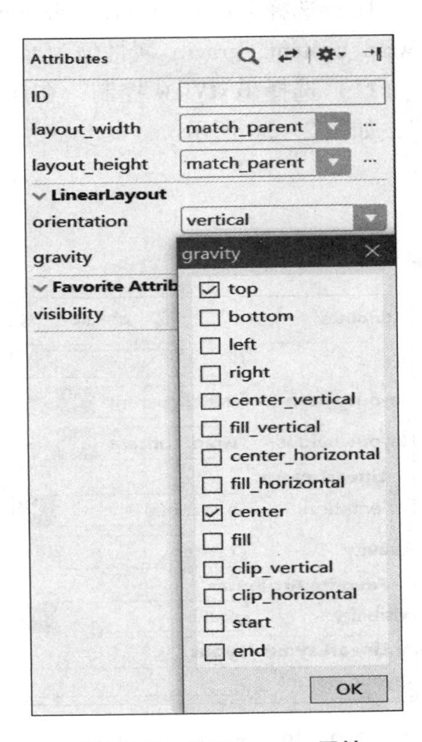

图 2－27　设置 gravity 属性

（9）在 Palette 工具栏中，选择 LinearLayout(horizontal) 布局控件拖动到界面上，同理，选择 TextView 文本控件拖动到界面上，如图 2-28 所示。

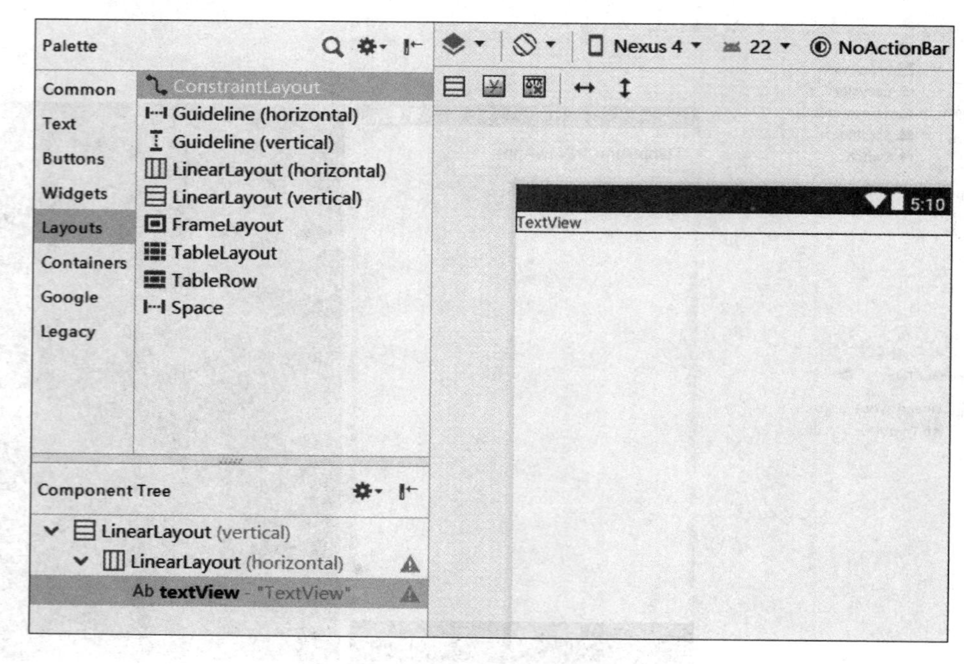

图 2-28　设置标题布局和文本控件

（10）选择 LinearLayout(horizontal) 布局控件，在属性栏中，设置 layout_height 属性值为 wrap_content，gravity 属性值为 top | center，如图 2-29 所示。

（11）选择 TextView 控制，在属性栏中将 text 属性值设置为“温湿度采集风扇控制程序”，如图 2-30 所示。

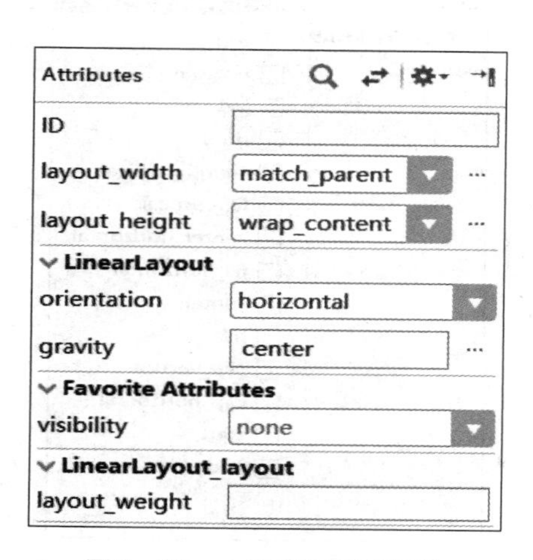

图 2-29　水平布局控件属性

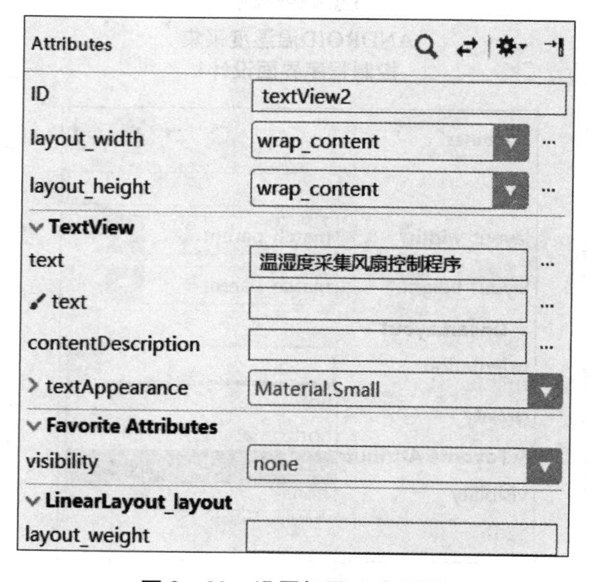

图 2-30　设置标题文本属性

（12）标题文本控件设置完成之后，显示如图 2－31 所示界面效果。

图 2－31　标题显示效果

（13）左上角标题栏显示英文的项目名称，为了显示中文项目名称，这里打开 strings. xml 文件，在 string 标签中设置“温湿度采集控制程序”，如图 2－32 所示。

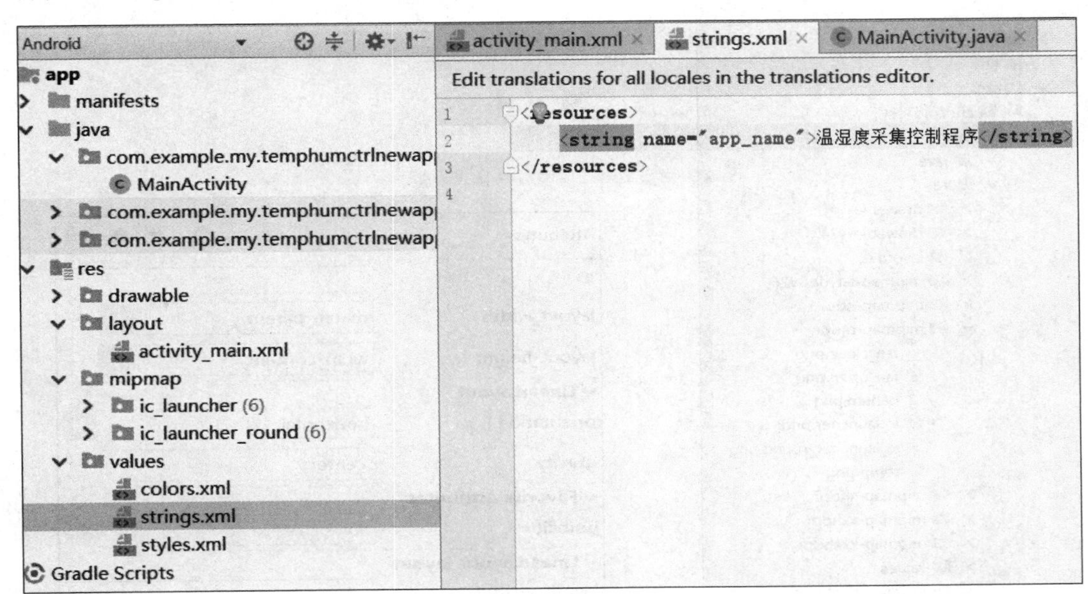

图 2－32　修改 strings. xml 文件内容

（14）项目名称设置完成之后，显示如图 2－33 所示界面效果。

（15）为了在界面上显示相应图片，这里需要将程序中四张图片复制到 mipmap－mdpi 目录下，如图 2－34 所示。

（16）将 Palette 工具栏中 LinearLayout（horizontal）布局控件拖动到 Component Tree 栏上，在属性栏中设置 layout_height 属性值为 wrap_content，gravity 设置为 center，如图 2－35 所示。

图 2－33　项目标题栏显示

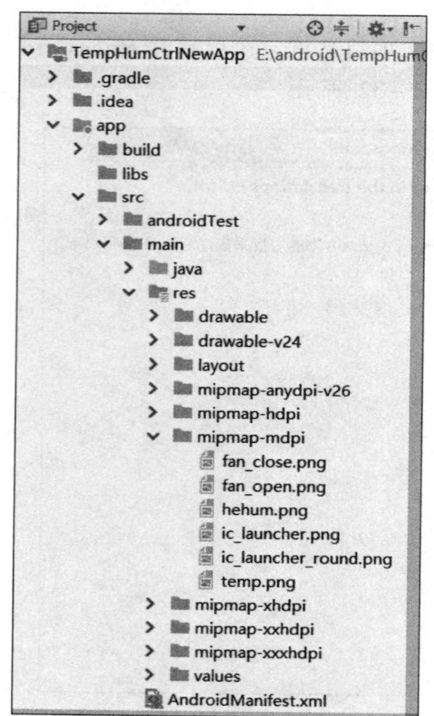

图 2－34　加入程序显示图片

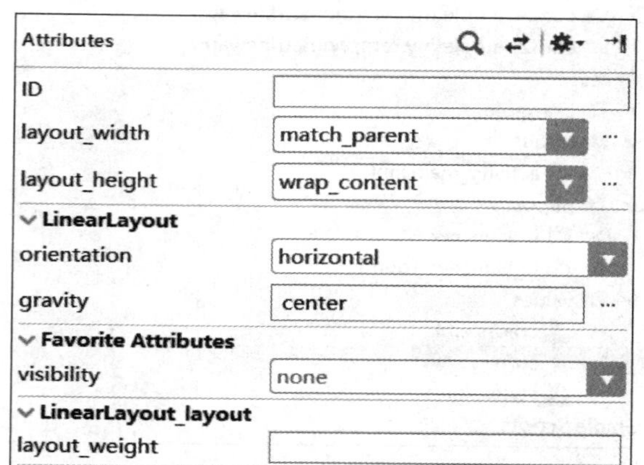

图 2－35　设置 LinearLayout（horizontal）布局控件属性

（17）将 Palette 工具栏中 imageView 控件拖动到 Component Tree 栏上之后，自动出现图片选择对话框，这里从 Project 中选择“temp”温度图片，单击“OK”按钮，如图 2－36 所示。

（18）图片设置完成之后，将 imageView 控件的 layout_weight 属性值由默认值 1 设置为空，如图 2－37 所示。

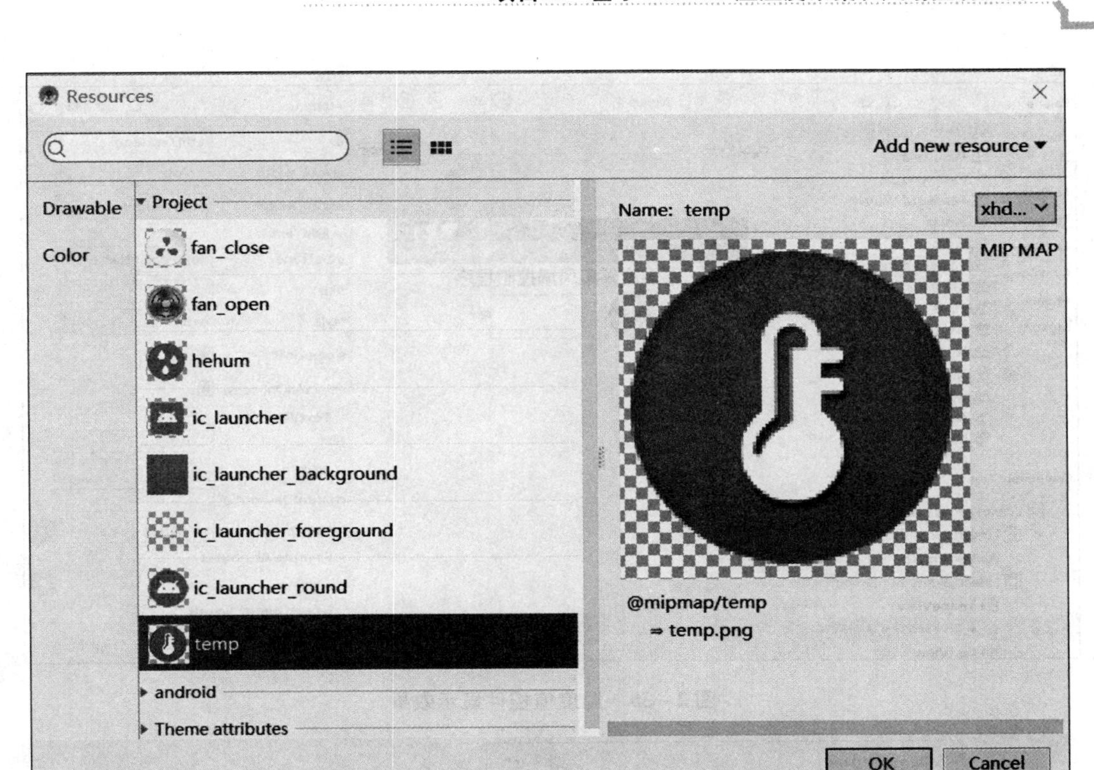

图2－36　选择温度显示图片

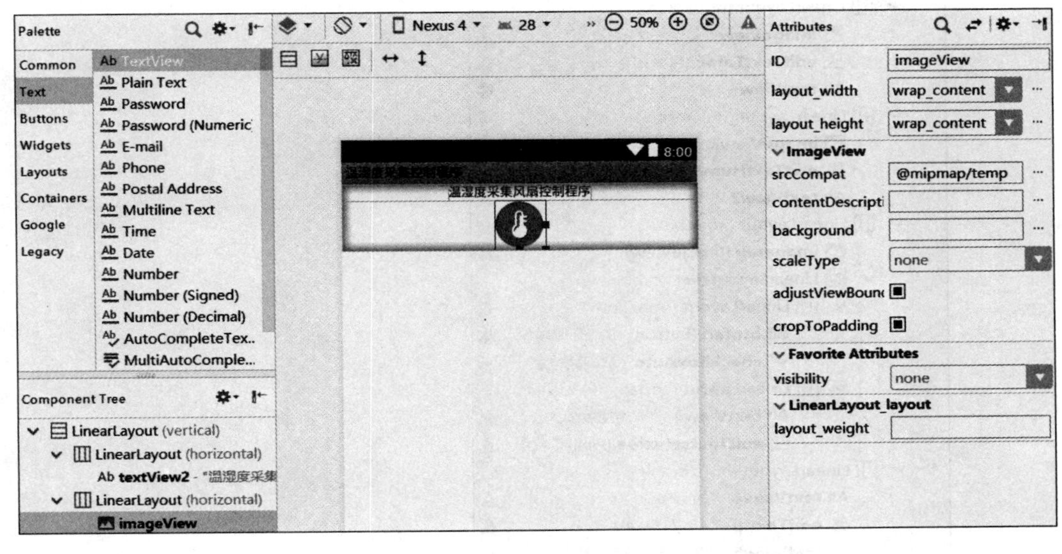

图2－37　温度图片属性设置

（19）同理，将EditText和TextView控件拖动到Component Tree栏上，设置相应属性值之后，显示如图2－38所示效果。

（20）同理，在Palette工具栏中，选择其他相关控件拖动到Component Tree栏上，设置相应属性值之后，显示如图2－39所示。

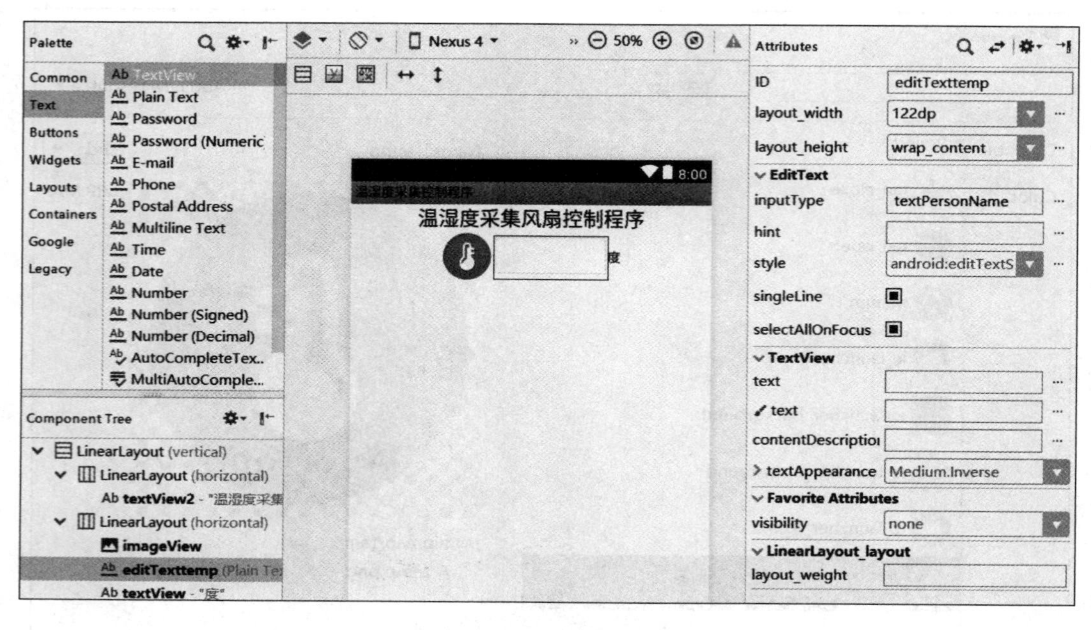

图 2－38　温度值控件显示效果

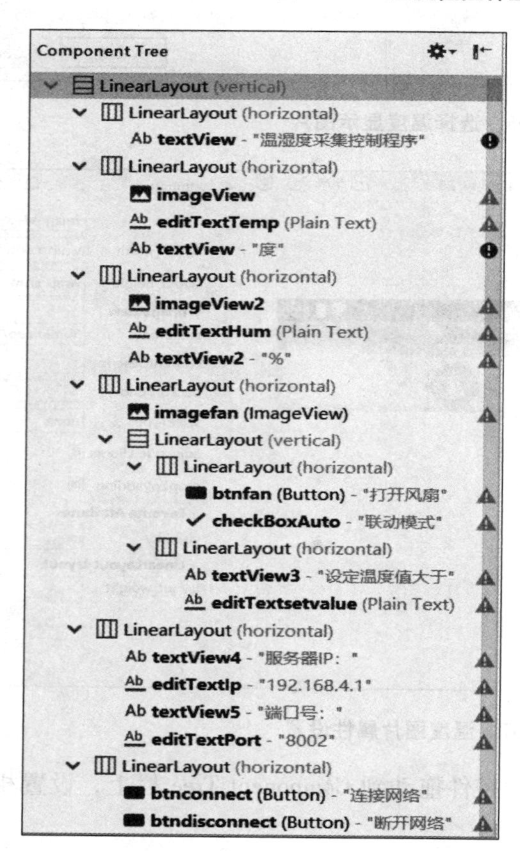

图 2－39　控件拖至 Component Tree 栏

ANDROID 温湿度采集控制程序界面设计 2

（21）选择相应的控件之后，在属性栏中设置相关属性值，温湿度采集风扇控制程序界面设计完成之后如图 2－40 所示。

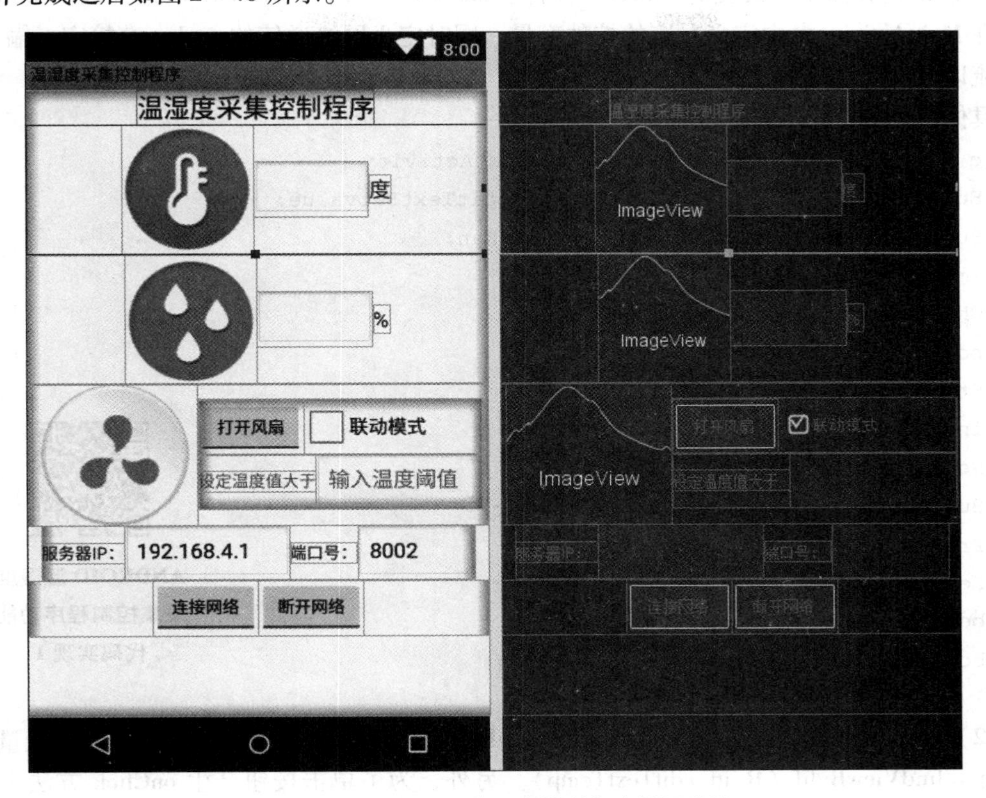

图 2－40　温湿度采集风扇控制程序界面设计

（22）将图 2－39 中主要控件进行规范命名和设置初始值，如表 2－1 进行说明。

表 2－1　程序各项主要控件说明

控件名称	命名	说明
EditText	editTexttemp	显示温度信息文本框
EditText	editTexthum	显示湿度信息文本框
EditText	editTextnetip	设置网络服务器 IP 地址文本框
EditText	editTextnetport	设置网络端口号文本框
EditText	editTextsetvalue	设置温度阈值文本框
CheckBox	checkBoxAuto	联动模式选择控件
Button	btnconnect	连接网络按钮
Button	btndisconnect	断开网络按钮
Button	btnfan	控制风扇按钮
ImageView	imagefan	风扇图片
TextView	textViewtitle	标题信息

3. 温湿度采集风扇控制程序功能代码实现

（1）根据界面中所设置的 EditText 控件、ImageView 控件、CheckBox 控件以及 Button 控件，在 MainActivity 类中定义对应的控件变量，同时定义网络通信的 Socket 套接字、输入流、输出流以及接收线程对象等。

具体代码如下：

```
public class MainActivity extends AppCompatActivity {
    EditText EtTemp,EtHum,EtIp,EtPort,editTextSetvalue;
    Button btnConnect,btnDisConnect,btnFan;
    ImageView imageViewfan;
    CheckBox chkAutoMode;
    boolean isConnect = false;
    String NetIp;
    int NetPort;
    Socket socket;
    BufferedReader bufferedReader = null;
    PrintWriter printWriter = null;
    ReceivedThread receivedThread = null;
    boolean isAuto = false;
    boolean flagfan = false;
    }
```

ANDROID 温湿度采集控制程序功能代码实现 1

（2）在 onCreate 方法中通过调用 findViewById 方法将控件的 ID 号转变为对象变量，如 EtTemp = findViewById（R. id. editTextTemp）。另外，为了单击按钮产生 onClick 方法进行单击事件处理，进行设置 Button 的 setOnClickListener 监听器，并采用匿名内部类实现 onClick 方法，这里在连接网络按钮事件处理方法中主要完成线程的启动，实现网络连接功能，同时开启接收线程，实现 WIFI 网络中传感器数据到来之后接收。在断开网络按钮事件处理方法中主要完成输入流和套接字关闭功能。

具体代码如下：

```
@Override
protected void onCreate(Bundle savedInstanceState){
    super.onCreate(savedInstanceState);
    setContentView(R.layout.activity_main);
    EtTemp = findViewById(R.id.editTexttemp);
    EtHum = findViewById(R.id.editTexthum);
    EtIp = findViewById(R.id.editTextnetip);
    EtPort = findViewById(R.id.editTextnetport);
    editTextSetvalue = findViewById(R.id.editTextsetvalue);
    imageViewfan = findViewById(R.id.imagefan);
    btnConnect = findViewById(R.id.btnconnect);
    btnDisConnect = findViewById(R.id.btndisconnect);
    btnFan = findViewById(R.id.btnfan);
```

```
    chkAutoMode = findViewById(R.id.checkBoxAuto);
    btnConnect.setOnClickListener(new View.OnClickListener(){
        @Override
        public void onClick(View v){
                if(!isConnect)
                {
                    Thread thread = new Thread(Connectthread)   ;
                    thread.start();
                    btnConnect.setEnabled(false);
                    btnDisConnect.setEnabled(true);
        Toast.makeText(MainActivity.this,"网络连接成功!",Toast.LENGTH_SHORT).show();
                }
        }
    });
    btnDisConnect.setOnClickListener(new View.OnClickListener(){
        @Override
        public void onClick(View v){
                    if(isConnect)
                    {
                        try {
                            bufferedReader.close();
                            socket.close();
                            isConnect = false;
                            btnConnect.setEnabled(true);
                            btnDisConnect.setEnabled(false);
         Toast.makeText(MainActivity.this,"网络断开!",Toast.LENGTH_SHORT).show();
                        } catch(IOException e){
                            e.printStackTrace();
                        }
                    }
        }
    });
```

（3）在 onCreate 方法中，为了能够手动控制风扇和选择联动模式功能，这里采用匿名内部类实现 onClick 方法，一方面将控制风扇的字符串信息通过 Message 对象作为参数调用 Handler 的 sendMessage 方法，发送给 UI 主线程；另一方面根据选择的 CheckBox 选项，决定是否采用联动模式。

具体代码如下：

```
btnFan.setOnClickListener(new View.OnClickListener(){
        @Override
        public void onClick(View v){
            if(!isAuto)
```

```
                {
                    if(!flagfan)
                    {
                        flagfan = true;
                        btnFan.setText("关闭风扇");
                        imageViewfan.setImageResource(R.mipmap.fan_open);
                    }
                    else
                    {
                        flagfan = false;
                        btnFan.setText("打开风扇");
                        imageViewfan.setImageResource(R.mipmap.fan_open);
                    }
                    Message msg = new Message();
                    msg.obj = "268";
                    msg.what = 3;
                    handler.sendMessage(msg);
                }
            }
        });
        chkAutoMode.setOnCheckedChangeListener(new CompoundButton.OnCheckedChange-
Listener(){
            @Override
            public void onCheckedChanged(CompoundButton buttonView, boolean isChecked){
                    if(isChecked)
                    {
                        isAuto = true;
                        btnFan.setEnabled(false);
                    }
                    else
                    {
                        isAuto = false;
                        btnFan.setEnabled(true);
                    }
            }
        });
}
```

ANDROID 温湿度采集控制程序功能代码实现 2

（4）为了通过启动 Thread 线程连接 WIFI 网络，需要实现 Runnable 接口，在接口 Run 方法中实现套接字对象，并绑定服务器 IP 地址和端口号。另外，为了接收服务器端发送过来的温湿度数据，需要再次启动 ReceivedThread 线程进行接收。

具体代码如下：

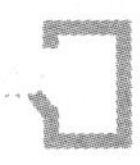

```
Runnable Connectthread = new Runnable(){
    @Override
    public void run(){
      NetIp = EtIp.getText().toString();
      NetPort =  Integer.valueOf(EtPort.getText().toString());
        try {
            socket = new Socket(NetIp,NetPort);
            isConnect = true;
            receivedThread = new ReceivedThread(socket);
            receivedThread.start();
        } catch(IOException e){
            e.printStackTrace();
        }
    }
};
```

（5）为了在连接 WIFI 网络成功之后，能够接收服务器端发送的温湿度数据，需要开启 ReceivedThread 线程进行接收，这里通过继承 Thread 线程类，实现 ReceivedThread 线程类，并在 ReceivedThread 线程类构造方法中传递套接字对象作为参数，实现接收数据的输入流和往输出流输出数据。具体代码如下：

```
class  ReceivedThread extends  Thread {
     ReceivedThread(Socket socket)
     {
         try {
               bufferedReader = new BufferedReader(new InputStreamReader(socket
                                           .getInputStream(),"UTF-8"));
               printWriter = new PrintWriter(new BufferedWriter(new OutputStream
                                           Writer(socket.getOutputStream(),"UTF-8")),true);
            }
         catch(IOException e){
               e.printStackTrace();
         }
    }
```

ANDROID 温湿度采集控制程序功能代码实现 3

（6）在 ReceivedThread 线程类中需要实现 Run 方法，在 Run 方法中通过输入流的 Read 方法读取服务器发送的温湿度数据，并解析数据。首先判断数据是否为空，当不为空时，在判断字符串是否以“0101”开始，如果成立，则取 0101 的后面两位字符，它们是温度数据；然后判断“0102”字符串是否存在，如果成立，则取 0102 的后面两位字符，它们是湿度数据。最后以 Message 对象作为参数调用 Handler 对象的 sendMessage 方法，发送给 UI 主线程。

具体代码如下：

```
@Override
```

```
    public void run(){
        while(!socket.isClosed())
        {
            char[] buffer = new char[64];
            for(int i = 0;i < buffer.length;i + +)
            {
                buffer[i] = '\0';
            }
            int len = 0;
            try {
                len = bufferedReader.read(buffer);
            } catch(IOException e){
                e.printStackTrace();
            }
            if(len! = -1)
            {
                String str = String.copyValueOf(buffer);
                String sub = "";
                int index;
                if(str.indexOf("0101")! = -1)
                {
                    index = str.indexOf("0101");
                    sub = str.substring(index + 4,index + 6);
                    Message msg = new Message();
                    msg.obj = sub;
                    msg.what = 1;
                    handler.sendMessage(msg);
                }
                if(str.indexOf("0102")! = -1)
                {
                    index = str.indexOf("0102");
                    sub = str.substring(index + 4,index + 6);
                    Message msg = new Message();
                    msg.obj = sub;
                    msg.what = 2;
                    handler.sendMessage(msg);
                }
            }
        }
        super.run();
    }
}
```

ANDROID 温湿度采集控制程序功能代码实现 4

（7）一旦选择联动模式，isAuto 变量设置为真，条件满足则执行自动控制风扇的运行和停止，这里根据设定的温度阈值和当前温度值进行比较，如果大于设定温度阈值，将自动开启风扇，否则关闭风扇。具体代码如下：

```
void AutoControl()
{
      if(isAuto)
      {
            if((EtTemp.getText().toString()!="")&&(editTextSetvalue.getText().to-
String()!=""))
{     if(Integer.valueOf(EtTemp.getText().toString())>Integer.valueOf(editText-
Setvalue.getText().toString()))
                  {
                      if(!flagfan)
                      {
                              imageViewfan.setImageResource(R.mipmap.fan_open);
                              flagfan=true;
                              btnFan.setText("关闭风扇");
                              printWriter.println("268");
                              printWriter.flush();
                      }
                  }
                  else
                  {
                      if(flagfan)
                      {
                              imageViewfan.setImageResource(R.mipmap.fan_close);
                              flagfan=false;
                              btnFan.setText("打开风扇");
                              printWriter.println("268");
                              printWriter.flush();
                      }
                  }
            }
      }
}
```

（8）当 Handler 对象调用 sendMessage 方法之后，将包含温湿度数据的 Message 对象发送至 UI 主线程，主线程中的 Handler 对象再次调用 handleMessage 方法处理 Message 对象中的消息数据，并根据 what 属性值 1 和 2 分别将温度数据和湿度数据显示在界面中对应的控件中，同时根据 what 属性值 3 将控制风扇的字符串命令 WIFI 方式发送出去。具体代码如下：

```
Handler handler = new Handler() {
    @Override
    public void handleMessage(Message msg) {

        switch(msg.what)
        {
            case 1:
                EtTemp.setText(msg.obj.toString());
                AutoControl();
                break;
            case 2:
                EtHum.setText(msg.obj.toString());
                break;
            case 3:
                printWriter.println(msg.obj.toString());
                printWriter.flush();
                break;
                default:
                    break;
        }
        super.handleMessage(msg);
    }
}
```

ANDROID 温湿度采集控制程序功能代码实现 5

（9）为了让程序在移动端通过 WIFI 网络连接物联网网关设备中的服务器，需要将 AndroidManifest. xml 文件打开，添加网络访问权限，如图 2－41 所示。

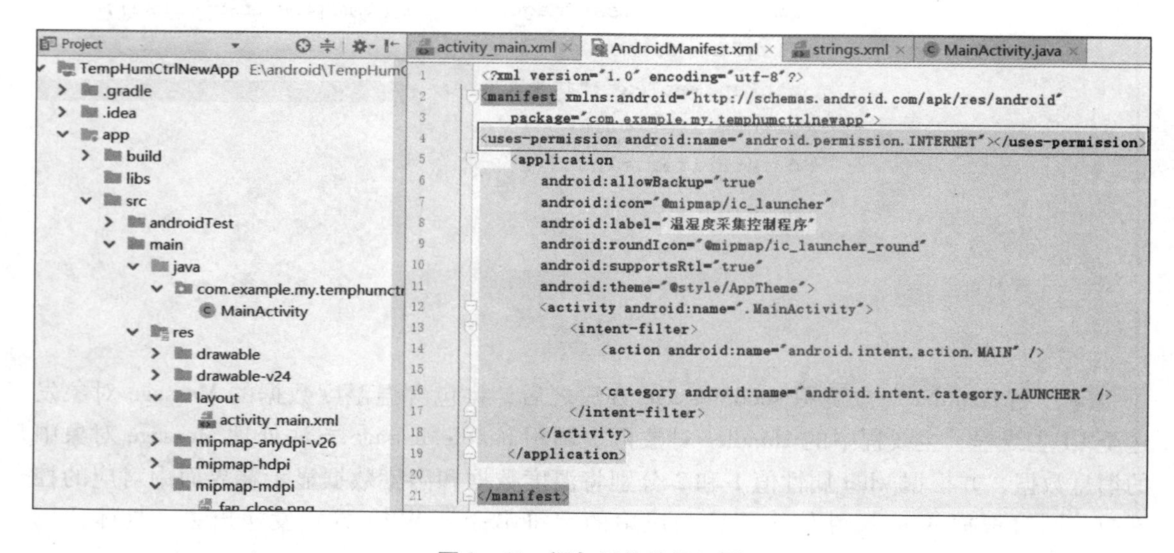

图 2－41　添加网络访问权限

4. 将温湿度采集风扇控制程序下载至移动端运行

（1）程序编译完成之后，单击红色的三角运行按钮“▶”，将温湿度采集风扇控制程序下载至移动端，如图 2－42 所示。

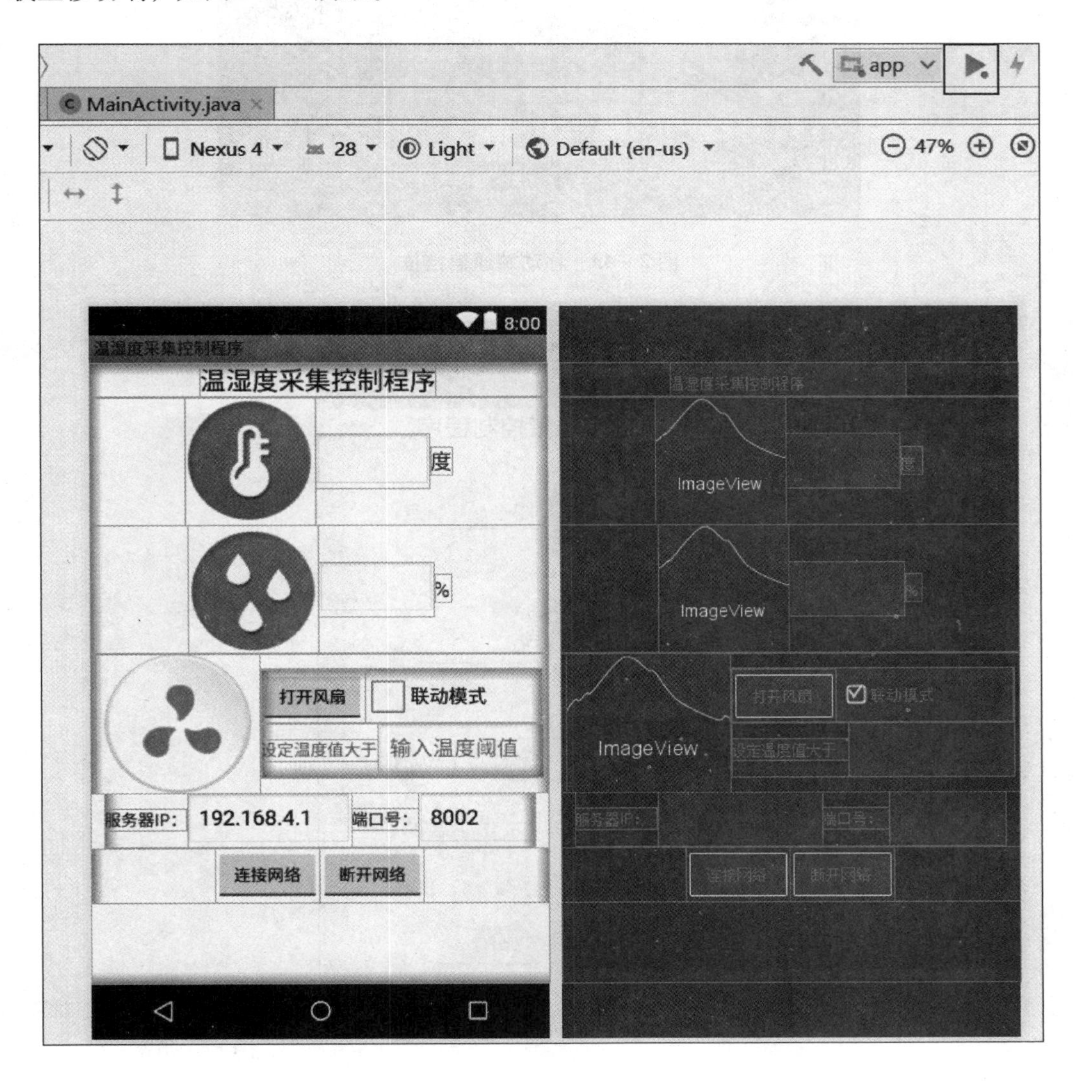

图 2－42　单击程序下载按钮

（2）将功能开关挡位切换到移动端挡之后，嵌入式网关模块将传感器采集的数据信息通过 WIFI 模块无线发送至手机移动端，从而无线接收各种采集数据，如图 2－43 所示。

（3）当温湿度采集风扇控制程序下载至移动端之后，首先将移动端 WIFI 网络连接到物联网设备 WIFI 模块的 AP 热点中，然后运行程序，单击“连接网络”按钮，（一方面可以实时显示温湿度数据信息，另一方面单击打开风扇按钮可以 WIFI 无线方式控制风扇的转动和停止操作，）如图 2－44 所示为温湿度采集风扇控制数据运行界面。

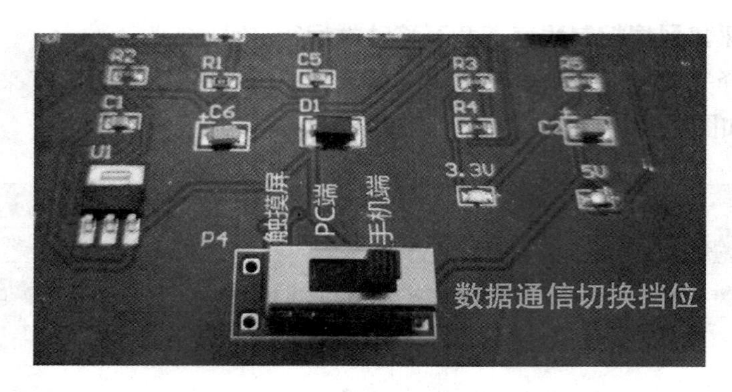

图 2-43　移动端通信挡位

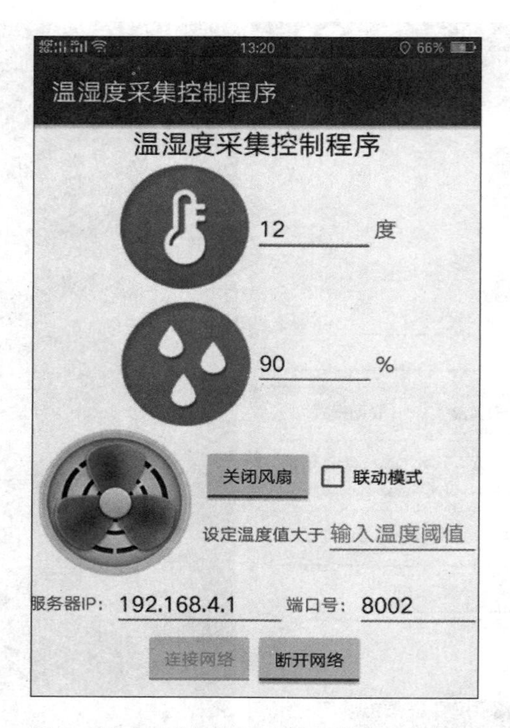

图 2-44　移动端温湿度风扇控制运行界面

项目三

基于 Android 光照度采集应用

项目情境

城市市政建设日新月异，宽阔的街道，各种各样的路灯给城市带来了光明的同时也增添了城市的夜间魅力。光控路灯系统利用光照度传感器实时采集光照数据，能自动切换路灯的开关状态。不仅可以给行人带来更大的方便，还可以帮助路灯管理人员通过手机端实时采集当前路段的光照信息，这样更加有效地降低了路灯管理和维护的费用，极大地体现了现代城市路灯管理系统的智能化，如图 3－1 所示。

图 3－1　光控路灯系统

学习目标

（1）能正确使用移动设备通过 WIFI 通信获取光照度数据。

（2）理解 Android 光照度采集程序的功能结构。

（3）掌握 Android 光照度采集程序的功能设计。

（4）掌握 Android 光照度采集程序的功能实现。

（5）掌握 Android 光照度采集程序的调试和运行。

任务 3.1　移动端 WIFI 通信光照度传感器数据采集

3.1.1　任务描述

在本次任务，首先将物联网教学设备接入的光照度传感器对实训室的周边环境光照信息进行实时采集，然后通过 ZigBee 无线传感网络传输至嵌入式网关，这里嵌入式网关主要包含 ZigBee 协调器和 WIFI 无线通信模块，接着 Android 移动端连接嵌入式网关中 WIFI 模块 AP 热点，最后将嵌入式网关中采集到光照度数据信息通过 WIFI 无线通信方式实时显示在移动端网络调试助手界面上，如图 3－2 所示为光照度采集整体功能结构。

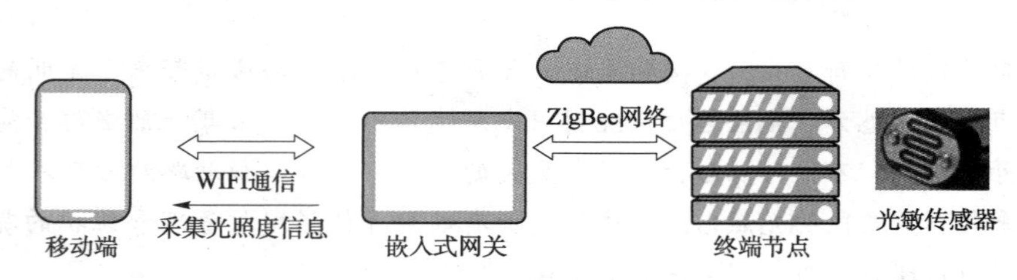

图 3－2　光照度采集整体功能结构

3.1.2　任务分析

光照度采集模块主要包括光敏电阻元器件，它连接 ZigBee 终端节点（简称光敏传感节点），当 ZigBee 无线传感网络连接成功之后，光敏传感节点将实时获取光敏电阻采集的光照度数据信息，然后周期性地通过 ZigBee 无线网络发送至 ZigBee 协调器，当 ZigBee 协调器节点收到数据之后，通过串口转 WIFI 方式发送给 WIFI 无线通信模块，最后移动端通过 WIFI 方式连接 WIFI 无线通信模块 AP 热点，将光照度数据信息实时显示在网络调试助手运行界面上，如图 3－3 所示。

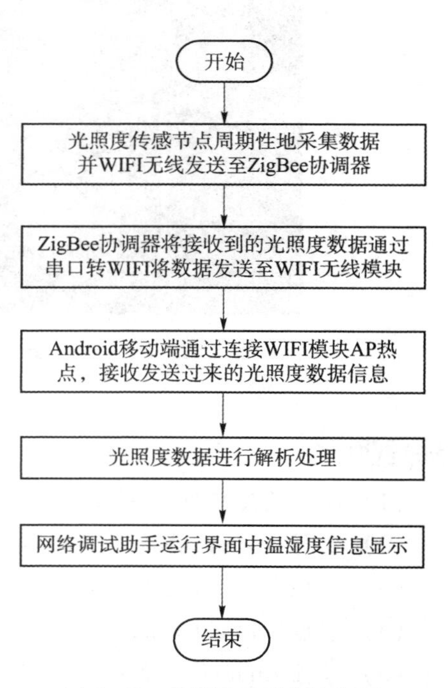

图 3－3　光照信息采集流程图

3.1.3　操作方法与步骤

WIFI 模块网络参数配置如下：

（1）打开物联网设备电源，中央通信处理模块中的 WIFI 模块可以根据相应的参数设置，作为 AP 热点组建局域网，实现 WIFI 无线采集和控制，如图 3－4 所示。

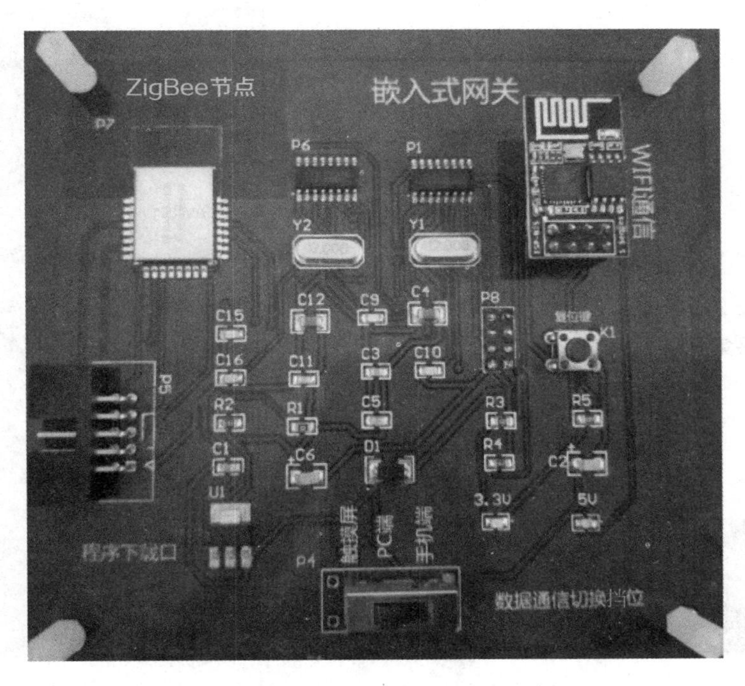

图 3－4　嵌入式智能网关

（2）将功能开关挡位切换到移动端挡之后，嵌入式网关将传感器采集的数据信息通过 WIFI 模块无线发送至移动设备端，从而无线接收各种采集数据，如图 3－5 所示。

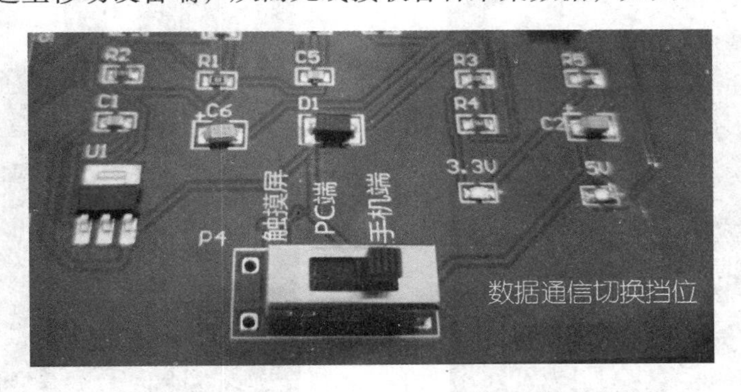

图 3－5　设备端与 Android 移动端通信挡位

（3）物联网教学设备的光照度传感器模块如图 3－6 所示。

（4）在 Android 移动设备端上，打开 WIFI 功能，连接 WIFI 模块热点 CYWL001，如图 3－7 所示。

（5）运行 Android 手机中的网络调试助手软件，选择 tcpclient 通信模式，然后单击“增加”按钮，出现如图 3－8 所示对话框，IP 地址输入 192.168.4.1，端口为 8002。

（6）如果连接 WIFI 模块成功，则显示传感器端周期性传输过来的相关采集数据，如光照度数据信息显示如图 3－9 所示的数据。222222 代表光照度传感器显示当前有光照；如果遮挡光照度传感器，则显示 111111，代表当前无光照，如图 3－9 所示。

基于ANDROID光照度
采集程序开发流程

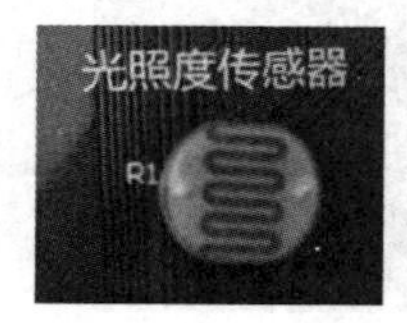

图 3-6　光照度传感器模块

图 3-7　连接 WIFI 模块热点

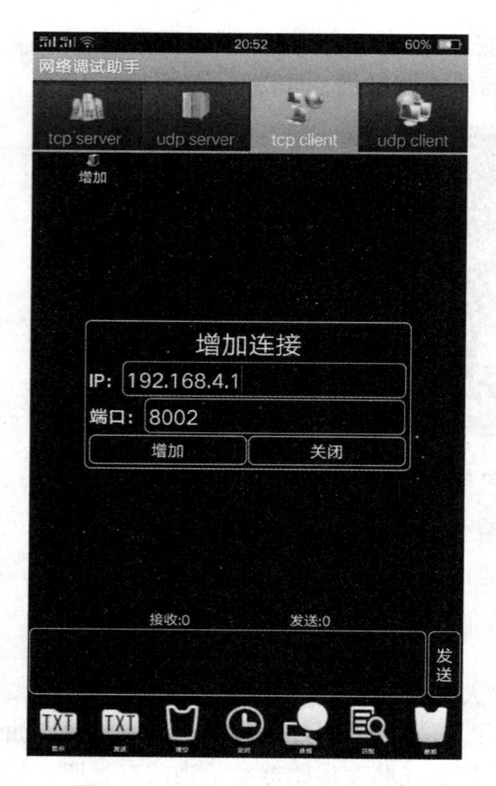

图 3-8　设置 tcpclient 连接参数

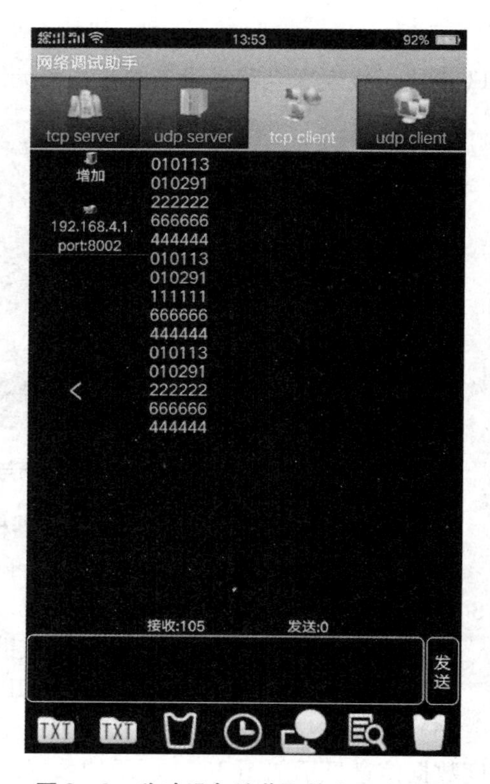

图 3-9　移动设备端获取的光照度信息

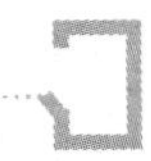

任务 3.2　基于 Android 光照度采集程序开发

3.2.1　任务描述

在任务 3.1 中，光照度传感节点将采集到的光照度数据通过 ZigBee 无线传感网络传输至嵌入式网关，然后嵌入式网关通过 WIFI 方式与移动端通信，可以将光照度数据实时显示在网络调试助手界面上。本次任务通过 Android 光照度采集应用编程，实现对物联网设备平台上光照度传感器进行数据采集、数据处理以及数据实时显示，让同学们在本次项目实践中能够掌握 Android 光照度采集程序开发技术。

3.2.2　任务分析

光照度采集功能主要实现 Android 光照度采集程序运行界面上光照数据信息实时显示。这里光照度传感节点实时采集光照度数据信息，周期性地通过 ZigBee 无线传感网络发送至 ZigBee 协调器，由 ZigBee 协调器通过串口转 WIFI 发送给 WIFI 模块，当手机移动端通过 WIFI 无线通信连接嵌入式网关中 WIFI 模块 AP 热点之后，将光照度数据信息实时发送到光照度采集程序中进行解析处理，并最终显示在 Android 图形交互界面上，如图 3－10 所示为光照度采集模块流程图。

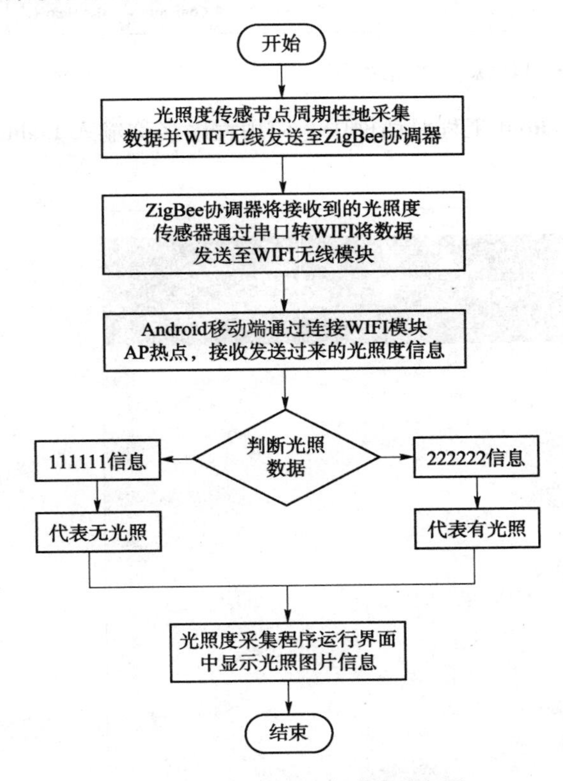

图 3－10　光照度采集功能流程图

基于 ANDRIOD 光照度采集程序开发功能设计

3.2.3 操作方法与步骤

1. 创建 Android 光照度采集程序工程项目

（1）打开 Android Studio 开发环境，项目选择对话窗体界面上，选择 Start a new Android Studio project 项，如图 3－11 所示。

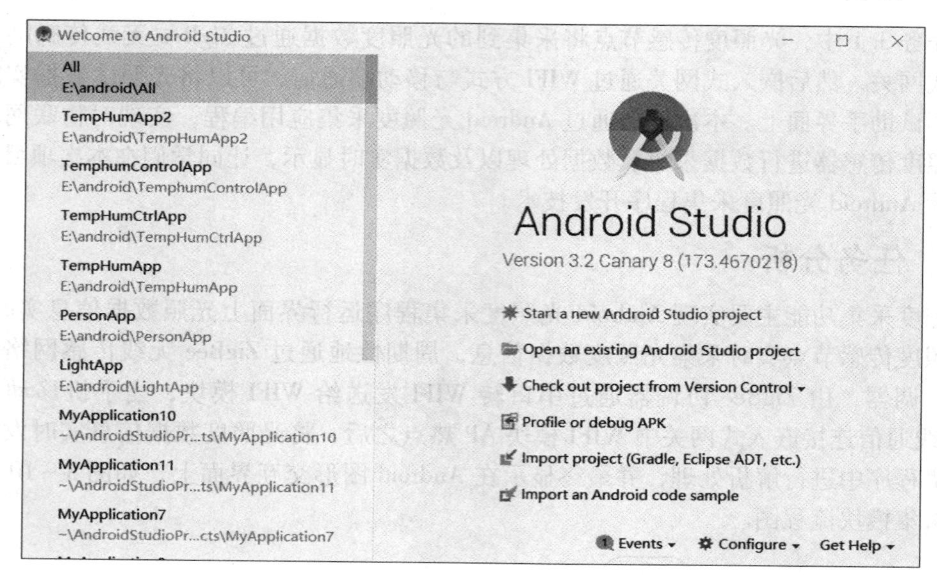

图 3－11　新建工程对话框

（2）在如图 3－12 所示的创建 Android 工程对话框中，应用程序名称输入 LightNewApp，单击“Next”按钮。

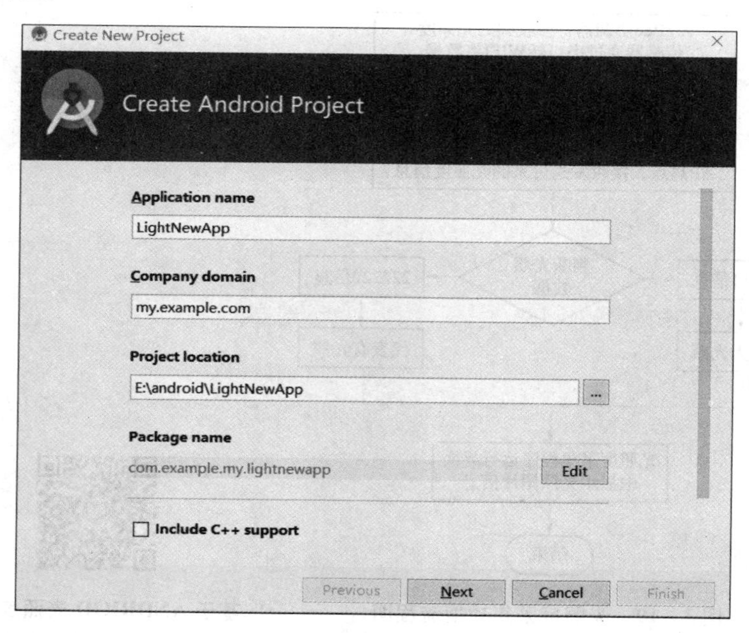

图 3－12　输入 Android 项目名称

（3）选择合适的 Android SDK 版本，这里手机和平板设备选择 API 22 版本，如图 3－13 所示。

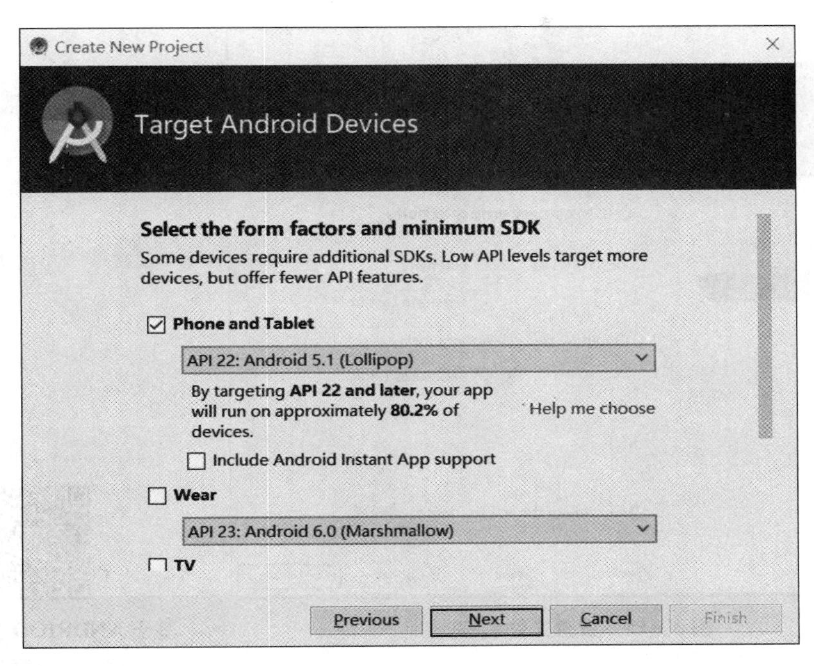

图 3－13　选择 Android SDK 版本

（4）在添加 Activity 的对话框内，选择“Empty Activity”模板，单击“Next”按钮，如图 3－14 所示。

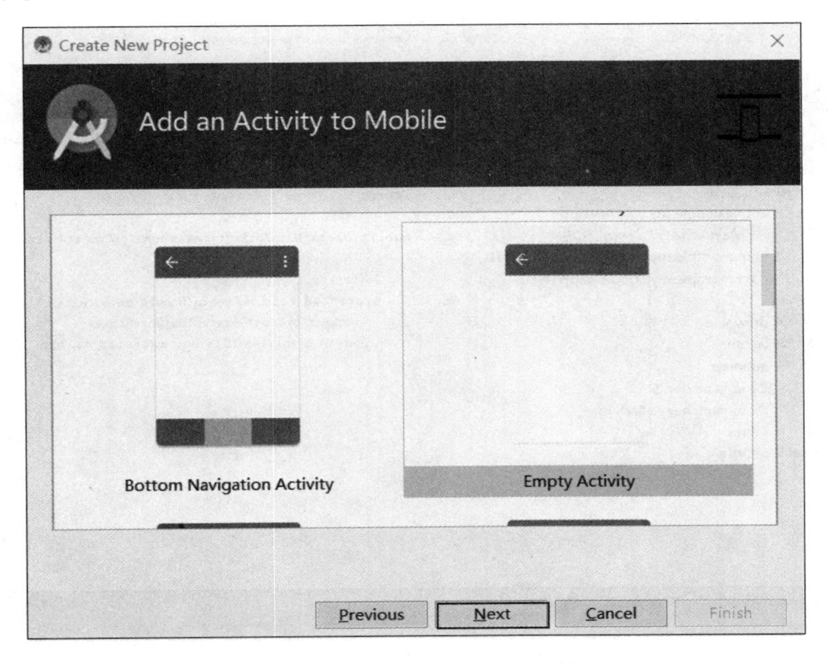

图 3－14　选择创建的 Activity 样式

（5）在定制 Activity 的对话框内，设置 Activity Name 为“MainActivity”，Layout Name 为“activity_main”，单击“Finish”按钮，如图 3－15 所示。

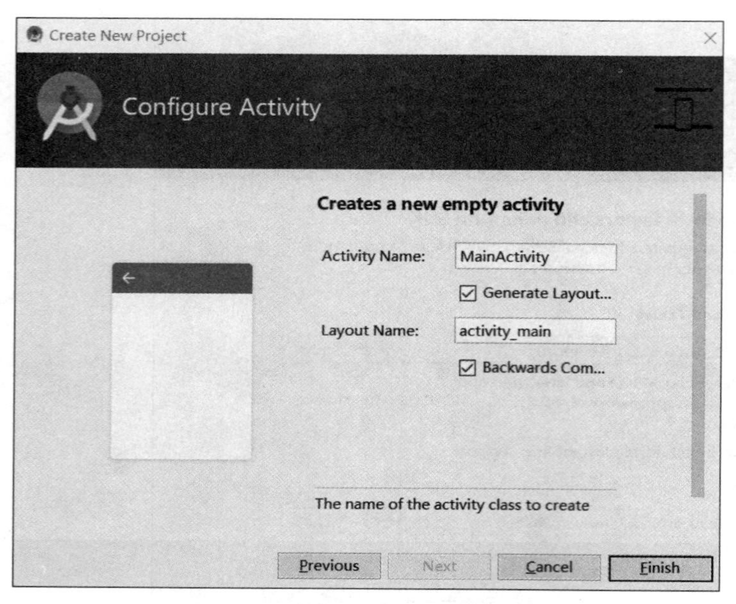

图 3－15　设置文件名称

基于 ANDRIOD 光照度采集程序工程项目创建

（6）Android 光照度采集程序项目创建完成之后，会自动打开项目开发主界面，在 Android Studio 的主界面上，除了菜单工具栏外，主要是项目结构与项目开发两栏，默认打开 activity_main 的布局文件和 MainActivity. java 文件，如图 3－16 所示。

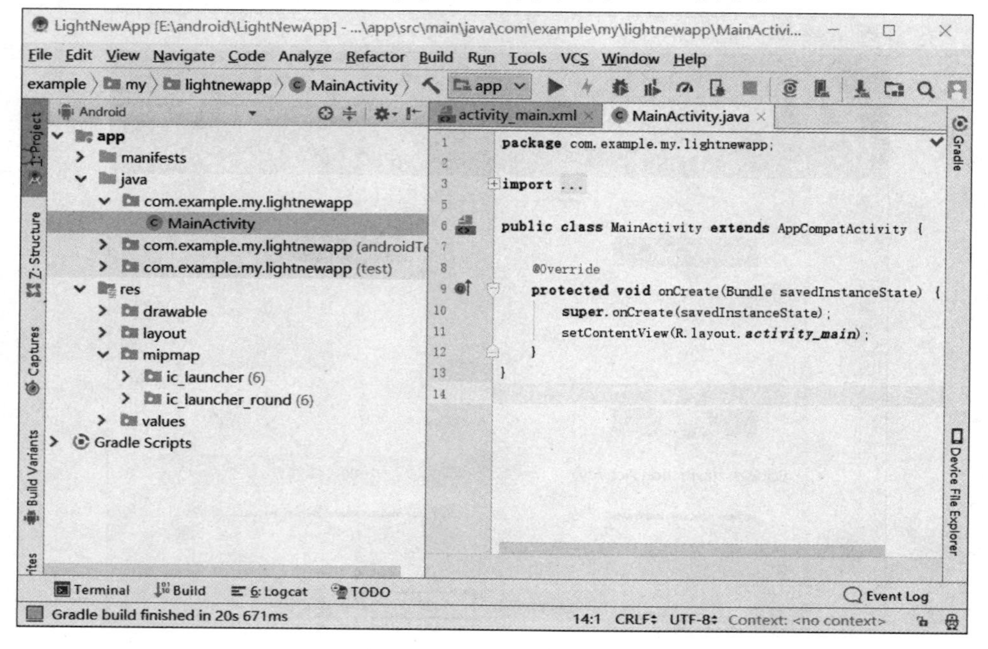

图 3－16　光照度采集程序开发主界面

2. 光照度采集程序窗体界面设计

（1）打开 activity_main 文件，显示 Android 的设计界面，然后在 AppTheme 下拉列表中选择 AppCompat. Light. NoActionBar 主题选项，如图 3－17 所示。

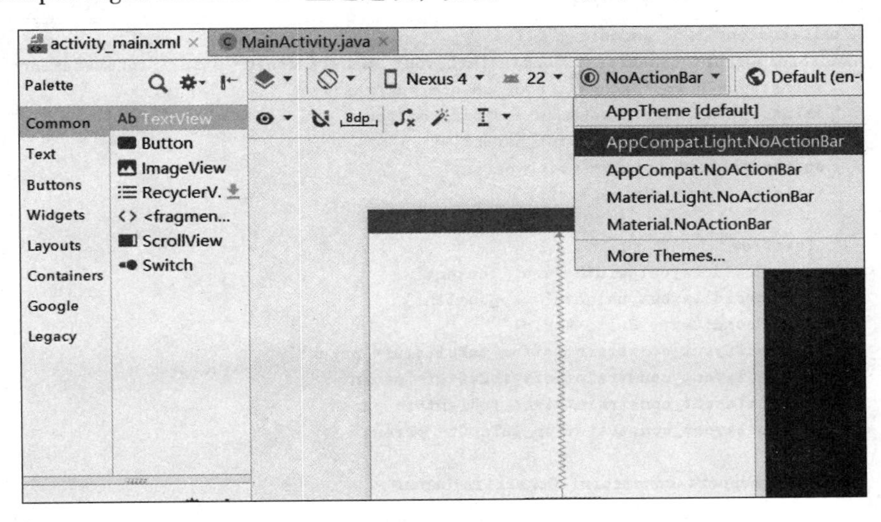

图 3－17　选择主题选项

（2）设置主题风格完成之后，显示 Android 的设计界面，左边界面显示设计效果，右边界面显示控件摆放的轨迹，如图 3－18 所示。

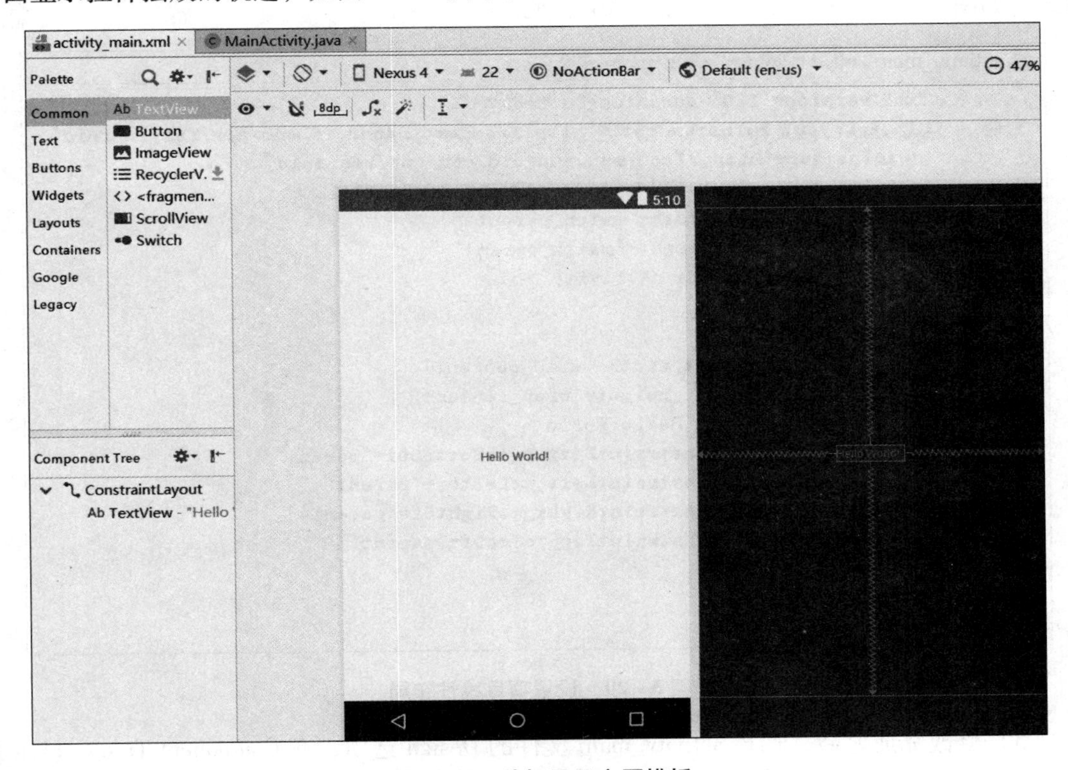

图 3－18　选择显示主题模板

（3）选择 activity_main 文件的 Text 选项，显示界面的 XML 代码，项目界面布局默认采用约束布局方式，如图 3－19 所示。

```
activity_main.xml ×   MainActivity.java ×
1  <?xml version="1.0" encoding="utf-8"?>
2  <android.support.constraint.ConstraintLayout xmlns:android="http://schemas.android.com/a
3      xmlns:app="http://schemas.android.com/apk/res-auto"
4      xmlns:tools="http://schemas.android.com/tools"
5      android:layout_width="match_parent"
6      android:layout_height="match_parent"
7      tools:context=".MainActivity">
8
9      <TextView
10         android:layout_width="wrap_content"
11         android:layout_height="wrap_content"
12         android:text="Hello World!"
13         app:layout_constraintBottom_toBottomOf="parent"
14         app:layout_constraintLeft_toLeftOf="parent"
15         app:layout_constraintRight_toRightOf="parent"
16         app:layout_constraintTop_toTopOf="parent" />
17
18 </android.support.constraint.ConstraintLayout>
```

图 3－19　activity_main 文件 XML 代码

（4）通过修改 ConstraintLayout 为 LinearLayout，将项目的约束布局方式修改为线性布局方式，如图 3－20 所示，显示界面的 XML 代码。

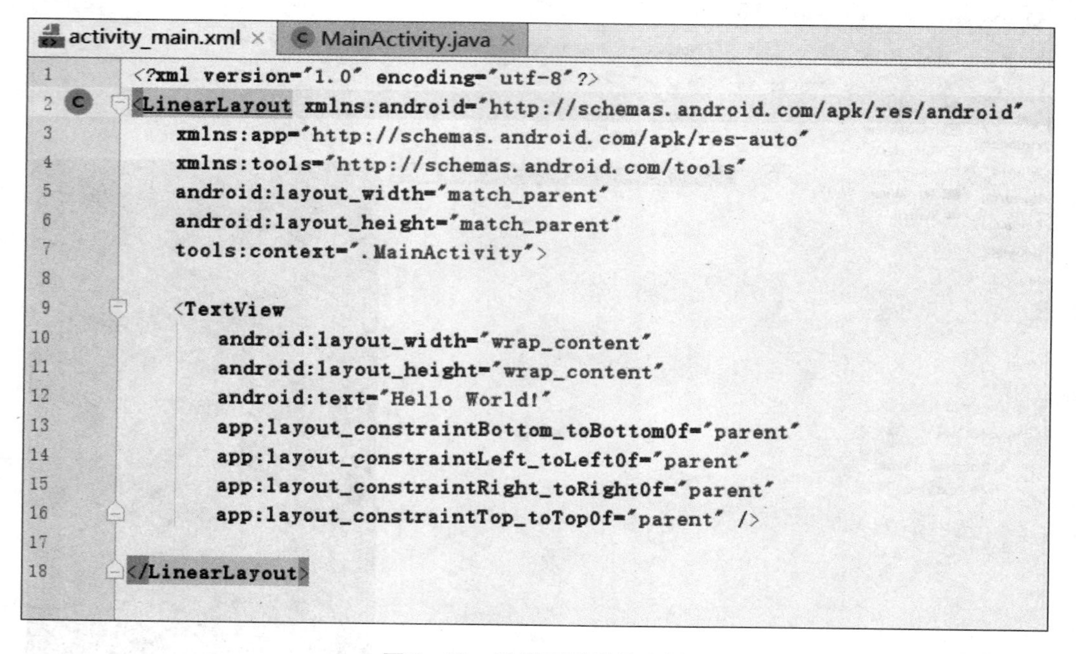

```
activity_main.xml ×   MainActivity.java ×
1  <?xml version="1.0" encoding="utf-8"?>
2  <LinearLayout xmlns:android="http://schemas.android.com/apk/res/android"
3      xmlns:app="http://schemas.android.com/apk/res-auto"
4      xmlns:tools="http://schemas.android.com/tools"
5      android:layout_width="match_parent"
6      android:layout_height="match_parent"
7      tools:context=".MainActivity">
8
9      <TextView
10         android:layout_width="wrap_content"
11         android:layout_height="wrap_content"
12         android:text="Hello World!"
13         app:layout_constraintBottom_toBottomOf="parent"
14         app:layout_constraintLeft_toLeftOf="parent"
15         app:layout_constraintRight_toRightOf="parent"
16         app:layout_constraintTop_toTopOf="parent" />
17
18 </LinearLayout>
```

图 3－20　设置项目线性布局

（5）修改完成之后，选择 activity_main 文件的 Design 选项，在 Component Tree 栏显示为 LinearLayout，如图 3－21 所示。

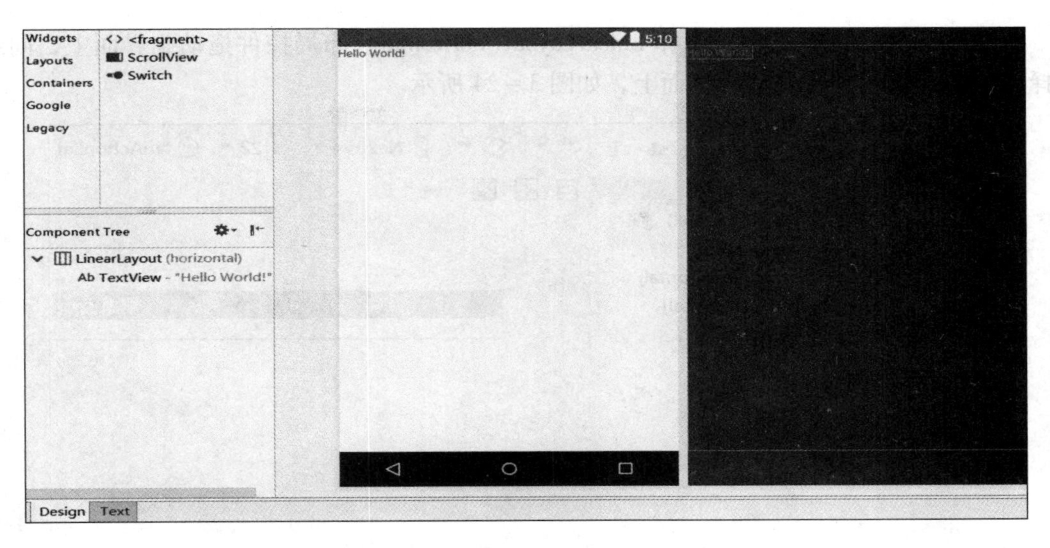

图 3－21　项目界面的线性布局效果

（6）选择 LinearLayout 属性，在 orientation 方向属性栏中选择 vertical，即垂直对齐方式，如图 3－22 所示。

（7）在对齐方式 gravity 属性栏中选择 top｜center，即顶部中间对齐方式，如图 3－23 所示。

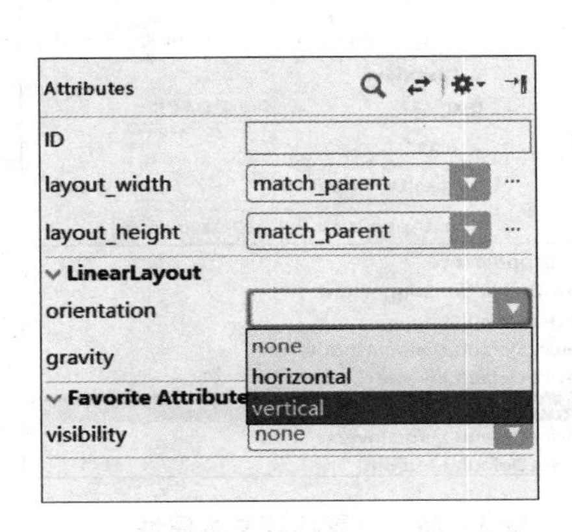

图 3－22　设置 orientation 属性

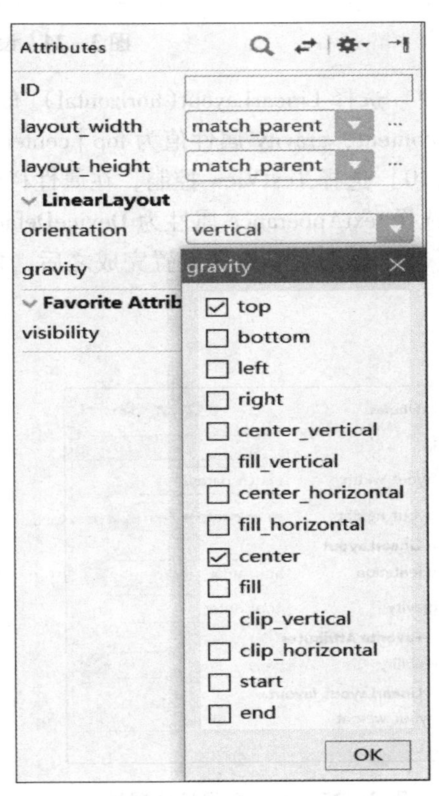

图 3－23　设置 gravity 属性

（8）在 Palette 工具栏中，选择 LinearLayout（horizontal）布局控件拖动到界面上，同理，选择 TextView 文本控件拖动到界面上，如图 3－24 所示。

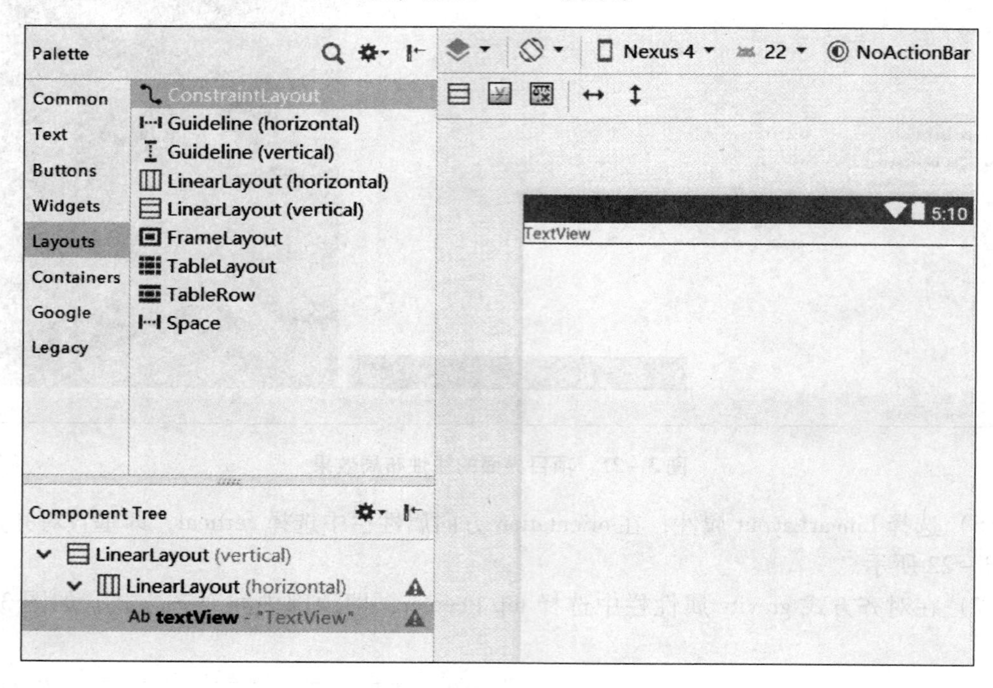

图 3－24　设置标题布局和文本控件

（9）选择 LinearLayout（horizontal）布局控件，在属性栏中，设置 layout_height 属性值为 wrap_content，gravity 属性值为 top | center 如图 3－25 所示。

（10）选择 TextView 控制，在属性栏中将 text 属性值设置为“光照度采集程序”，文字大小选择 textApperance 属性为 DeviceDefault. Large，如图 3－26 所示。

（11）标题文本控件设置完成之后，显示如图 3－27 所示界面效果。

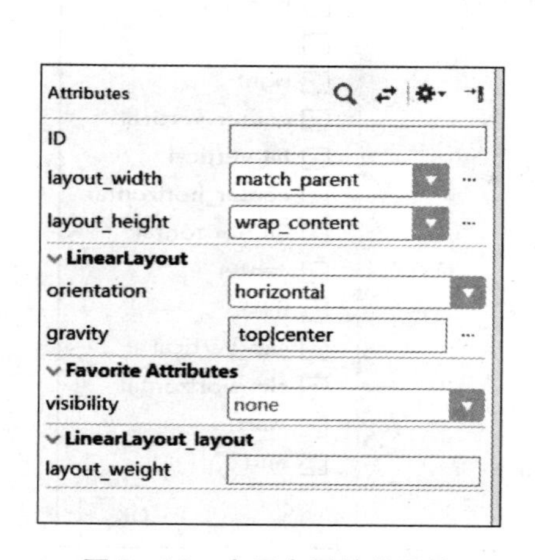

图 3－25　水平布局控件属性

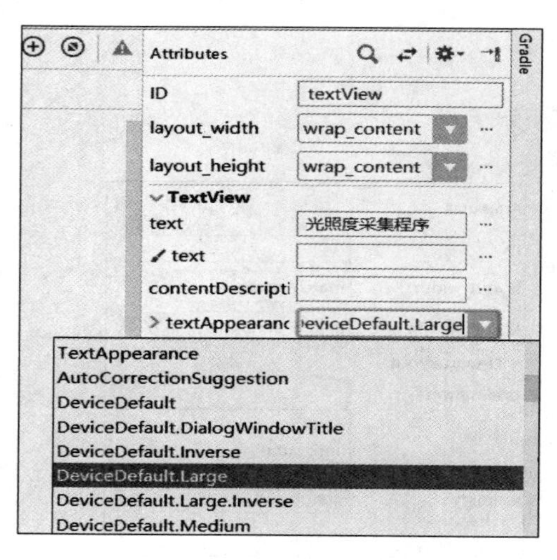

图 3－26　设置标题文本属性

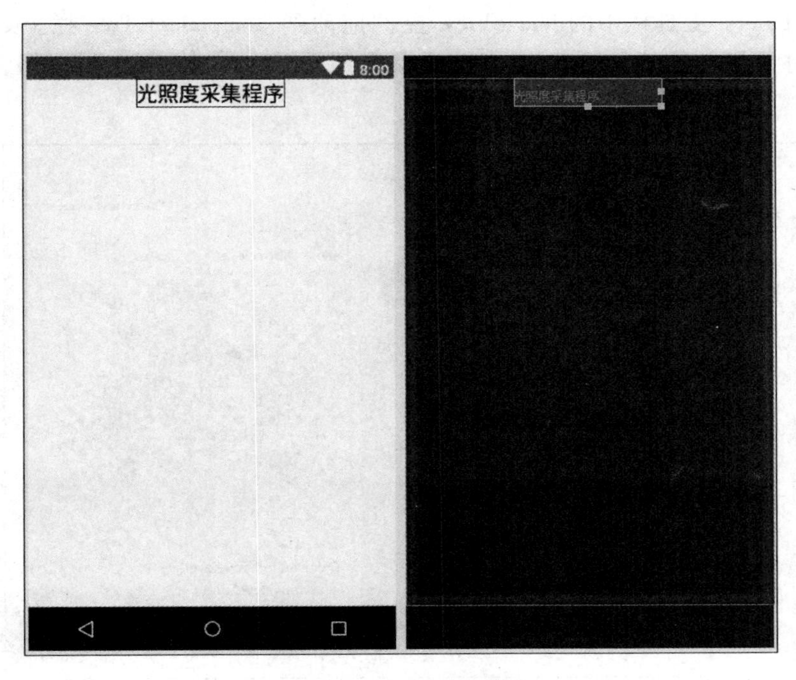

图 3－27　标题显示效果

（12）为了在界面上显示相应图片，这里需要将程序中两张图片复制到 drawable 目录下，如图 3－28 所示。

（13）将 Palette 工具栏中 LinearLayout(horizontal）布局控件拖动到 Component Tree 栏上，在属性栏中设置 Layout_height 属性值为 wrap_content，gravity 设置为 center，如图 3－29 所示。

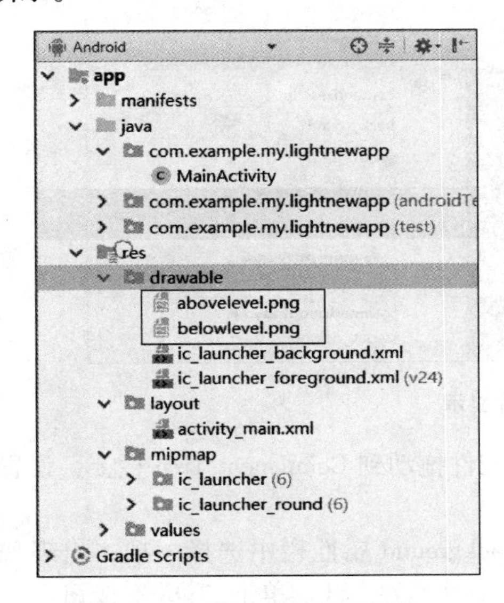

图 3－28　加入程序显示图片

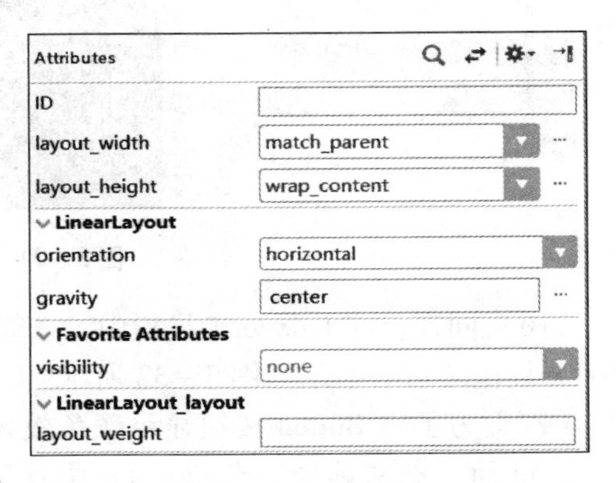

图 3－29　设置 LinearLayout(horizontal)布局控件属性

（14）将 Palette 工具栏中的 imageView 控件拖动到 Component Tree 栏上之后，自动出现图片选择对话框，这里从 Project 中选择有光照图片，单击“OK”按钮，如图 3－30 所示。

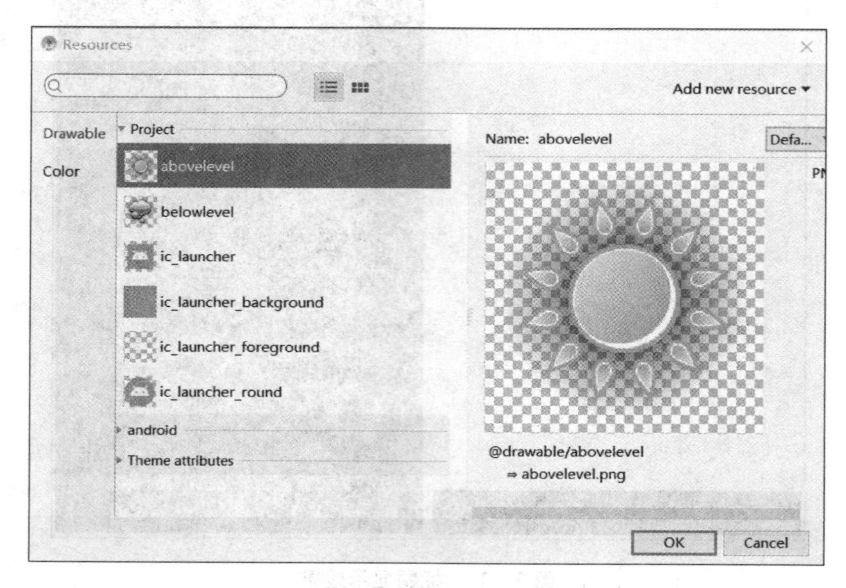

图 3－30　选择有光照显示图片

（15）图片设置完成之后，界面显示效果如图 3－31 所示。

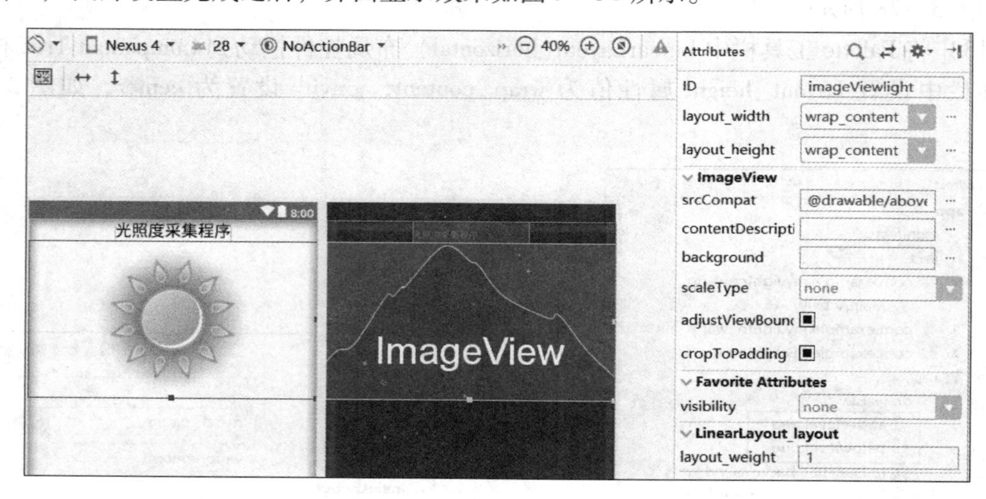

图 3－31　有光照图片显示

（16）同理，在 Palette 工具栏中，选择其他相关控件拖动到 Component Tree 栏上，设置相应属性值之后，显示如图 3－32 所示。

（17）为了将 Button 按钮显示颜色效果，在其 background 属性栏中选择…项，出现如图 3－33 所示的对话框，选择 Color 所对应的颜色，如#FF17B3F1，单击“OK”按钮。

（18）选择相应的控件之后，在属性栏中设置相关属性值，光照度采集程序界面设计完成之后如图 3－34 所示。

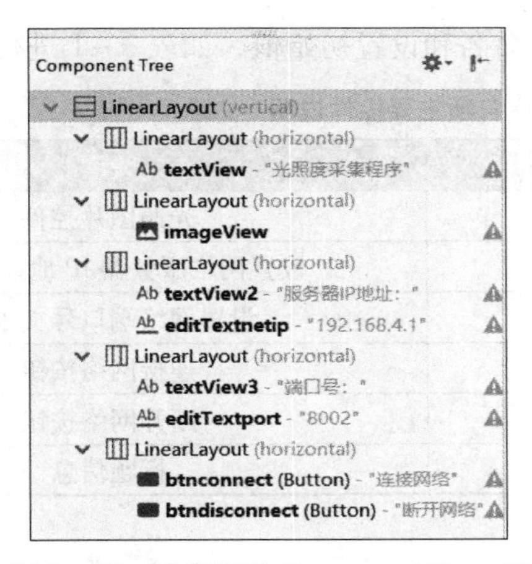

图 3－32　控件拖至 Component Tree 栏

基于 ANDRIOD 光照度采集程序界面设计

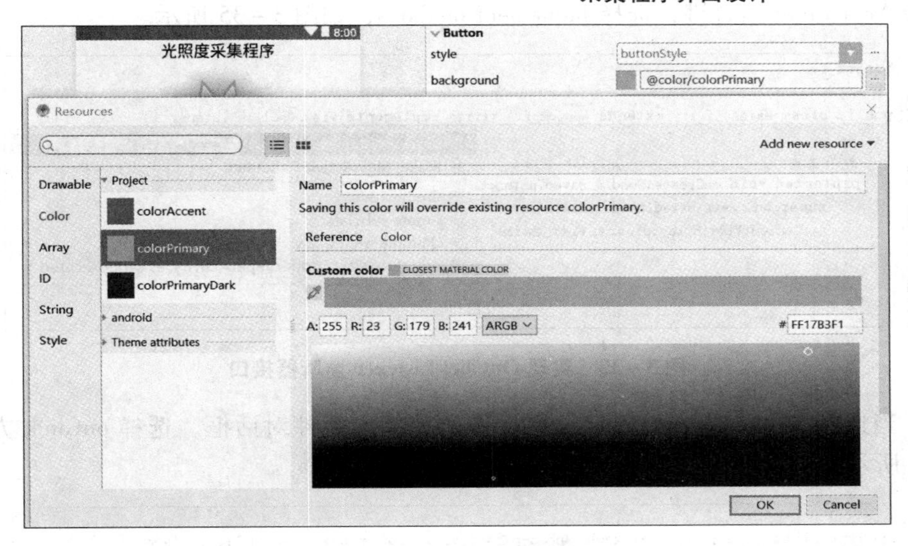

图 3－33　设置 Buton 背景颜色

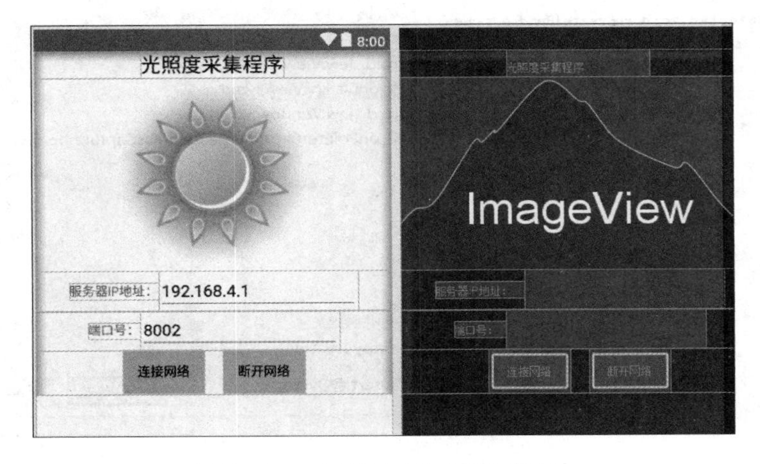

图 3－34　光照度采集程序界面设计

（19）将图 3－32 中主要控件进行规范命名和设置初始值，如表 3－1 进行说明。

表 3－1　程序各项主要控件说明

控件名称	命名	说明
ImageView	imageViewlight	光照图片控件
EditText	editTextnetip	设置网络服务器 IP 地址文本框
EditText	editTextnetport	设置网络端口号文本框
Button	btnconnect	连接网络按钮
Button	btndisconnect	断开网络按钮
TextView	textViewtitle	标题信息

3. 光照度采集程序功能代码实现

（1）本项目 Button 按钮单击事件采用 MainActivity 类中实现 OnClickListener 监听器接口，选择 Alt + Enter 组合键，选择 Implement methods，如图 3－35 所示。

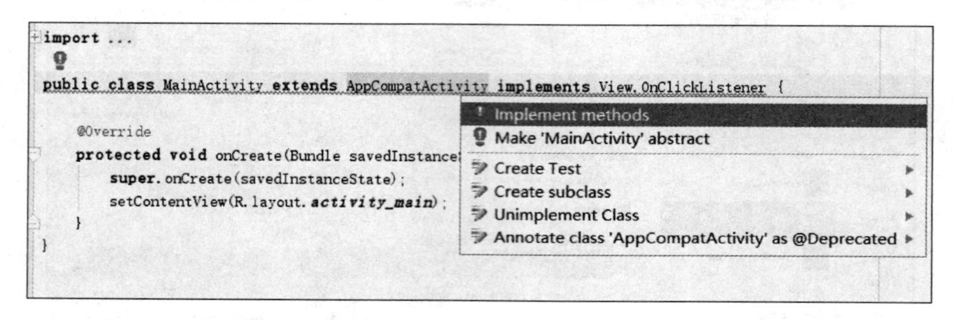

图 3－35　实现 OnClickListener 监听器接口

（2）当选择 Implement methods 项之后，出现单击事件对话框，选择 onClick 方法，如图 3－36 所示。

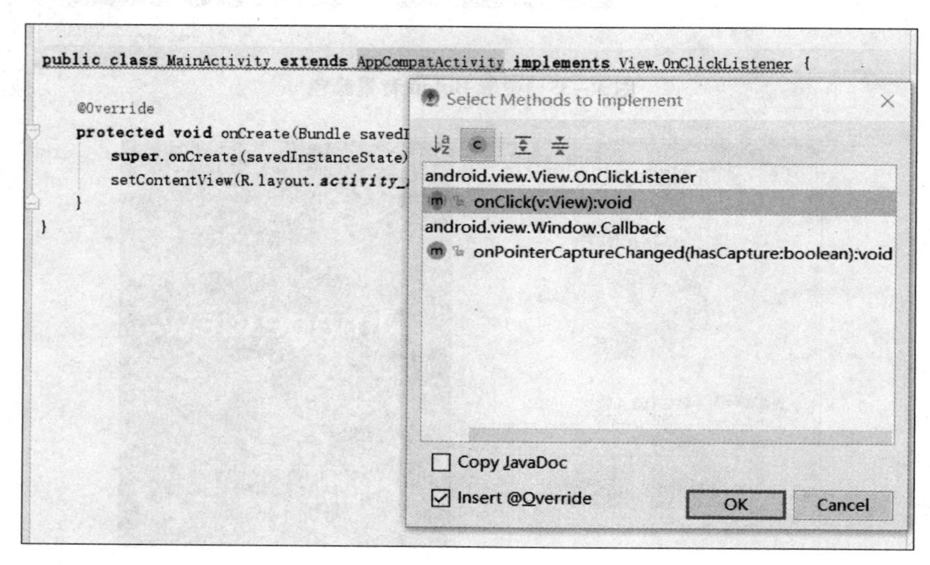

图 3－36　选择 onClick 方法

（3）当选择 onClick 方法之后，代码栏中自动实现如图 3－37 所示的 onClick 方法代码框架。

```
public class MainActivity extends AppCompatActivity implements View.OnClickListener {

    @Override
    protected void onCreate(Bundle savedInstanceState) {
        super.onCreate(savedInstanceState);
        setContentView(R.layout.activity_main);
    }

    @Override
    public void onClick(View v) {

    }
}
```

图 3－37　OnClick 方法代码框架

（4）根据界面中所设置的 EditText 控件、ImageView 控件和 Button 控件，在 MainActivity 类中定义对应的控件变量，同时定义网络通信的 Socket 套接字、输入流以及接收线程对象等，在 onCreate 方法中通过调用 findViewById 方法将控件的 ID 号转变为对象变量，EtIp = findViewById（R. id. editTextnetip），另外为了给按钮 onClick 方法设置 setOnClickListener 监听器。

具体代码如下：

```
public class MainActivity extends AppCompatActivity implements  View.OnClickLis-
tener{
    EditText EtIp,EtPort;
    ImageView imageViewLight;
    Button btnConnect,btnDisConnect;
    boolean isConnect = false;
    Socket socket;
    String NetIp;
    int NetPort;
    BufferedReader bufferedReader;
    ReceiveThread  receiveThread;
    @Override
    protected void onCreate(Bundle savedInstanceState){
        super.onCreate(savedInstanceState);
        setContentView(R.layout.activity_main);
        EtIp = findViewById(R.id.editTextnetip);
        EtPort = findViewById(R.id.editTextnetport);
        imageViewLight = findViewById(R.id.imageViewlight);
        btnConnect = findViewById(R.id.btnconnect);
        btnDisConnect = findViewById(R.id.btndisconnect);
    }
```

基于 ANDROID 光照度采集程序功能代码实现 1

（5）在连接网络按钮事件处理方法中主要完成线程的启动，实现网络连接功能，同时开启接收线程，实现 WIFI 网络中光照度传感器数据的接收。在断开网络按钮事件处理方法中主要完成输入流和套接字关闭功能。

具体代码如下：

```
@Override
public void onClick(View v){
      switch(v.getId())
      {
          case R.id.btnconnect:
               Thread thread=new Thread(ConnectThread);
               thread.start();
               btnDisConnect.setEnabled(true);
               btnConnect.setEnabled(false);
               break;
          case R.id.btndisconnect:
               try{
                     bufferedReader.close();
                     socket.close();
                     btnDisConnect.setEnabled(false);
                     btnConnect.setEnabled(true);
               }catch(IOException e){
                     e.printStackTrace();
               }
               break;
      }
}
```

（6）为了通过启动 Thread 线程连接 WIFI 网络，需要实现 Runnable 接口，在接口 Run 方法中实现套接字对象，并绑定服务器 IP 地址和端口号。另外，为了接收服务器端发送的光照度数据，需要再次启动 ReceivedThread 线程进行接收。

具体代码如下：

```
Runnable ConnectThread=new Runnable(){
    @Override
    public void run(){
         NetIp=EtIp.getText().toString();
         NetPort= Integer.valueOf(EtPort.getText().toString());
         try{
              socket=new Socket(NetIp,NetPort);
              isConnect=true;
              receiveThread=new ReceiveThread(socket);
              receiveThread.start();
         }catch(IOException e){
              e.printStackTrace();
```

```
        }
    }
}
```

（7）为了在连接 WIFI 网络成功之后，能够接收服务器端发送的光照度数据，需要开启 ReceivedThread 线程进行接收，这里通过继承 Thread 线程类，实现 ReceivedThread 线程类，并在 ReceivedThread 线程类构造方法中传递套接字对象作为参数。

具体代码如下：

```
class  ReceiveThread extends  Thread{
    ReceiveThread(Socket socket)
    {
        try {
            bufferedReader = new BufferedReader (new InputStreamReader (socket.get-
                                                    Input Stream(),"UTF -8"));
        } catch(IOException e){
            e.printStackTrace();
        }
    }
```

（8）在 ReceivedThread 线程类中需要实现 Run 方法，在 Run 方法中通过输入流的 Read 方法读取服务器发送的光照度数据，并解析数据。首先判断数据是否为空，当不为空时，再判断字符串是否以“222222”开始，如果成立，表示当前环境有光照；否则判断字符串是否以“111111”开始。如果成立，表示当前环境无光照，最后以 Message 对象作为参数调用 Handler 对象的 sendMessage 方法，发送给 UI 主线程。

具体代码如下：

基于 ANDROID 光照度采集程序功能代码实现 2

```
@Override
public void run(){
    while(!socket.isClosed())
    {
        char[] buffer =new char[64];
        for(int i =0;i <buffer.length;i + +)
        {
            buffer[i] =' \0';
        }
        int len =0;

        try {
            len = bufferedReader.read(buffer);
        } catch(IOException e){
            e.printStackTrace();
        }
        if(len! = -1)
        {
            String  str =String.copyValueOf(buffer);
```

```
                if(str.indexOf("222222")!=-1)
                {
                    Message msg=new Message();
                    msg.what=1;
                    handler.sendMessage(msg);
                }
                if(str.indexOf("111111")!=-1)
                {
                    Message msg=new Message();
                    msg.what=2;
                    handler.sendMessage(msg);
                }
            }
        }
        super.run();
    }
}
```

（9）当 Handler 对象调用 sendMessage 方法之后，将包含光照信息的 Message 对象发送至 UI 主线程，主线程中的 Handler 对象再次调用 handleMessage 方法处理 Message 对象中的消息数据，并根据 what 属性值分别将有光照和无光照图片显示在界面中。

具体代码如下：

基于 ANDROID 光照度采集程序功能代码实现 3

```
Handler handler=new Handler()
{
    @Override
    public void handleMessage(Message msg){
        switch(msg.what)
        {
            case 1:
                imageViewLight.setImageResource(R.drawable.abovelevel);
                break;
            case 2:
                imageViewLight.setImageResource(R.drawable.belowlevel);
                break;
                default:
                    break;
        }
        super.handleMessage(msg);
    }
};
```

（10）为了让程序在移动端通过 WIFI 网络连接物联网网关设备中的服务器，需要将 AndroidManifest.xml 文件打开，添加网络访问权限，如图 3－38 所示。

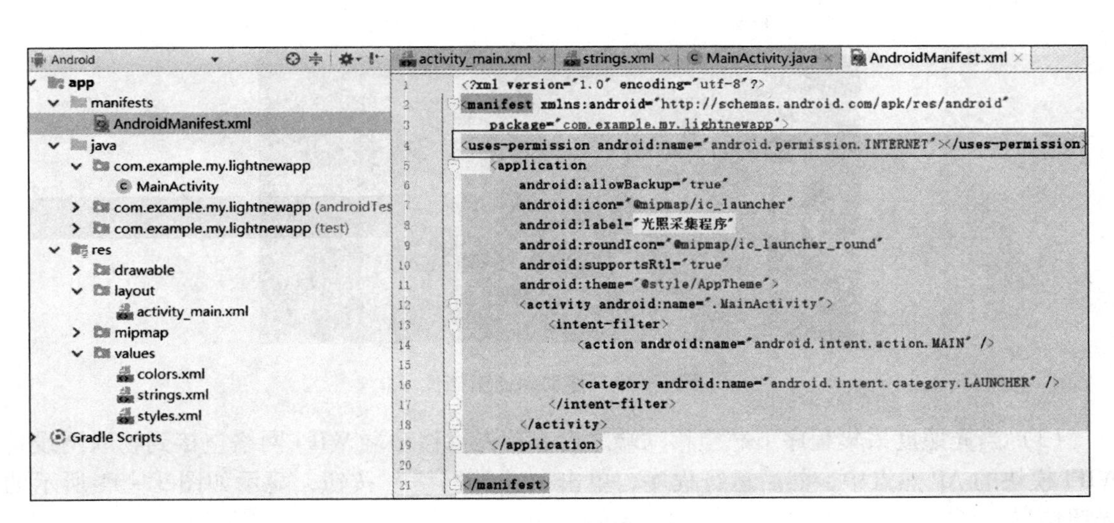

图 3-38　添加网络访问权限

4. 光照度采集程序下载至移动端运行

（1）程序编译完成之后，单击红色的三角运行按钮“▶”，将光照度采集下载至移动端，如图 3-39 所示。

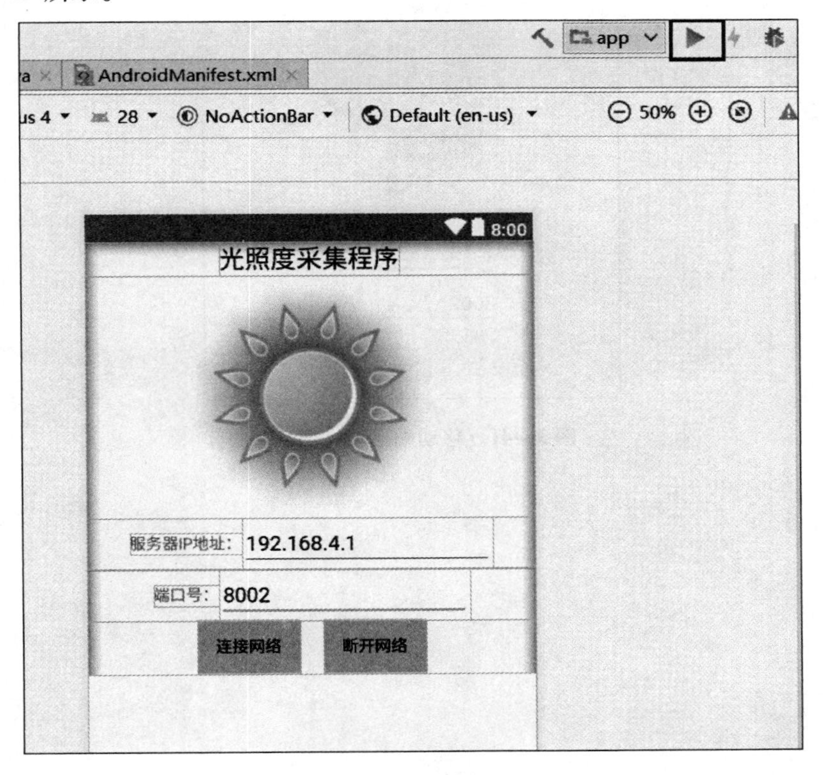

图 3-39　单击程序下载按钮

（2）将功能开关挡位切换到移动端挡之后，嵌入式网关模块将传感器采集的数据信息通过 WIFI 模块无线发送至手机设备端，从而无线接收各种采集数据，如图 3-40 所示。

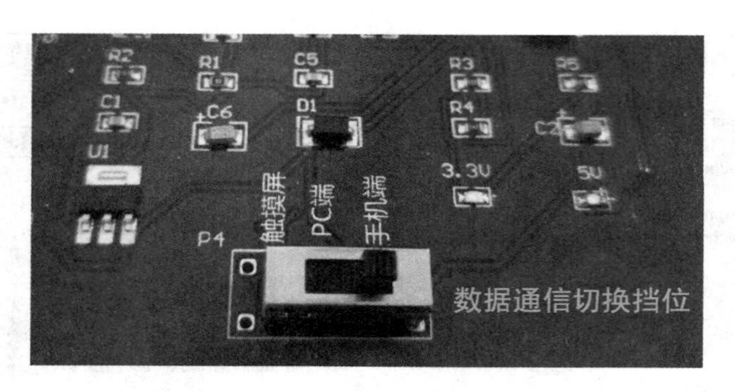

图 3－40　移动端通信挡位

（3）当光照度采集程序下载至移动端之后，首先将移动端 WIFI 网络连接到物联网设备 WIFI 模块的 AP 热点中，然后运行程序，单击“连接网络”按钮，显示如图 3－41 所示的光照信息。

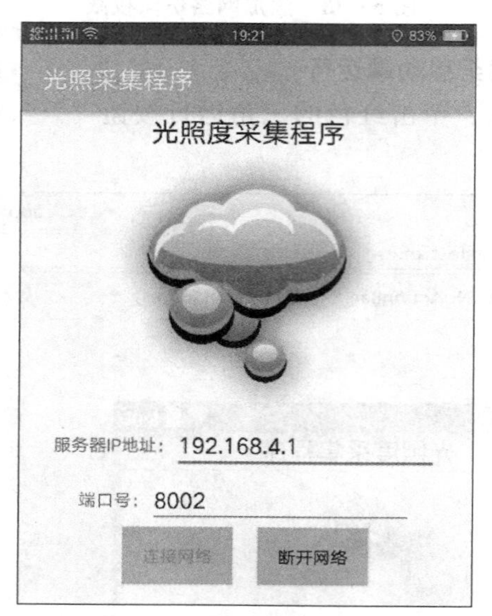

图 3－41　移动端显示光照信息

项目四

基于 Android 光照度数据采集及步进电机控制应用

项目情境

随着生活水平的提高及时代的进步，人们对居住空间、周围环境有了更高的要求，为了解决每天手拉开和关上窗帘的不便，又显示出生活的便捷和档次，可以通过在窗口位置安装一个光照传感器和电动窗帘，这样手机端通过采集的光照信息可以进行手动或者联动方式控制家中的电动窗帘开启和关闭，让家庭主人拥有一个良好的居住环境，如图 4 – 1 所示为手机端控制电动窗帘。

图 4 – 1　手机端控制电动窗帘

学习目标

（1）能正确使用移动设备通过 WIFI 通信获取光照度信息和控制步进电机。
（2）了解 Android 光照度采集和控制的应用场景。
（3）掌握 Android 光照度采集和步进电机控制程序的功能结构。
（4）掌握 Android 光照度采集和步进电机控制程序功能设计。
（5）掌握 Android 光照度采集和步进电机控制程序的功能实现。
（6）掌握 Android 光照度采集和步进电机控制程序调试和运行。

任务 4.1　移动端 WIFI 通信光照度数据采集和步进电机控制

4.1.1　任务描述

本次任务是在光照度采集项目的基础上，通过物联网教学设备中的光照度传感器对周边环境参数（光照信息）进行实时采集，并将光照信息由 ZigBee 无线传感网络传输至嵌入式网关。一方面移动端通过 WIFI 通信方式连接嵌入式网关，将采集到光照度数据实时显示在移动端网络调试助手界面上，另一方面可以在网络调试助手上发送字符串控制命令给嵌入式网关，再由嵌入式网关中 ZigBee 协调器通过 ZigBee 无线传感网络发送至 ZigBee 终端节点，进行控制步进电机模块的正转和反转，如图 4－2 所示为光照度采集和步进电机控制整体功能结构。

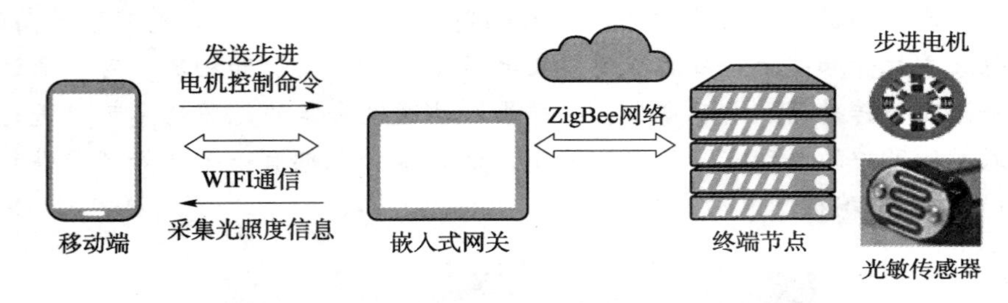

图 4－2　光照度采集和步进电机控制整体功能结构

4.1.2　任务分析

这里 WIFI 通信主要实现光照度采集和步进电机控制功能，一个是光照度采集模块，另一个是步进电机控制模块，这里光照度传感节点实时采集光照度数据信息，周期性地通过 ZigBee 网络发送至 ZigBee 协调器，当 ZigBee 协调器节点收到数据之后，通过串口转 WIFI 方式发送给 WIFI 无线通信模块。当移动端连接嵌入式网关中 WIFI 模块 AP 热点之后，一方面将光照度数据信息实时显示在网络调试助手运行界面中，另一方面移动端可以通过 WIFI 方式发送正转或者反转步进电机控制命令信息给 ZigBee 协调器，再由 ZigBee 协调器通过无线传感网络发送至 ZigBee 终端通信节点，实现步进电机的正转和反转控制，如图 4－3 所示。

4.1.3　操作方法与步骤

1）WIFI 模块网络参数配置如下：

（1）打开物联网设备电源，中央通信处理模块中的 WIFI 模块可以根据相应的参数设置，作为 AP 热点组建局域网，实现 WIFI 无线采集和控制，如图 4－4 所示。

（2）将功能开关挡位切换到移动端挡之后，嵌入式网关将传感器采集的数据信息通过 WIFI 模块无线发送至移动设备端，从而无线接收各种采集数据，如图 4－5 所示。

（3）串口通信采集的温湿度传感器和风扇控制模块如图 4－6 所示。

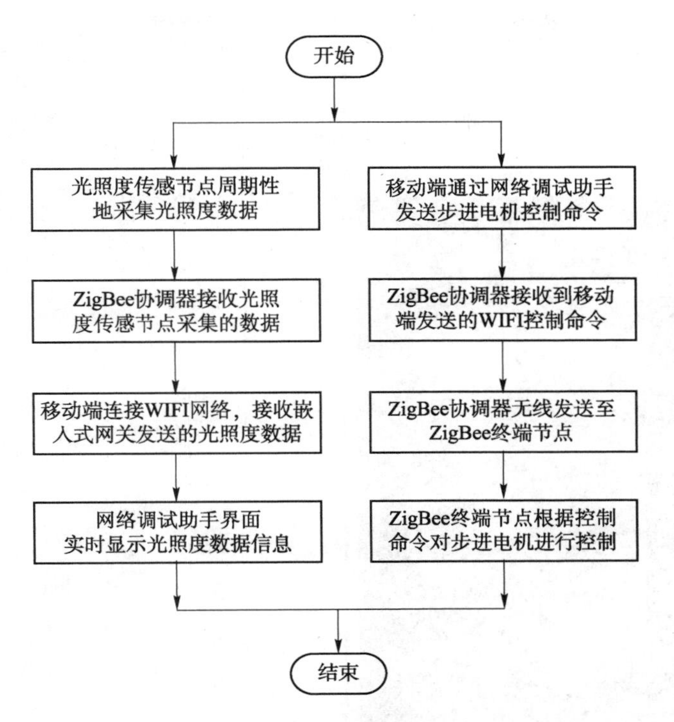

图 4－3　光照度采集和步进电机控制流程图

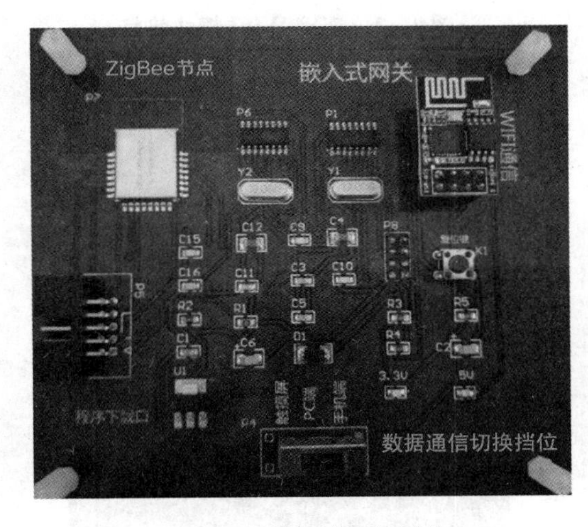

图 4－4　嵌入式智能网关

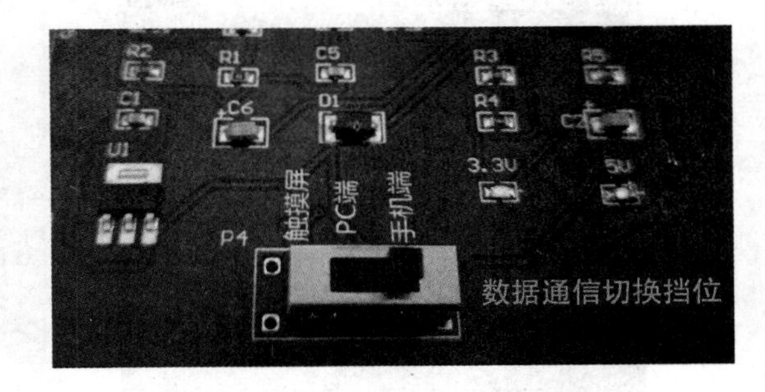

图 4－5　设备端与 Android 移动端通信挡位

（4）在 Android 移动设备端上，打开 WIFI 功能，连接 WIFI 模块热点 CYWL001，如图 4－7 所示。

（5）运行 Android 手机中的网络调试助手软件，选择 tcpclient 通信模式，然后单击“增加”按钮，出现如图 4－8 所示对话框，IP 地址输入 192. 168. 4. 1，端口为 8002。

（6）如果连接 WIFI 模块成功，则显示传感器端周期性传输过来的相关采集数据，如光照度信息，显示如图 4－9 所示的数据。222222 代表光照度传感器显示当前有光照，如果遮挡光照度传感器，则显示 111111，代表当前无光照。

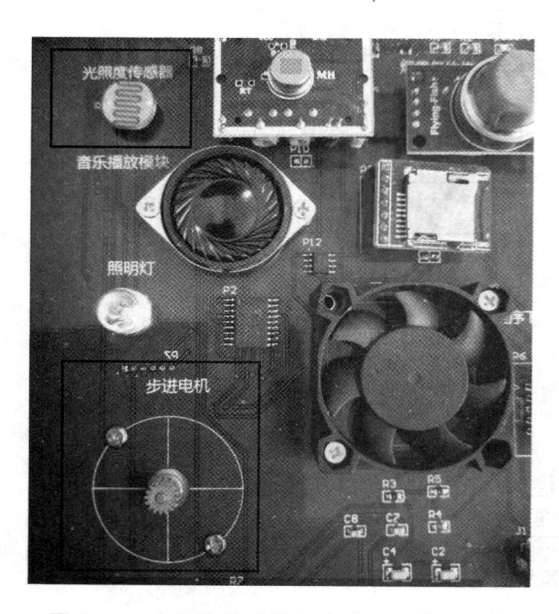

图 4－6　光照度传感器和步进电机控制模块

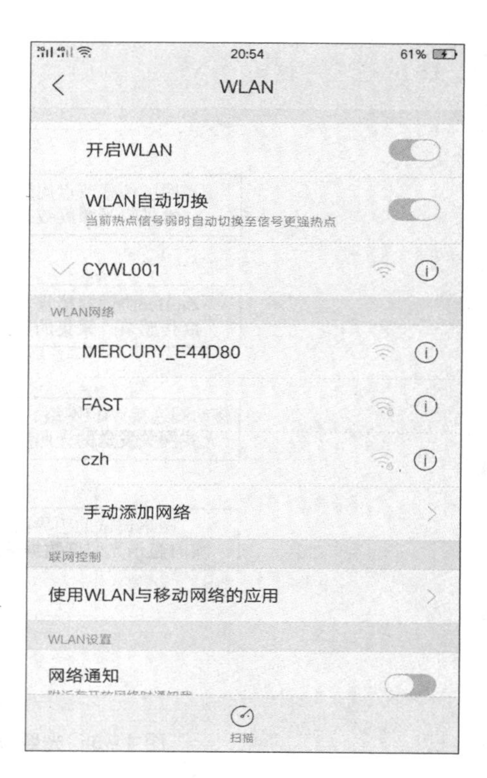

图 4－7　连接 WIFI 模块热点

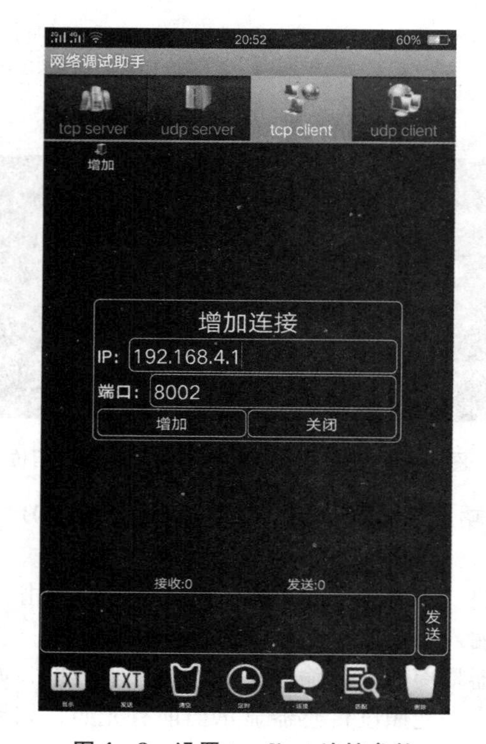

图 4－8　设置 tcpclient 连接参数

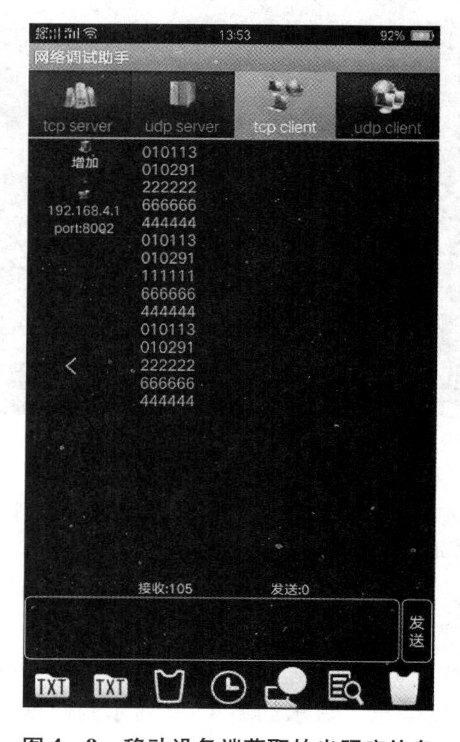

图 4－9　移动设备端获取的光照度信息

（7）如果发送步进电机控制命令，需要将客户端发送方式设置为文本，如图 4－10 所示。

（8）在发送区发送字符串“297”，单击“手动发送”按钮，则通过移动端向嵌入式智能网关 WIFI 模块发送 297，这时终端采集节点通过无线传感网络接收 297 字符串，然后控制步进电机正转，同理发送“2A7”，控制步进电机反转，如图 4－11 所示。

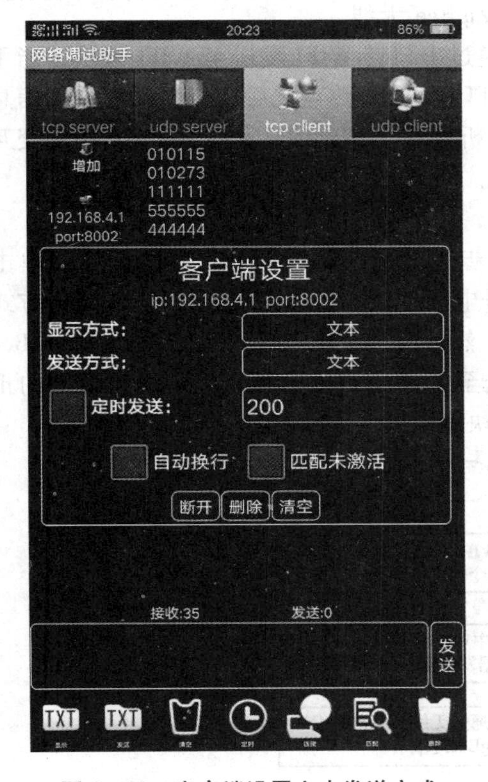

图 4－10　客户端设置文本发送方式

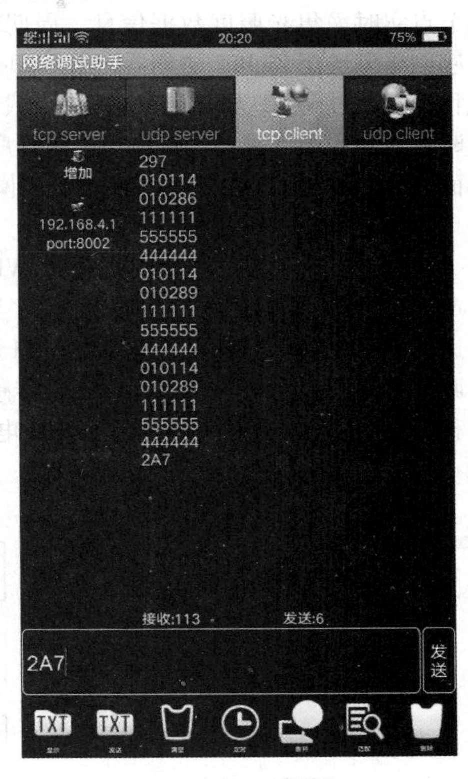

图 4－11　移动端发送步进电机控制命令

任务 4.2　基于 Android 光照度采集步进电机控制程序开发

4.2.1　任务描述

在任务 4.1 中，光照度传感节点可以将采集到的光照度数据通过 ZigBee 无线传感网络传输至嵌入式网关，然后嵌入式网关通过 WIFI 方式与移动端通信，可以将光照度数据信息实时显示在网络调试助手界面上，同时移动端可以通过 WIFI 方式发送步进电机控制命令给嵌入式网关，无线控制步进电机模块。本次任务通过 Android 的采集控制编程，实现对物联网设备平台上光照度传感器进行数据采集、数据处理以及数据实时显示，并将采集到的光照信息根据条件进行判断，从而实现自动控制步进电机（模拟电动窗帘马达）的正转、反转，让同学们在这次项目实践中能够掌握 Android 光照度采集步进电机控制程序开发技术。

4.2.2 任务分析

基于 ANDROID 光照度采集步进电机控制程序设计流程

1. 光照度采集模块设计

光照度采集模块主要实现在 Android 光照度采集步进电机控制程序运行界面上进行光照度数据实时显示。这里光照度传感节点实时采集光照度数据信息，周期性地通过 ZigBee 无线传感网络发送至 ZigBee 协调器，由 ZigBee 协调器通过串口转 WIFI 发送至 WIFI 模块，当手机移动端通过 WIFI 无线通信连接嵌入式网关中 WIFI 模块 AP 热点之后，将光照度数据信息实时发送到光照度采集步进电机控制程序中进行解析处理，并最终显示在 Android 图形交互界面上，如图 4 - 12 所示为光照度采集模块流程图。

2. 步进电机控制模块设计

步进电机控制模块主要实现通过 WIFI 方式对步进电机进行正转和反转操作。当单击 Android 的光照度采集步进电机控制程序界面上步进电机按钮时，移动端通过 WIFI 无线方式发送控制命令信息给嵌入式网关的 WIFI 通信模块，然后通过 WIFI 转串口将数据发给 ZigBee 协调器，再由 ZigBee 协调器通过无线传感网络发送至 ZigBee 终端节点，实现步进电机的正转和反转控制。如图 4 - 13 所示为步进电机控制模块流程图。

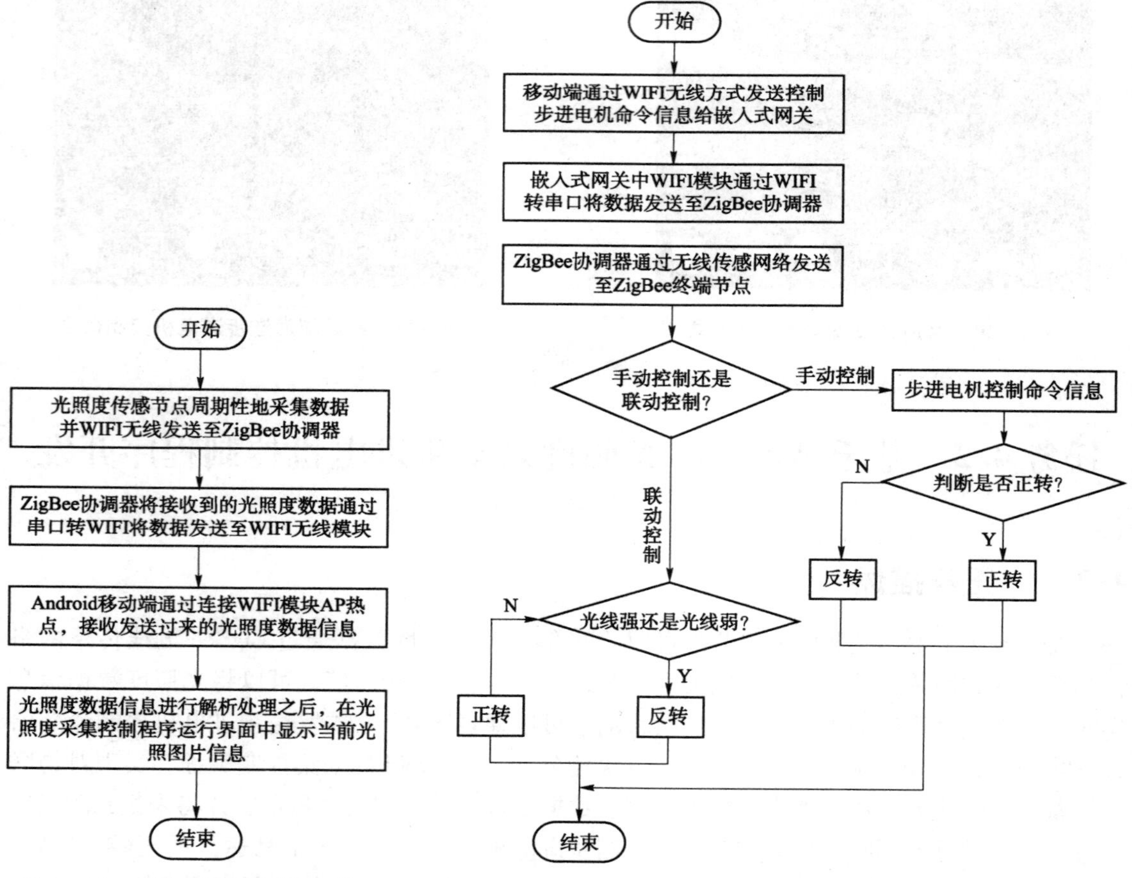

图 4 - 12 光照度采集模块流程图

图 4 - 13 步进电机控制模块流程图

4.2.3　操作方法与步骤

1. 创建 Android 光照度采集步进电机控制程序工程项目

（1）打开 Android Studio 开发环境，项目选择对话窗体界面上，选择 Start a new Android Studio project 项，如图 4-14 所示。

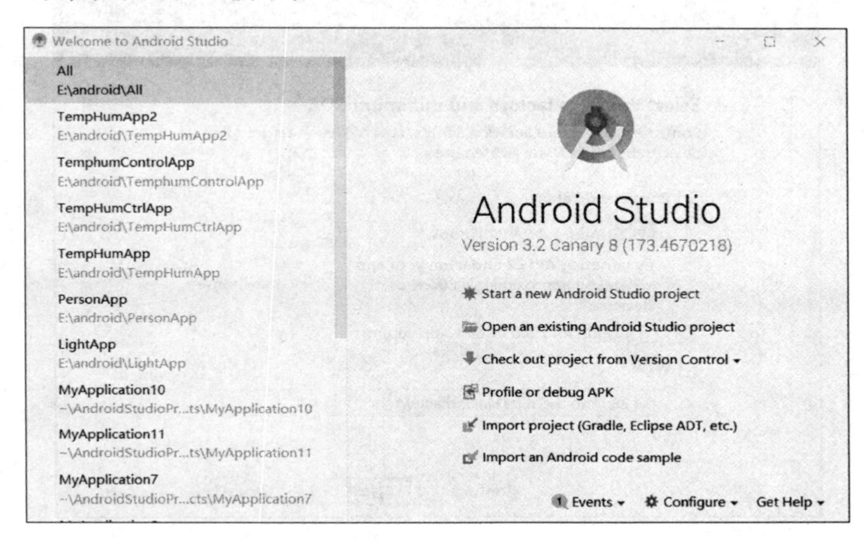

图 4-14　新建工程对话框

（2）在如图 4-15 所示的创建 Android 工程对话框中，应用程序名称输入 LightCtrl-NewApp，单击“Next”按钮。

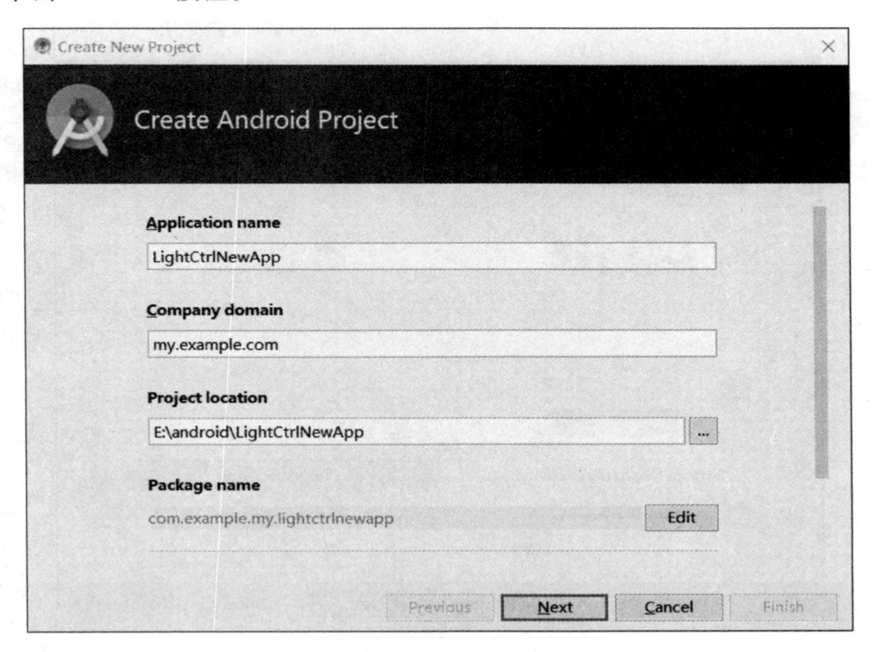

图 4-15　输入 Android 项目名称

（3）选择合适的 Android SDK 版本，这里手机和平板设备选择 API 22 版本，如图 4－16 所示。

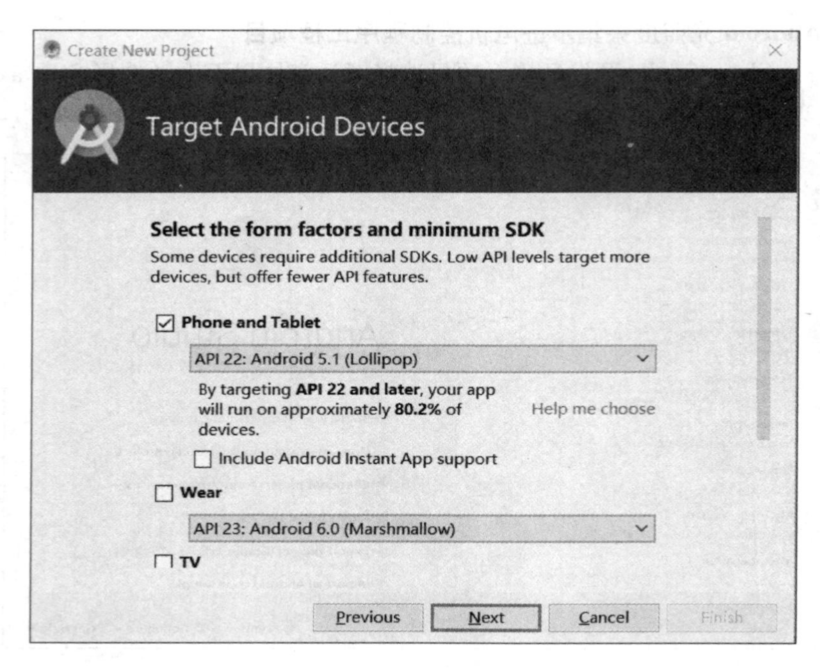

图 4－16　选择 Android SDK 版本

（4）在添加 Activity 的对话框内，选择"Empty Activity"模板，单击"Next"按钮，如图 4－17 所示。

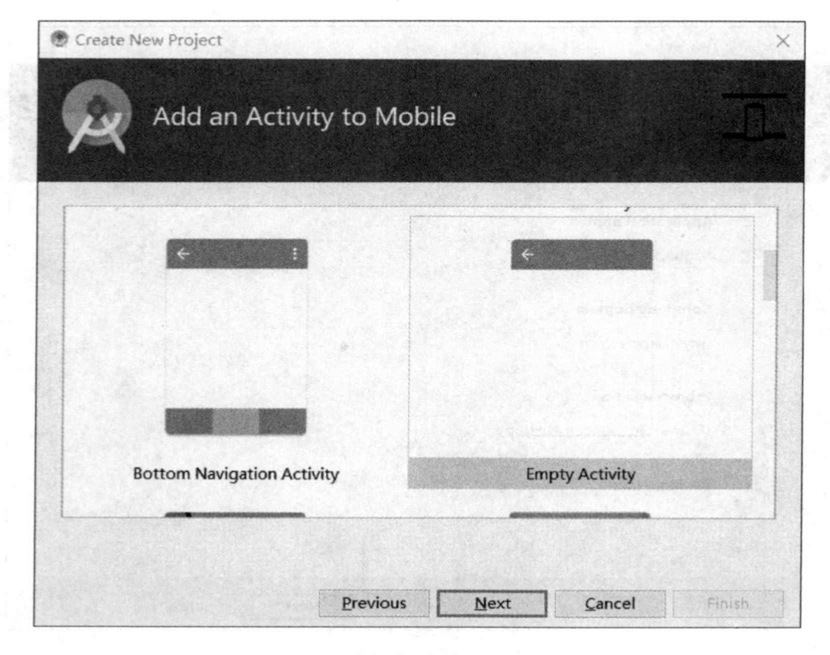

图 4－17　选择创建的 Activity 样式

（5）在定制 Activity 的对话框内，设置 Activity Name 为“MainActivity”，Layout Name 为“activity_main”，单击“Finish”按钮，如图 4－18 所示。

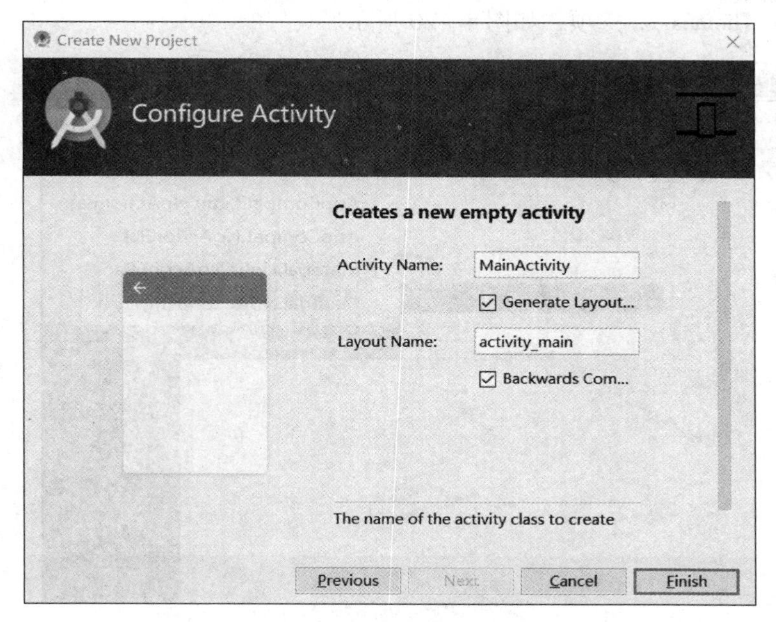

图 4－18　设置文件名称

基于 ANDROID 光照度采集步进电机控制程序工程创建

（6）Android 光照度采集步进电机控制程序项目创建完成之后，会自动打开项目开发主界面，在 Android Studio 的主界面上，除了菜单工具栏外，主要是项目结构与项目开发两栏，默认打开 activity_main 的布局文件和 MainActivity. java 文件，如图 4－19 所示。

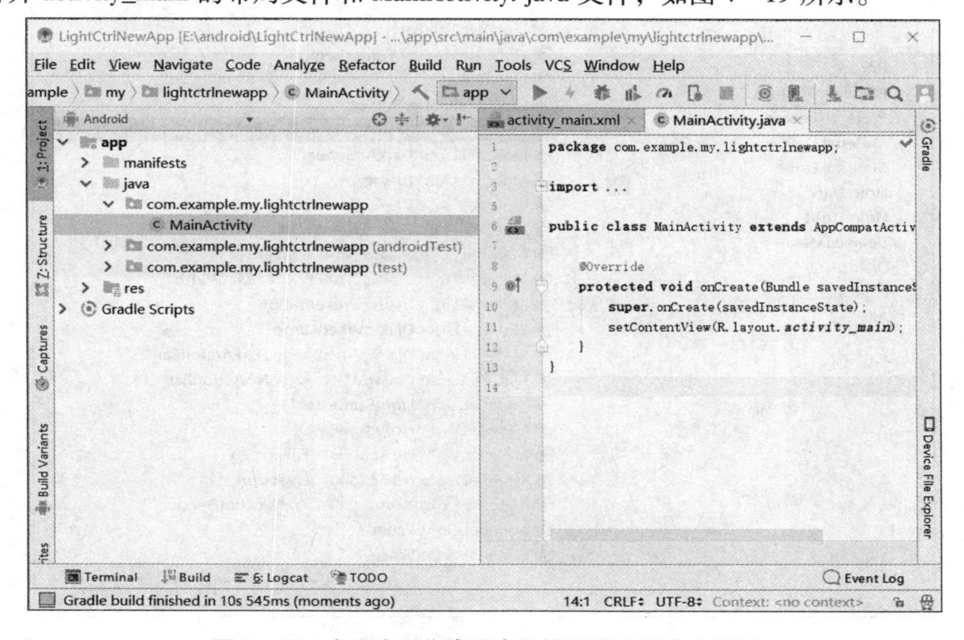

图 4－19　光照度采集步进电机控制程序开发主界面

2. 光照度采集步进电机控制程序窗体界面设计

（1）打开 activity_main 文件，显示 Android 的设计界面，为了能够显示标题栏，在 AppTheme 下拉列表中选择 More Themes... 选项，如图 4-20 所示。

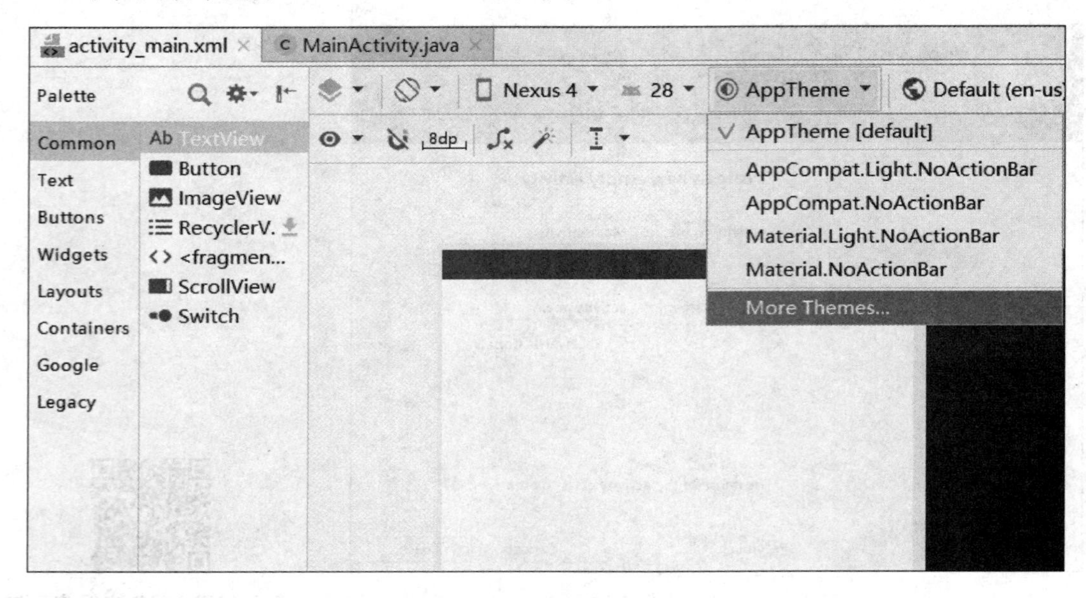

图 4-20 选择 More Themes 选项

（2）在选择主题对话框中，左边选择 Light 项，右边选择 Material. Light 选项，如图 4-21 所示。

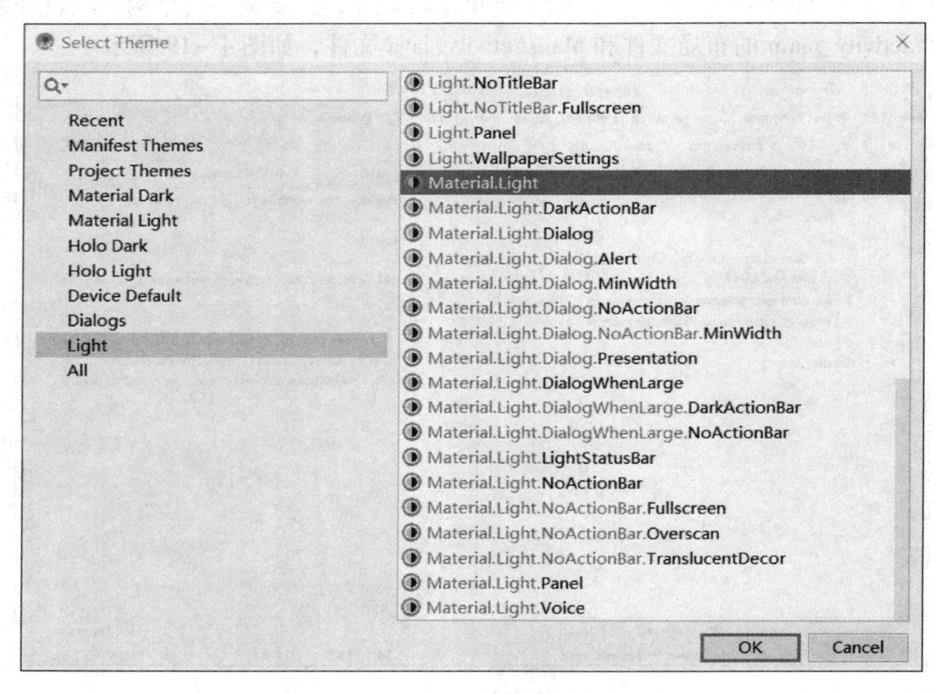

图 4-21 选择 Material. Light 主题选项

（3）设置主题风格完成之后，显示带有标题栏的 Android 的设计界面，左边界面显示设计效果，右边界面显示控件摆放的轨迹，如图 4－22 所示。

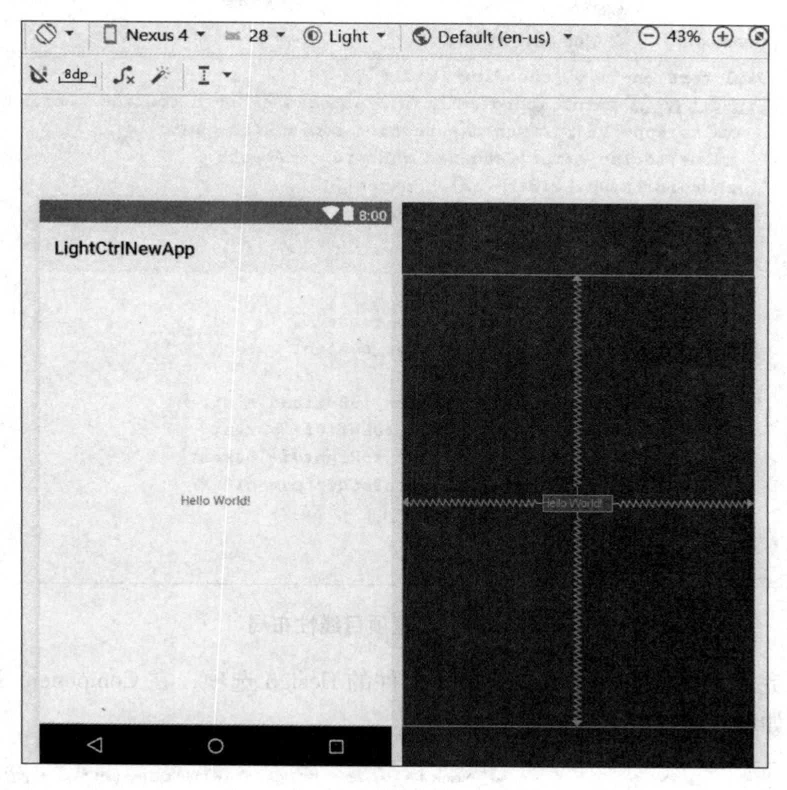

图 4－22　显示主题模板风格

（4）选择 activity_main 文件的 Text 选项，显示界面的 XML 代码，项目界面布局默认采用约束布局方式，如图 4－23 所示。

activity_main.xml　MainActivity.java

```
1  <?xml version="1.0" encoding="utf-8"?>
2  <android.support.constraint.ConstraintLayout xmlns:android="http://schemas.android.com/
3      xmlns:app="http://schemas.android.com/apk/res-auto"
4      xmlns:tools="http://schemas.android.com/tools"
5      android:layout_width="match_parent"
6      android:layout_height="match_parent"
7      tools:context=".MainActivity">
8
9      <TextView
10         android:layout_width="wrap_content"
11         android:layout_height="wrap_content"
12         android:text="Hello World!"
13         app:layout_constraintBottom_toBottomOf="parent"
14         app:layout_constraintLeft_toLeftOf="parent"
15         app:layout_constraintRight_toRightOf="parent"
16         app:layout_constraintTop_toTopOf="parent" />
17
18 </android.support.constraint.ConstraintLayout>
```

图 4－23　activity_main 文件 XML 代码

（5）通过修改 ConstraintLayout 为 LinearLayout，将项目的约束布局方式修改为线性布局方式，如图 4－24 所示，显示界面的 XML 代码。

```
activity_main.xml ×    MainActivity.java ×
1  <?xml version="1.0" encoding="utf-8"?>
2  <LinearLayout xmlns:android="http://schemas.android.com/apk/res/android"
3      xmlns:app="http://schemas.android.com/apk/res-auto"
4      xmlns:tools="http://schemas.android.com/tools"
5      android:layout_width="match_parent"
6      android:layout_height="match_parent"
7      tools:context=".MainActivity">
8
9      <TextView
10         android:layout_width="wrap_content"
11         android:layout_height="wrap_content"
12         android:text="Hello World!"
13         app:layout_constraintBottom_toBottomOf="parent"
14         app:layout_constraintLeft_toLeftOf="parent"
15         app:layout_constraintRight_toRightOf="parent"
16         app:layout_constraintTop_toTopOf="parent" />
17
18 </LinearLayout>
```

图 4－24　设置项目线性布局

（6）修改完成之后，选择 activity_main 文件的 Design 选项，在 Component Tree 栏显示为 LinearLayout，如图 4－25 所示。

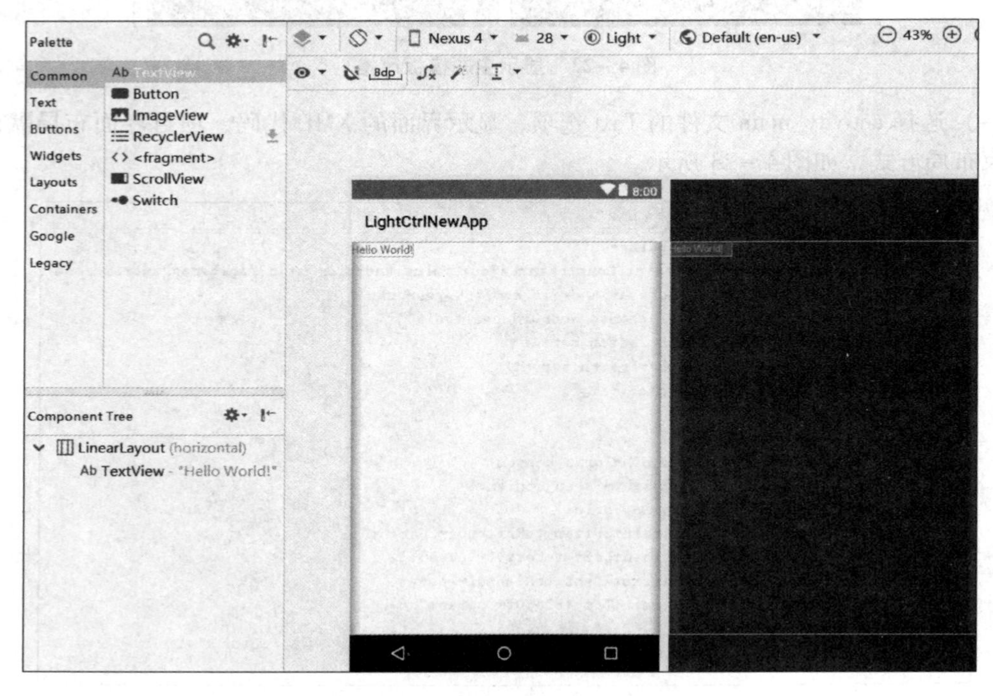

图 4－25　项目界面的线性布局效果

（7）选择 LinearLayout 属性，在 orientation 方向属性栏中选择 vertical，即垂直对齐方式，如图 4－26 所示。

（8）对齐方式 gravity 属性栏中选择 top｜center，中间顶部对齐方式，如图 4－27 所示。

基于ANDROID光照度采集
步进电机控制程序界面设计1

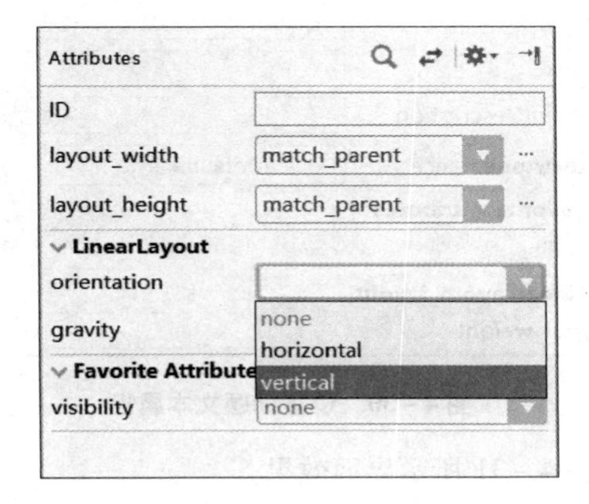

图 4－26　设置 orientation 属性

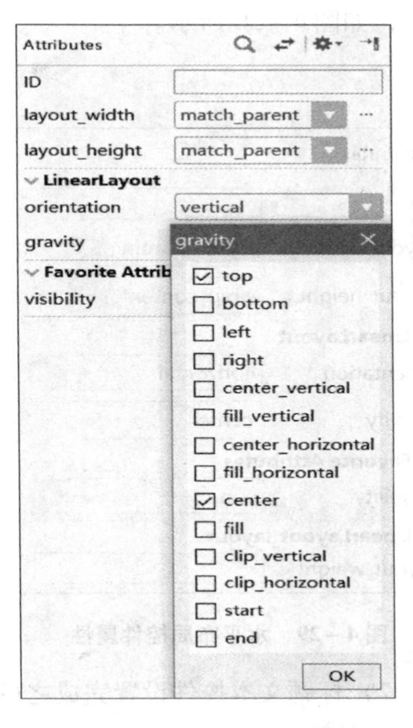

图 4－27　设置 gravity 属性

（9）在 Palette 工具栏中，选择 LinearLayout（horizontal）布局控件拖动到界面上，同理，选择 TextView 文本控件拖动到界面上，如图 4－28 所示。

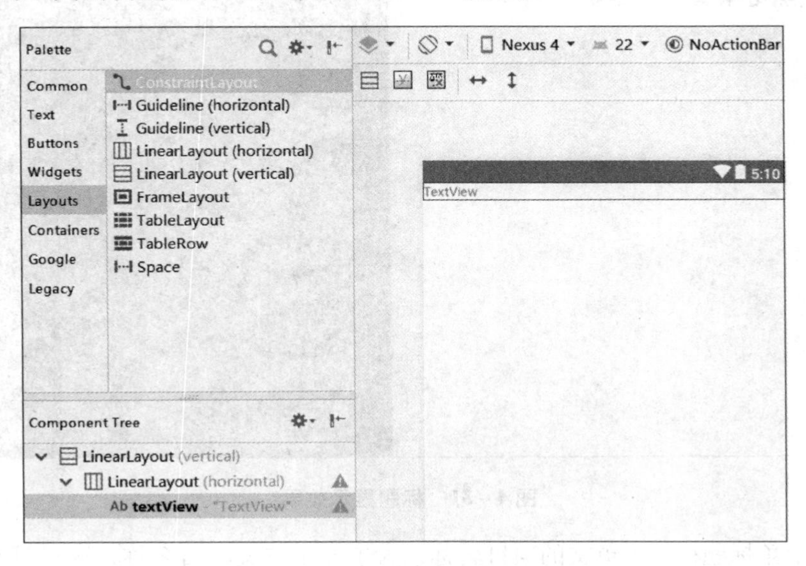

图 4－28　设置标题布局和文本控件

（10）选择 LinearLayout（horizontal）布局控件，在属性栏中，设置 layout_height 属性值为 wrap_content，gravity 属性值 top | center 如图 4－29 所示。

（11）选择 TextView 控制，在属性栏中将 text 属性值设置为“光照度采集步进电机控制程序”，如图 4－30 所示。

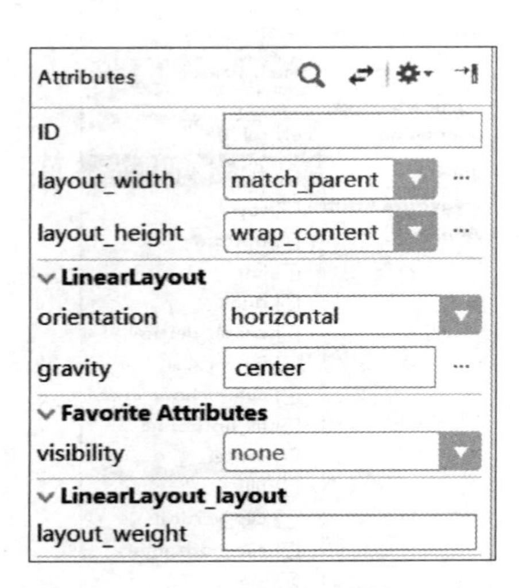

图 4－29　水平布局控件属性

图 4－30　设置标题文本属性

（12）标题文本控件设置完成之后，显示如图 4－31 所示界面效果。

图 4－31　标题显示效果

（13）左上角标题栏显示英文的项目名称，为了显示中文项目名称，这里打开 strings. xml 文件，在 string 标签中设置“光照度采集控制程序”，如图 4－32 所示。

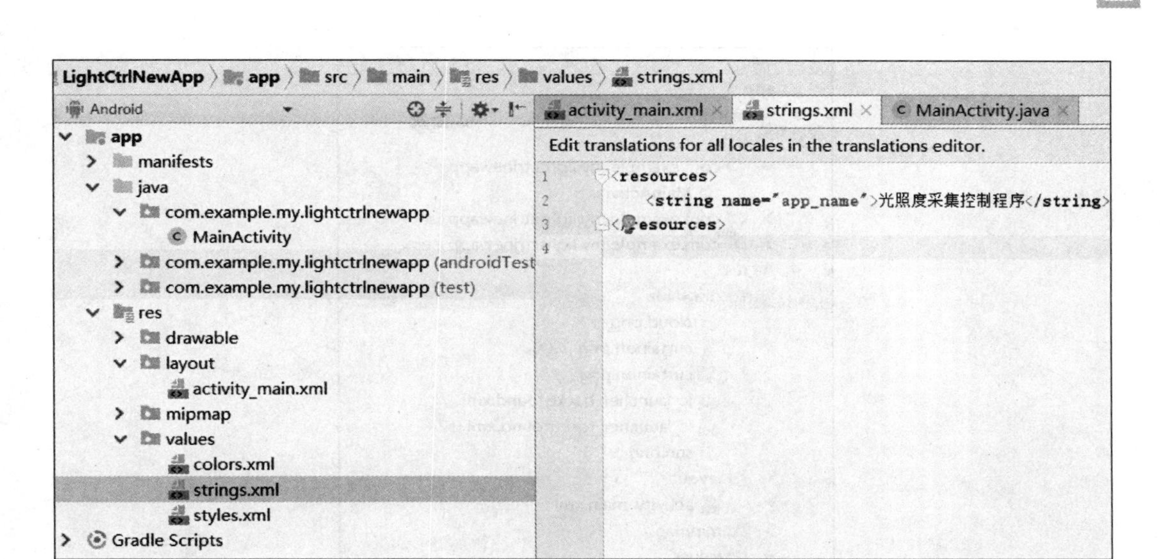

图 4－32　修改 strings. xml 文件内容

（14）项目名称设置完成之后，显示如图 4－33 所示界面效果。

图 4－33　项目标题栏显示

（15）为了在界面上显示相应图片，这里需要将程序中四张图片复制到 Drawable 目录下，如图 4－34 所示。

（16）将 Palette 工具栏中 LinearLayout(horizontal) 布局控件拖动到 Component Tree 栏上，在属性栏中设置 Layout_height 属性值为 wrap_content，gravity 设置为 center，如图 4－35 所示。

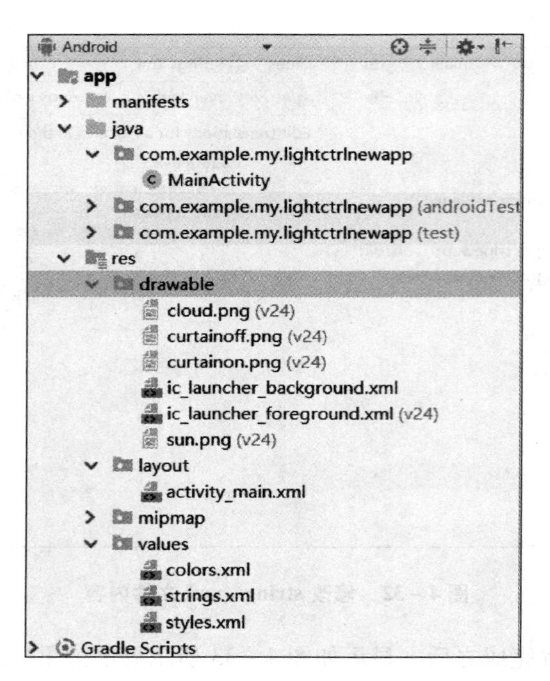

图 4－34　加入程序显示图片

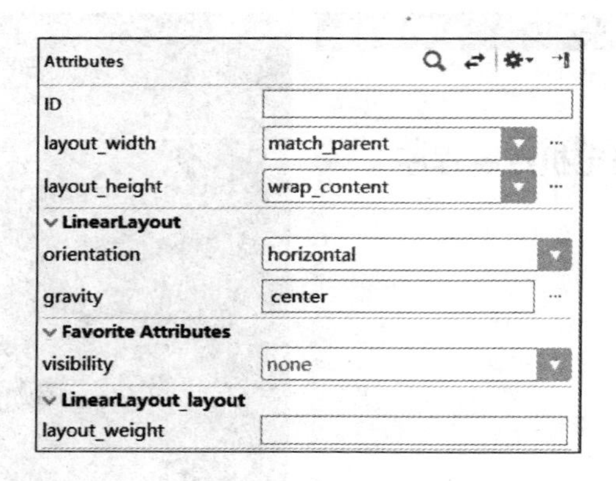

图 4－35　设置 LinearLayout（horizontal）布局控件属性

（17）将 Palette 工具栏中 imageView 控件拖动到 Component Tree 栏上之后，自动出现图片选择对话框，这里从 Project 中选择有光照图片，单击“OK”按钮，如图 4－36 所示。

（18）图片设置完成之后，界面显示效果如图 4－37 所示。

（19）将 Palette 工具栏中 EditText 控件拖动到 Component Tree 栏上之后，代表有光或者无光的文本显示，设置完成之后如图 4－38 所示。

（20）同理，在 Palette 工具栏中，选择其他相关控件拖动到 Component Tree 栏上，设置相应属性值之后，显示如图 4－39 所示。

（21）选择相应的控件之后，在属性栏中设置相关属性值，光照度采集步进电机控制程序界面设计完成之后如图 4－40 所示。

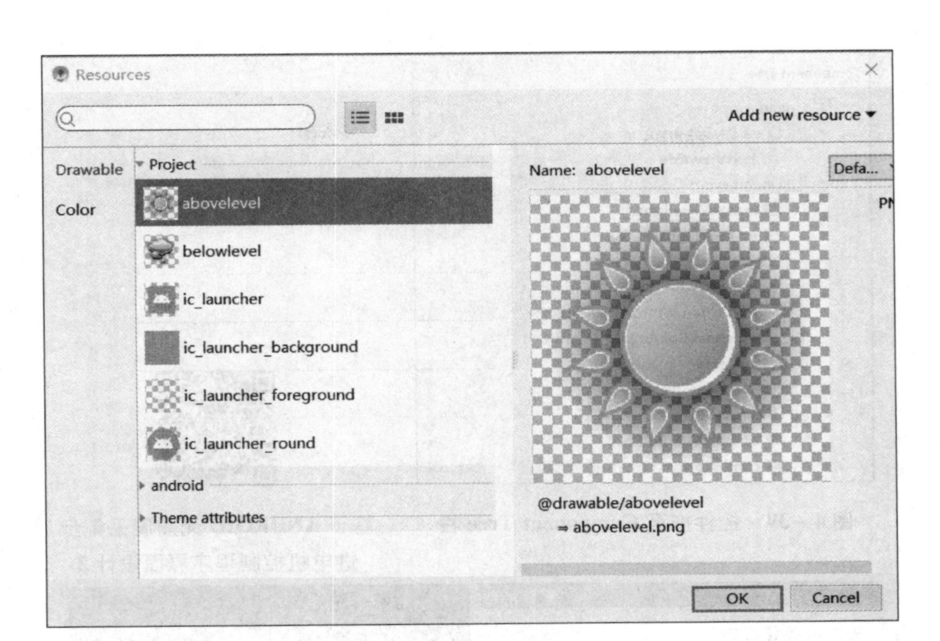

图 4 – 36　选择光照显示图片

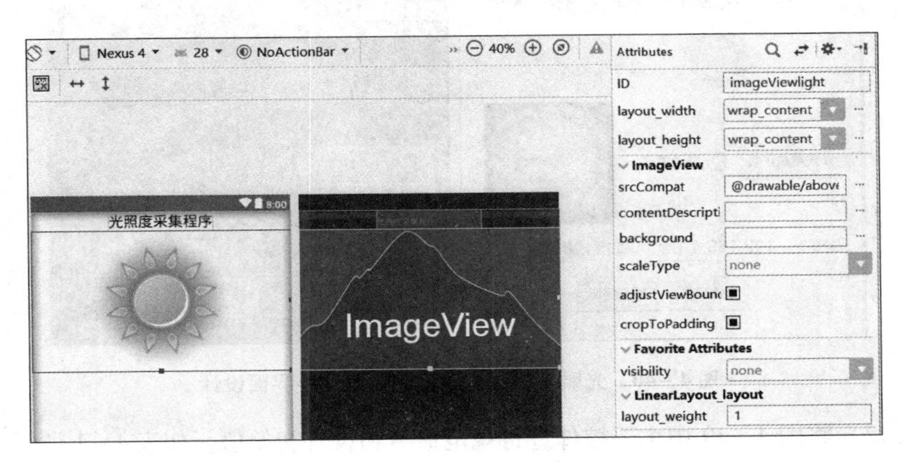

图 4 – 37　光照图片显示

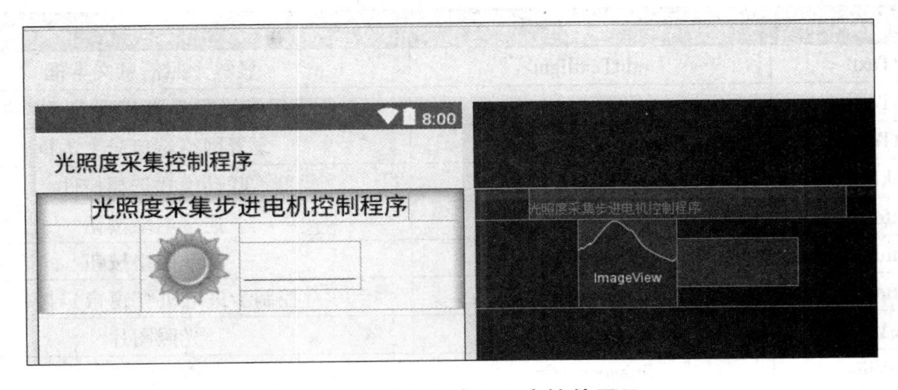

图 4 – 38　光照图片和文本控件显示

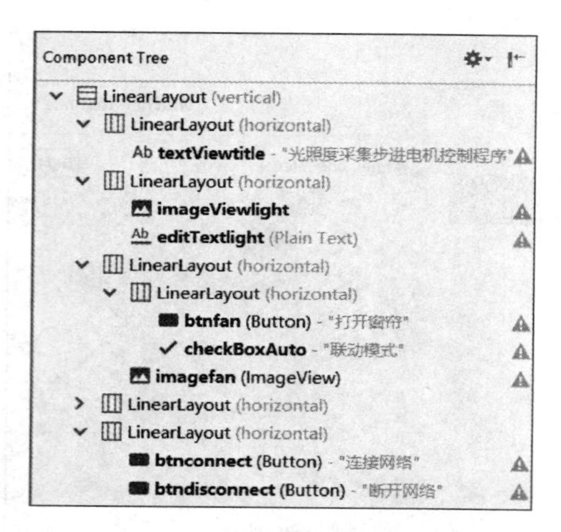

图 4-39　控件拖至 Component Tree 栏

基于 ANDROID 光照度采集步进电机控制程序界面设计 2

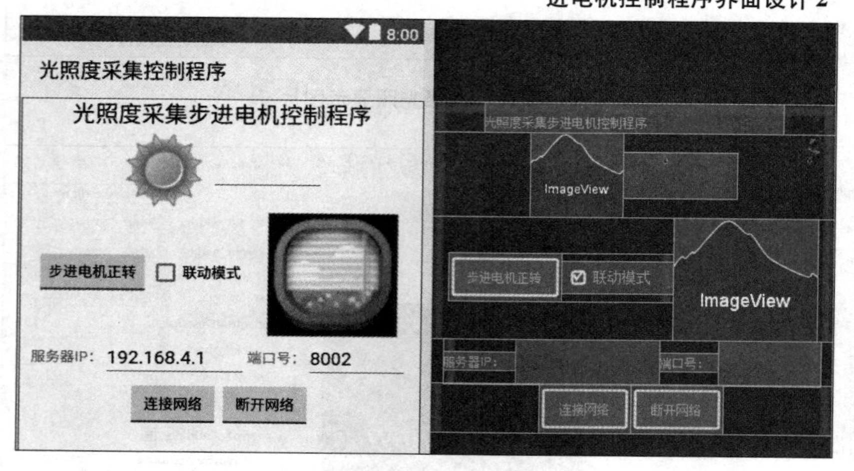

图 4-40　光照度采集步进电机控制程序界面设计

（22）将图 4-39 中主要控件进行规范命名和设置初始值，如表 4-1 所示。

表 4-1　程序各项主要控件说明

控件名称	命名	说明
EditText	editTextlight	显示光照信息文本框
EditText	editTextnetip	设置网络服务器 IP 地址文本框
EditText	editTextnetport	设置网络端口号文本框
CheckBox	checkBoxAuto	联动模式选择控件
Button	btnconnect	连接网络按钮
Button	btndisconnect	断开网络按钮
Button	btncurtain	控制步进电机（窗帘）按钮
ImageView	Imagelight	光照图片
ImageView	imagecurtain	窗帘图片
TextView	textViewtitle	标题信息

3. 光照度采集步进电机控制程序功能代码实现

（1）本项目 Button 按钮单击事件采用 MainActivity 类中实现 OnClickListener 监听器接口，选择 Alt + Enter 组合键，选择 Implement methods，如图 4 – 41 所示。

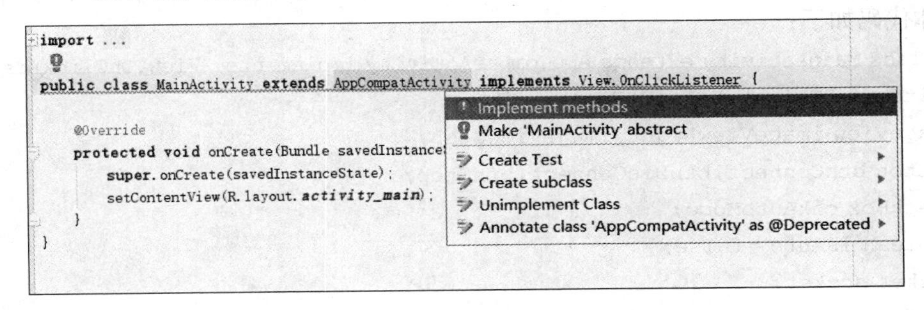

图 4 – 41　实现 OnClickListener 监听器接口

（2）当选择 Implement methods 项之后，出现单击事件对话框，选择 onClick 方法，如图 4 – 42 所示。

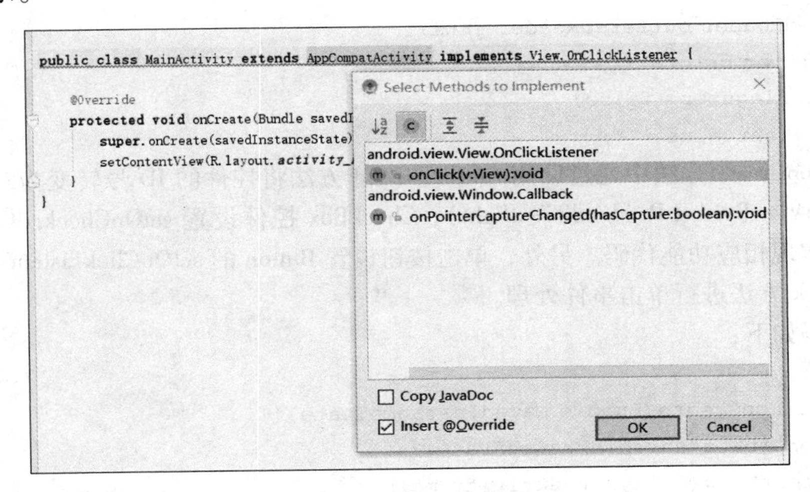

图 4 – 42　选择 onClick 方法

（3）当选择 onClick 方法之后，代码栏中自动实现如图 4 – 43 所示的 onClick 方法代码框架。

```
public class MainActivity extends AppCompatActivity implements View.OnClickListener {

    @Override
    protected void onCreate(Bundle savedInstanceState) {
        super.onCreate(savedInstanceState);
        setContentView(R.layout.activity_main);
    }

    @Override
    public void onClick(View v) {

    }
}
```

图 4 – 43　onClick 方法代码框架

（4）根据界面中所设置的 EditText 控件、ImageView 控件、CheckBox 控件以及 Button 控件，在 MainActivity 类中定义对应的控件变量，同时定义网络通信的 Socket 套接字、输入流、输出流以及接收线程对象等。

具体代码如下：

```
public class MainActivity extends AppCompatActivity implements  View.OnClickListener{
    EditText ETLight,EtIp,EtPort;
    ImageView imageViewLight,imageViewStep;
    Button btnConnect,btnDisConnect,btnStep;
    CheckBox chkAutoMode;
    boolean isAuto = false;
    Socket scoket;
    String NetIp;
    int NetPort;
    boolean isConnect = false;
    ReceiveThread  receiveThread = null;
    BufferedReader bufferedReader = null;
    PrintWriter printWriter = null;
    boolean flagstep = false;
    String lightvalue = "";
```

（5）在 onCreate 方法中通过调用 findViewById 方法将控件的 ID 号转变为对象变量，如 ETLight = findViewById（R. id. editTextlight），CheckBox 控件设置 setOnCheckedChangeListener 监听器，并实现相应功能代码。另外，单击按钮设置 Button 的 setOnClickListener 监听器，以便产生 onClick 方法进行单击事件处理。

具体代码如下：

```
@Override
protected void onCreate(Bundle savedInstanceState){
    super.onCreate(savedInstanceState);
    setContentView(R.layout.activity_main);
    ETLight = findViewById(R.id.editTextlight);
    EtIp = findViewById(R.id.editTextnetport);
    EtPort = findViewById(R.id.editTextnetip);
    imageViewLight = findViewById(R.id.Imagelight);
    imageViewStep = findViewById(R.id.imagecurtain);
    btnConnect = findViewById(R.id.btnconnect);
    btnDisConnect = findViewById(R.id.btndisconnect);
    btnStep = findViewById(R.id.btncurtian);
    btnConnect.setOnClickListener(this);
    btnDisConnect.setOnClickListener(this);
    btnStep.setOnClickListener(this);
    chkAutoMode = findViewById(R.id.checkBoxAuto);
    chkAutoMode.setOnCheckedChangeListener (new CompoundButton.OnCheckedChangeLis-
tener()
```

```
{
        @Override
        public void onCheckedChanged(CompoundButton buttonView, boolean isChecked){
            if(isChecked)
            {
                isAuto = true;
                btnStep.setEnabled(false);
            }
            else
            {
                isAuto = false;
                btnStep.setEnabled(true);
            }
        }
    });
}
```

（6）在连接网络按钮事件处理方法中主要完成线程的启动，实现网络连接功能，同时开启接收线程，实现 WIFI 网络中光照度传感器数据的接收。在断开网络按钮事件处理方法中主要完成输入流和套接字关闭功能，另外为了能够手动控制步进电机正反转，可以将字符串信息通过 Message 对象作为参数调用 Handler 的 sendMessage 方法，发送给 UI 主线程处理。

具体代码如下：

```
@Override
public void onClick(View v){
      switch(v.getId())
      {
          case R.id.btnconnect:
              Thread thread = new Thread(Connectthread);
              thread.start();
              Toast.makeText(MainActivity.this,"网络连接成功!",Toast.LENGTH_SHORT)
                                                        .show();
               btnDisConnect.setEnabled(true);
               btnConnect.setEnabled(false);
              break;
          case R.id.btndisconnect:
               if(isConnect = = true)
               {
                    try {
                         scoket.close();
                         isConnect = false;
                    } catch(IOException e){
                         e.printStackTrace();
                    }
```

```
                }
                btnDisConnect.setEnabled(false);
                btnConnect.setEnabled(true);
                break;
            case R.id.btncurtian:
                if(!isAuto)
                {
                    if(!flagstep)
                    {
                        flagstep = true;
                        btnStep.setText("步进电机反转");
                        imageViewStep.setImageResource(R.drawable.curtainon);
                        Message msg = new Message();
                        msg.what = 3;
                        msg.obj = "297";
                        handler.sendMessage(msg);
                    }
                    else
                    {
                        flagstep = false;
                        imageViewStep.setImageResource(R.drawable.curtainoff);
                        btnStep.setText("步进电机正转");
                        Message msg = new Message();
                        msg.what = 3;
                        msg.obj = "2A7";
                        handler.sendMessage(msg);
                    }
                }
                break;
        }
}
```

（7）为了通过启动 Thread 线程连接 WIFI 网络，需要实现 Runnable 接口，在接口 Run 方法中实现套接字对象，并绑定服务器 IP 地址和端口号。另外为了接收服务器端发送过来的光照度数据，需要再次启动 ReceivedThread 线程进行接收。

具体代码如下：

```
Runnable Connectthread = new Runnable(){
    @Override
    public void run(){
            NetIp = EtIp.getText().toString();
            NetPort = Integer.valueOf(EtPort.getText().toString());
            try {
                scoket = new Socket(NetIp,NetPort);
```

```
                isConnect = true;
                receiveThread = new ReceiveThread(scoket);
                receiveThread.start();
            } catch(IOException e){
            e.printStackTrace();
        }
    }
}
```

（8）为了在连接 WIFI 网络成功之后，能够接收服务器端发送的光照度数据，需要开启 ReceivedThread 线程进行接收，这里通过继承 Thread 线程类，实现 ReceivedThread 线程类，并在 ReceivedThread 线程类构造方法中传递套接字对象作为参数。

具体代码如下：

```
class  ReceiveThread  extends Thread {
     ReceiveThread(Socket socket)
             {
                 try {
                    bufferedReader = new BufferedReader(new InputStreamReader(socket
                                                    .getInputStream(),"UTF-8"));
                printWriter = new PrintWriter(new BufferedWriter(new OutputStream
                            Writer(socket.getOutputStream(),"UTF-8")),true);
                 } catch(IOException e){
                      e.printStackTrace();
                 }
}
```

（9）在 ReceivedThread 线程类中需要实现 Run 方法，在 Run 方法中通过输入流的 Read 方法读取服务器发送的光照度数据，并解析数据。首先判断数据是否为空，当不为空时，再判断字符串是否以“222222”开始，如果成立，表示当前环境有光照；否则判断字符串是否以“111111”开始，如果成立，表示当前环境无光照，最后以 Message 对象作为参数调用 Handler 对象的 sendMessage 方法，发送给 UI 主线程处理。

具体代码如下：

```
@Override
   public void run(){
        while(!scoket.isClosed())
        {
            char[] buffer = new char[64];
            for(int i = 0;i < buffer.length;i ++)
            {
                buffer[i] = '\0';
            }
            int len = 0;
            try {
                len = bufferedReader.read(buffer);
```

```
                    } catch(IOException e){
                    e.printStackTrace();
                    }
                    if(len! = -1)
                    {
                            String str = String.copyValueOf(buffer);
                            if(str.indexOf("222222")! = -1)
                            {
                                    Message msg = new Message();
                                    msg.what = 1;
                                    handler.sendMessage(msg);
                            }
                            if(str.indexOf("111111")! = -1)
                            {
                                    Message msg = new Message();
                                    msg.what = 2;
                                    handler.sendMessage(msg);
                            }
                    }
            }
            super.run();
        }
}
```

（10）当 Handler 对象调用 sendMessage 方法之后，将包含光照信息的 Message 对象发送至 UI 主线程，主线程中的 Handler 对象再次调用 handleMessage 方法处理 Message 对象中的消息数据，并根据 what 属性值 1 和 2 分别将有光照和无光照图片显示在界面中。另外根据手动控制步进电机 Message 对象中 what 属性值 3 执行步进电机控制。

具体代码如下：

```
Handler handler = new Handler(){
    @Override
    public void handleMessage(Message msg){
        switch(msg.what)
        {
            case 1:
                imageViewLight.setImageResource(R.drawable.sun);
                ETLight.setText("有光照");
                lightvalue = "有光照";
                AutoControl();
                break;
            case 2:
                imageViewLight.setImageResource(R.drawable.cloud);
                ETLight.setText("无光照");
```

```
                    lightvalue = "无光照";
                    AutoControl();
                    break;
                case 3:
                    printWriter.println(msg.obj.toString());
                    printWriter.flush();
                    break;
            }
            super.handleMessage(msg);
        }
    }
```

(11) 一旦选择联动模式，isAuto 变量设置为真，如果当前环境有光照，则执行步进电机的反转控制，否则执行步进电机的正转控制。

具体代码如下：

```
void AutoControl()
{
    if(isAuto)
    {
        if(lightvalue = = "有光照")
        {
            if(!flagstep)
            {
                imageViewStep.setImageResource(R.drawable.curtainon);
                flagstep = true;
                btnStep.setText("步进电机反转");
                btnStep.setEnabled(false);
                printWriter.println("297");
                printWriter.flush();
            }
        }
        else
        {
            if(lightvalue = = "无光照")
            {
                imageViewStep.setImageResource(R.drawable.curtainoff);
                flagstep = false;
                btnStep.setText("步进电机正转");
                btnStep.setEnabled(false);
                printWriter.println("2A7");
                printWriter.flush();
            }
        }
    }
}
```

（12）为了让程序在移动端通过 WIFI 网络连接物联网网关设备中的服务器，需要将 AndroidManifest. xml 文件打开，添加网络访问权限，如图 4－45 所示。

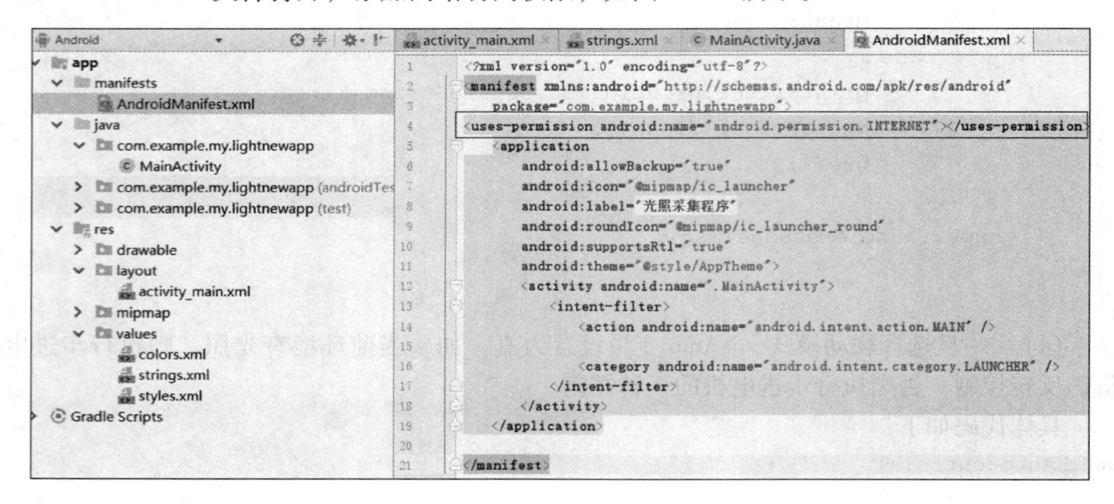

图 4－45　添加网络访问权限

4. 光照度采集步进电机控制程序下载至移动端运行

（1）程序编译完成之后，单击红色的三角运行按钮“▶”，将光照度采集步进电机控制程序下载至移动端，如图 4－46 所示。

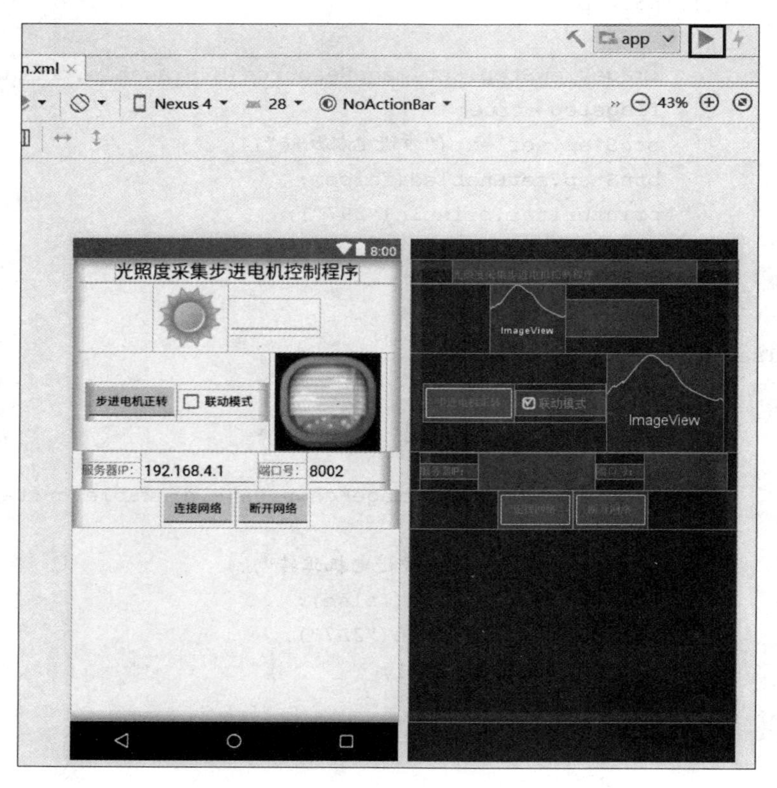

图 4－46　单击“程序下载”按钮

（2）将功能开关挡位切换到移动端挡之后，嵌入式网关模块将传感器采集的数据信息通过 WIFI 模块无线发送至手机设备端，从而无线接收各种采集数据，如图 4－47 所示。

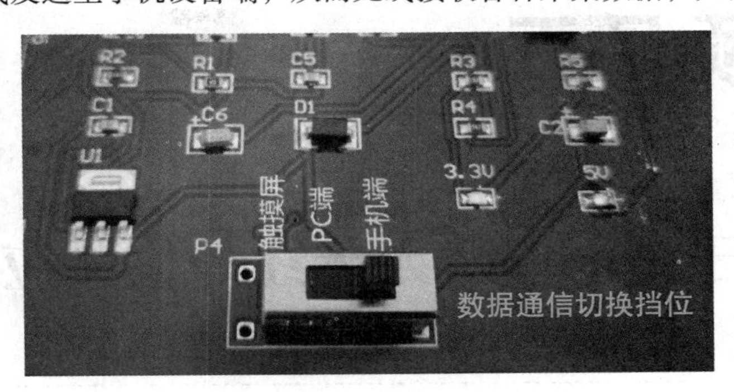

图 4－47　移动端通信挡位

（3）当光照度采集步进电机控制程序下载至移动端之后，首先将移动端 WIFI 网络连接到物联网设备 WIFI 模块的 AP 热点中，然后运行程序，单击“连接网络”按钮，一方面可以实时显示光照度数据信息，另一方面单击步进电机控制按钮可以 WIFI 无线方式控制步进电机的正转和反转操作，如图 4－48 所示为光照度信息和步进电机控制。

图 4－48　移动端显示光照度信息和步进电机控制

项目五

基于 Android 人体红外检测应用

项目情境

随着社会的发展，各种方便生活的自动控制系统开始进入了人们的生活，以热释电红外传感器为核心的自动门系统就是其中之一。感应自动门是广泛用于商店、酒店、企事业单位等场所的一种玻璃门，它利用热释电红外人体感应传感器特性，当有人靠近门口时，它会自动感应到人体，发出指令及时将门打开，如图 5－1 所示。

图 5－1　感应自动门

学习目标

（1）能正确使用移动设备通过 WIFI 通信获取人体红外检测信息。
（2）理解 Android 人体红外检测程序的功能结构。
（3）掌握 Android 人体红外检测程序的功能实现。
（4）掌握 Android 人体红外检测程序的功能设计。
（5）掌握 Android 人体红外检测程序调试和运行。

任务 5.1 移动端 WIFI 通信人体红外数据采集

5.1.1 任务描述

在本次任务中，首先用物联网教学设备接入的热释电人体红外传感器对实训室的周边环境进行人体红外检测，然后通过 ZigBee 无线传感网络传输至嵌入式网关，这里嵌入式网关主要包含 ZigBee 协调器和 WIFI 无线通信模块，接着 Android 移动端连接嵌入式网关中 WIFI 模块 AP 热点，最后将嵌入式网关中采集到的人体红外数据信息通过 WIFI 无线通信方式实时显示在移动端网络调试助手界面上。如图 5-2 所示为人体红外检测整体功能结构。

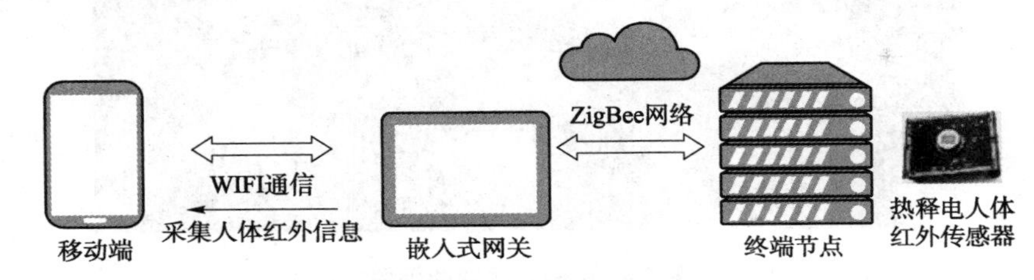

图 5-2 人体红外检测整体功能结构

5.1.2 任务分析

人体红外采集模块主要包括热释电人体红外传感器，它连接 ZigBee 终端节点（简称人体红外传感节点），当 ZigBee 无线传感网络连接成功之后，人体红外传感节点将实时获取热释电人体红外传感器采集的人体红外数据信息，然后周期性地通过 ZigBee 无线网络发送至 ZigBee 协调器，当 ZigBee 协调器节点收到数据之后，通过串口转 WIFI 方式发送给 WIFI 无线通信模块，最后移动端通过 WIFI 方式连接 WIFI 无线通信模块 AP 热点，将人体红外数据信息实时显示在网络调试助手运行界面上，如图 5-3 所示。

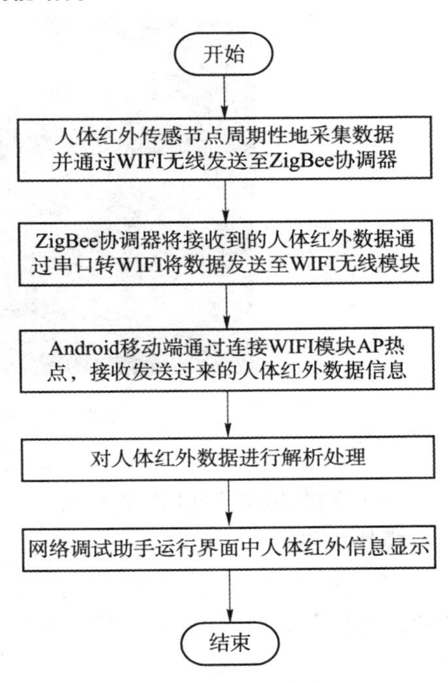

图 5-3 人体红外检测流程图

5.1.3 操作方法与步骤

WIFI 模块网络参数配置如下：

（1）打开物联网设备电源，中央通信处理模块中的 WIFI 模块可以根据相应的参数设置，作为 AP 热点组建局域网，实现 WIFI 无线采集和控制，如图 5-4 所示。

（2）将功能开关挡位切换到移动端挡位之后，嵌入式网关将传感器采集的数据信息通过 WIFI 模块无线发送至移动设备端，从而无线接收各种采集数据，如图 5-5 所示。

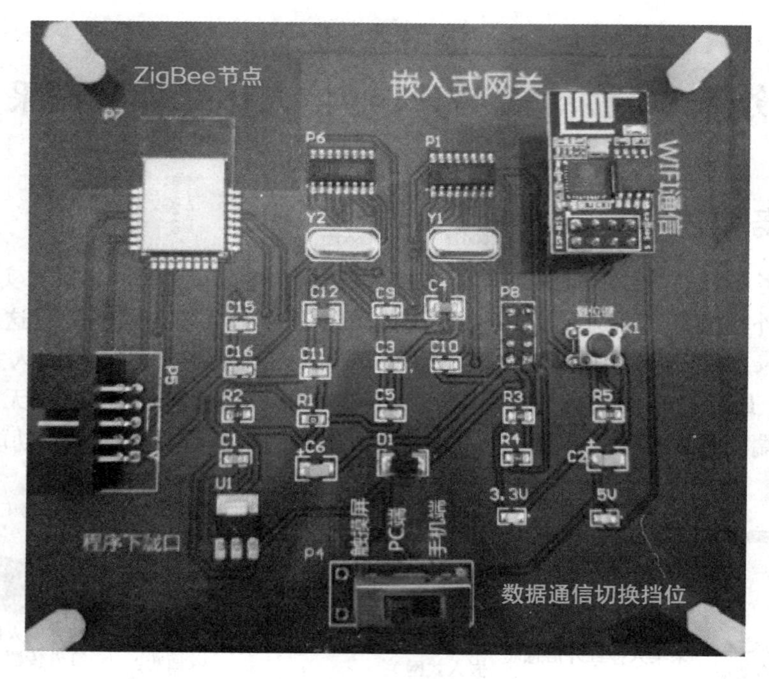

图 5－4　嵌入式智能网关

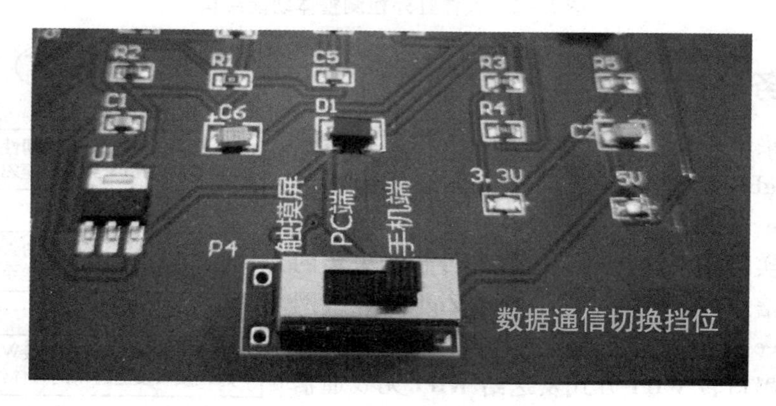

图 5－5　设备端与 Android 移动端通信挡位

（3）物联网教学设备的热释电人体红外传感器模块如图 5－6 所示。

（4）在 Android 移动设备端上，打开 WIFI 功能，连接 WIFI 模块热点 CYWL001，如图 5－7 所示。

（5）运行 Android 手机中的网络调试助手软件，选择 tcpclient 通信模式，然后单击“增加”按钮，出现如图 5－8 所示对话框，IP 地址输入 192.168.4.1，端口为 8002。

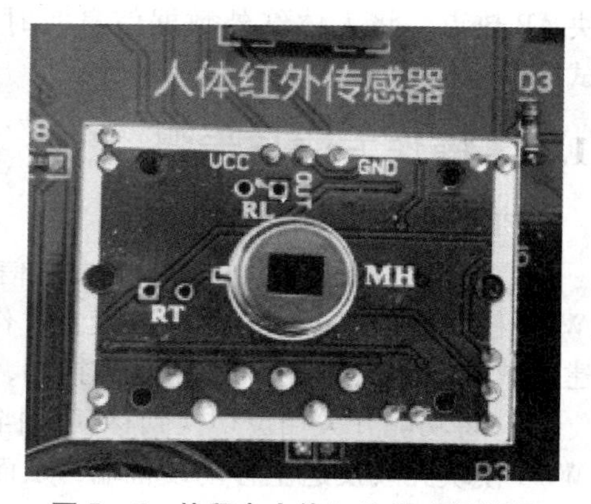

图 5－6　热释电人体红外传感器模块

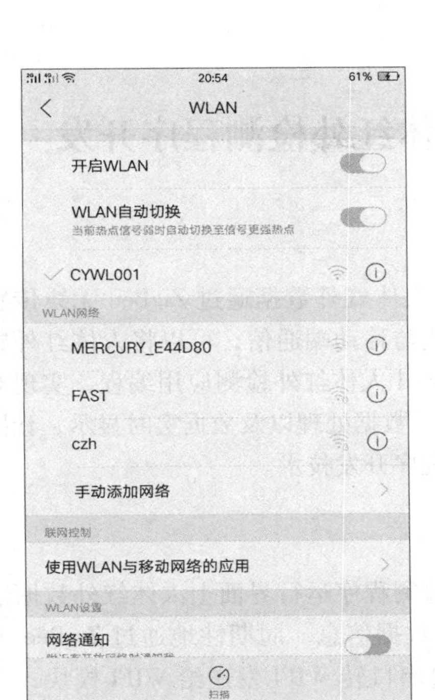

图 5－7　连接 WIFI 模块热点

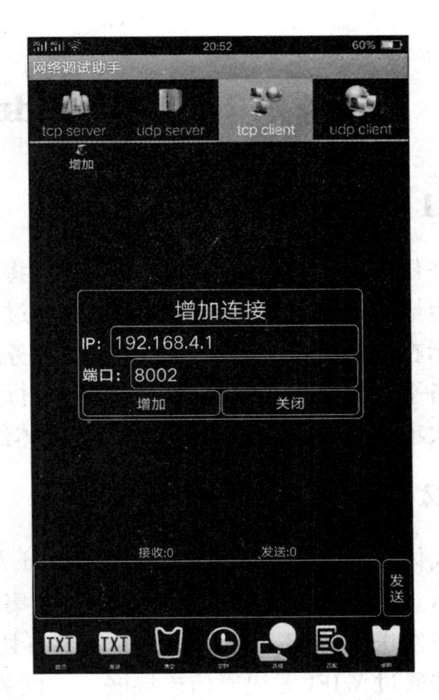

图 5－8　设置 tcpclient 连接参数

（6）如果连接 WIFI 模块成功，则显示传感器端周期性传输过来的相关采集数据，如人体红外信息，显示如图 5－9 所示的数据。如果是 555555，代表当前人体红外传感器检测当前环境无人；如果是 666666，代表人体红外传感器检测当前环境有人。

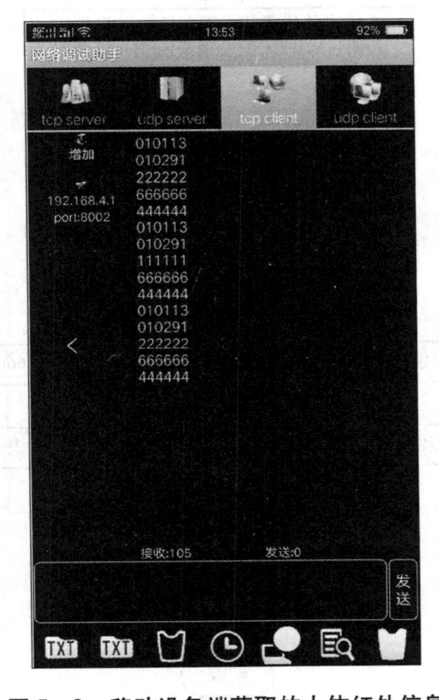

图 5－9　移动设备端获取的人体红外信息

任务 5.2　基于 Android 人体红外检测程序开发

5.2.1　任务描述

在任务 5.1 中，人体红外传感节点将采集到的人体红外数据通过 ZigBee 无线传感网络传输至嵌入式网关，然后嵌入式网关通过 WIFI 方式与移动端通信，可以将人体红外数据实时显示在网络调试助手界面上，本次任务通过 Android 人体红外检测应用编程，实现对物联网设备平台上热释电人体红外传感器进行数据采集、数据处理以及数据实时显示，让同学们在本次项目实践中能够掌握 Android 人体红外检测程序开发技术。

5.2.2　任务分析

人体红外采集功能主要实现 Android 人体红外检测程序运行界面上人体红外数据信息实时显示。这里人体红外传感节点实时采集人体红外数据信息，周期性地通过 ZigBee 无线传感网络发送至 ZigBee 协调器，由 ZigBee 协调器通过串口转 WIFI 发送给 WIFI 模块，当手机移动端通过 WIFI 无线通信连接嵌入式网关中 WIFI 模块 AP 热点之后，将人体红外数据信息实时发送到人体红外检测程序中进行解析处理，并最终显示在 Android 图形交互界面上。如图 5－10 所示为人体红外采集功能流程图。

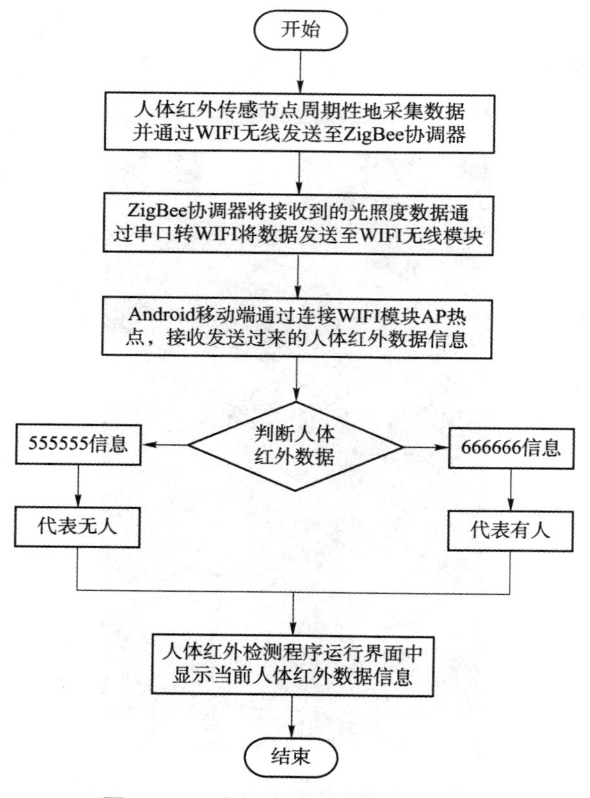

图 5－10　人体红外采集功能流程图

5.2.3　操作方法与步骤

1. 创建 Android 人体红外检测程序工程项目

（1）打开 Android Studio 开发环境，在项目选择对话窗体界面上，选择 Start a new Android Studio Project 项，如图 5－11 所示。

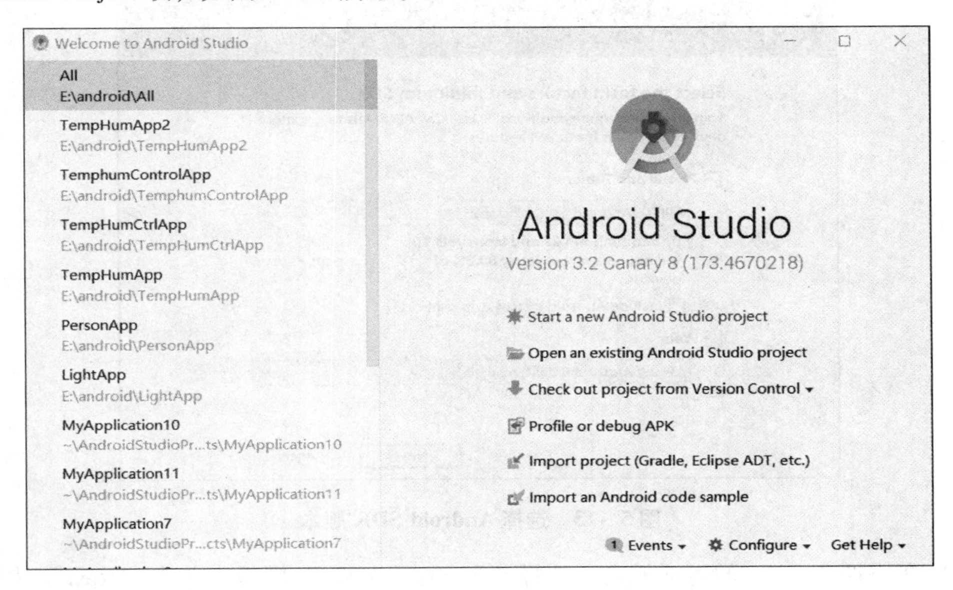

图 5－11　新建工程对话框

（2）在如图 5－12 所示的创建 Android 工程对话框中，应用程序名称输入 PersonNewApp，单击"Next"按钮。

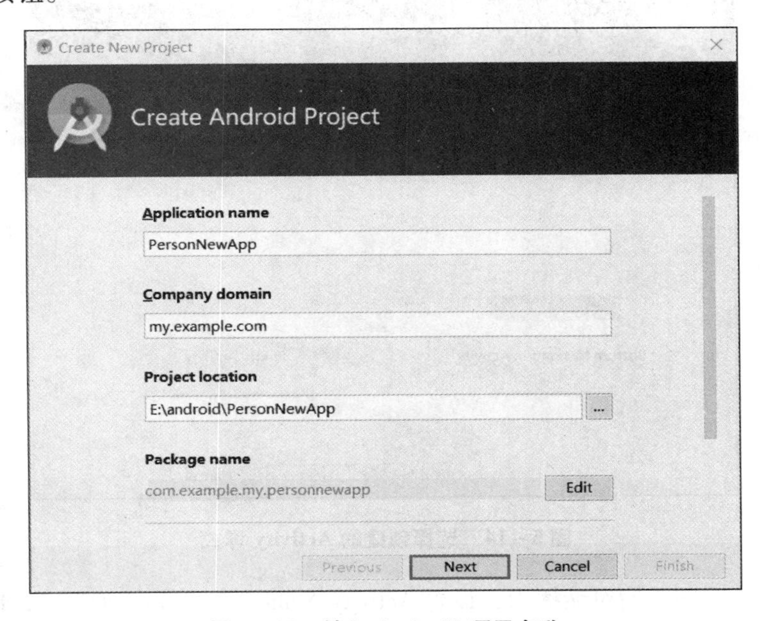

图 5－12　输入 Android 项目名称

（3）选择合适的 Android SDK 版本，这里手机和平板设备选择 API 22 版本，如图 5－13 所示。

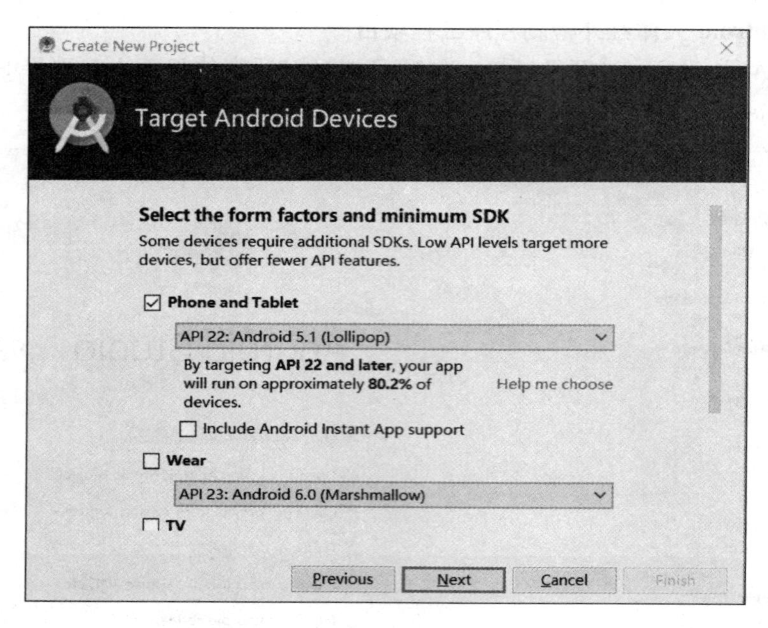

图 5－13　选择 Android SDK 版本

（4）在添加 Activity 的对话框内，选择“Empty Activity”模板，单击“Next”按钮，如图 5－14 所示。

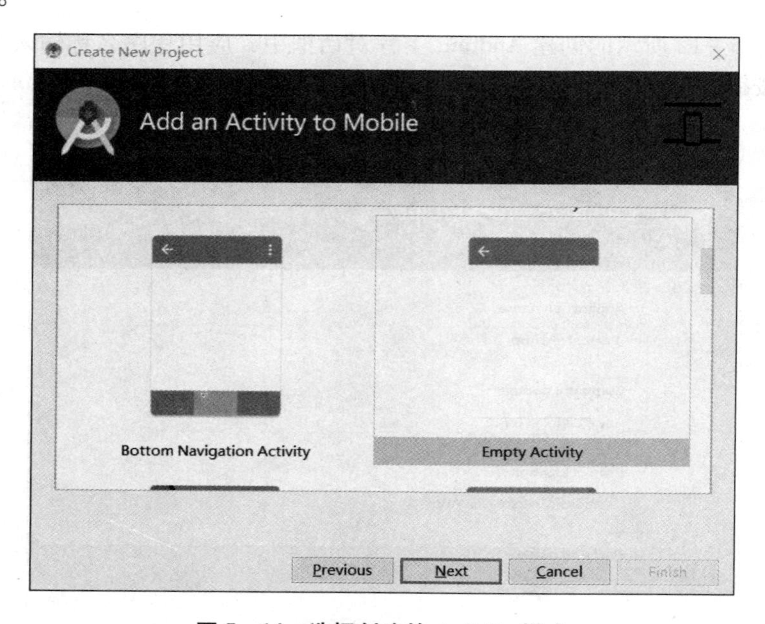

图 5－14　选择创建的 Activity 样式

（5）在定制 Activity 的对话框内，设置 Activity Name 为“MainActivity”，Layout Name 为“activity_main”，单击“Finish”按钮，如图 5－15 所示。

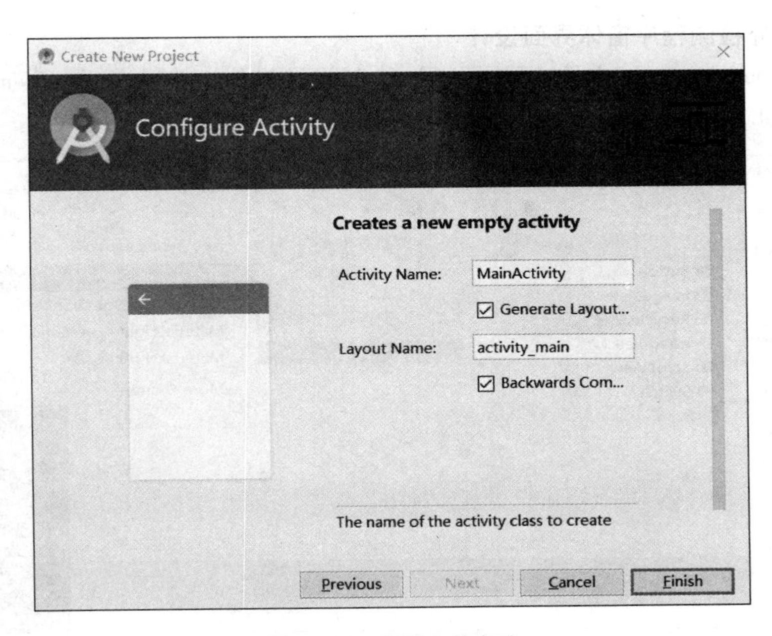

图 5－15　设置文件名称

（6）Android 人体红外检测程序项目创建完成之后，会自动打开项目开发主界面，在 Android Studio 的主界面上，除了菜单工具栏外，主要是项目结构与项目开发两栏，默认打开 activity_main 的布局文件和 MainActivity. java 文件，如图 5－16 所示。

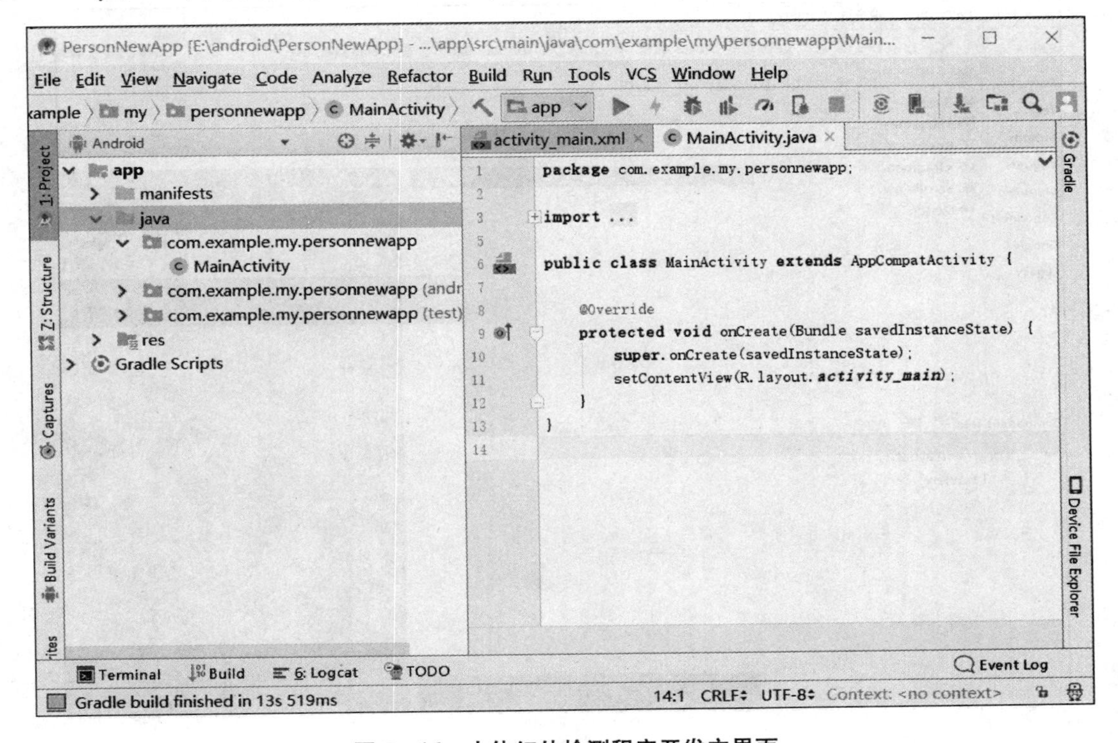

图 5－16　人体红外检测程序开发主界面

2. 人体红外检测程序窗体界面设计

（1）打开 activity_main 文件，显示 Android 的设计界面，然后在 AppTheme 下拉列表中选择 AppCompat. Light. NoActionBar 主题选项，如图 5－17 所示。

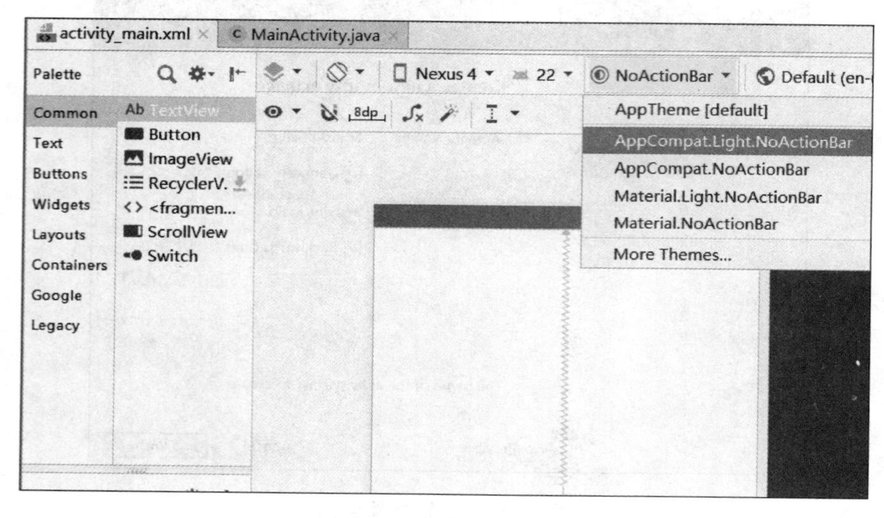

图 5－17　选择主题选项

（2）设置主题风格完成之后，显示 Android 的设计界面，左边界面显示设计效果，右边界面显示控件摆放的轨迹，如图 5－18 所示。

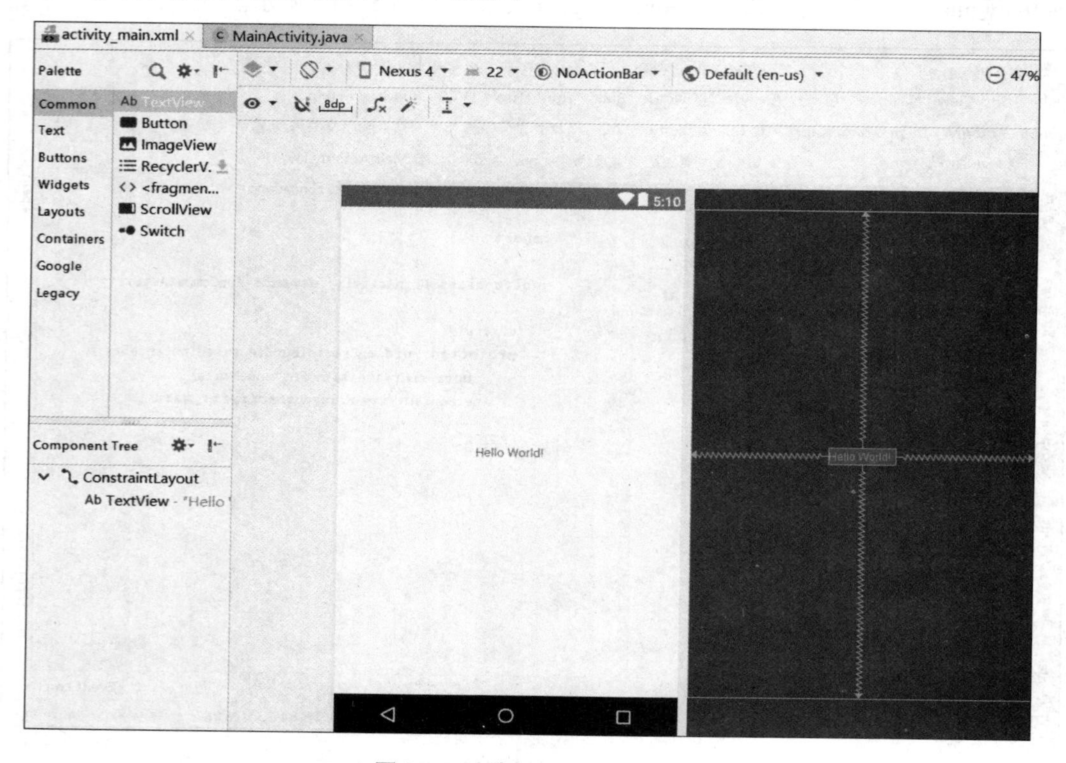

图 5－18　选择显示主题模板

（3）选择 activity_main 文件的 Text 选项，显示界面的 XML 代码，项目界面布局默认采用约束布局方式，如图 5－19 所示。

```
activity_main.xml ×   MainActivity.java ×
1   <?xml version="1.0" encoding="utf-8"?>
2   <android.support.constraint.ConstraintLayout xmlns:android="http://schemas.android.com/
3       xmlns:app="http://schemas.android.com/apk/res-auto"
4       xmlns:tools="http://schemas.android.com/tools"
5       android:layout_width="match_parent"
6       android:layout_height="match_parent"
7       tools:context=".MainActivity">
8
9       <TextView
10          android:layout_width="wrap_content"
11          android:layout_height="wrap_content"
12          android:text="Hello World!"
13          app:layout_constraintBottom_toBottomOf="parent"
14          app:layout_constraintLeft_toLeftOf="parent"
15          app:layout_constraintRight_toRightOf="parent"
16          app:layout_constraintTop_toTopOf="parent" />
17
18  </android.support.constraint.ConstraintLayout>
```

图 5－19　activity_main 文件 XML 代码

（4）通过修改 ConstraintLayout 为 LinearLayout，将项目的约束布局方式修改为线性布局方式，如图 5－20 所示，显示界面的 XML 代码。

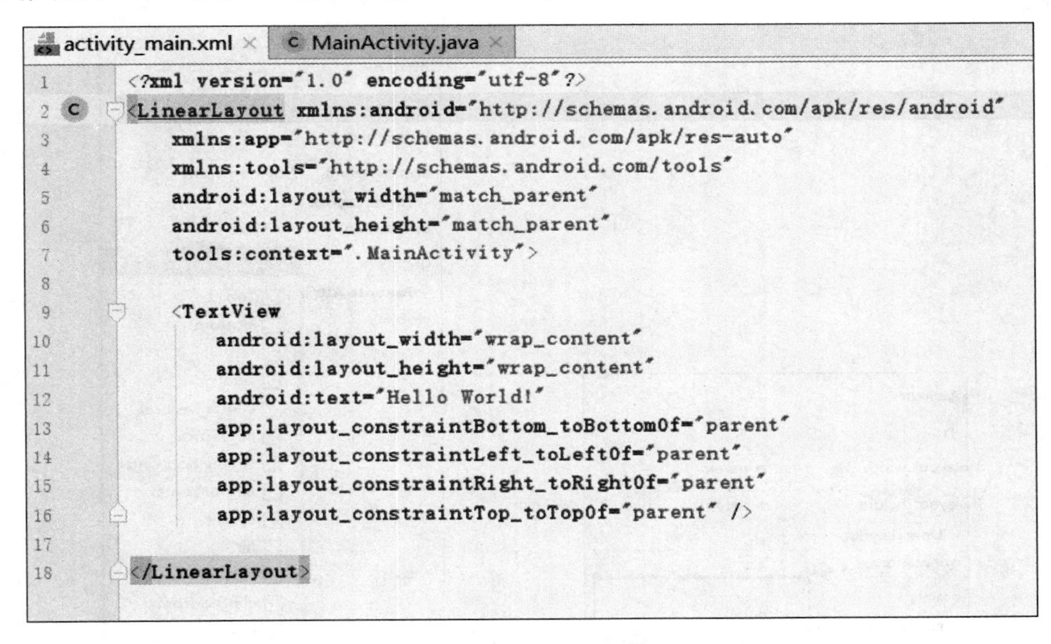

```
activity_main.xml ×   MainActivity.java ×
1   <?xml version="1.0" encoding="utf-8"?>
2   <LinearLayout xmlns:android="http://schemas.android.com/apk/res/android"
3       xmlns:app="http://schemas.android.com/apk/res-auto"
4       xmlns:tools="http://schemas.android.com/tools"
5       android:layout_width="match_parent"
6       android:layout_height="match_parent"
7       tools:context=".MainActivity">
8
9       <TextView
10          android:layout_width="wrap_content"
11          android:layout_height="wrap_content"
12          android:text="Hello World!"
13          app:layout_constraintBottom_toBottomOf="parent"
14          app:layout_constraintLeft_toLeftOf="parent"
15          app:layout_constraintRight_toRightOf="parent"
16          app:layout_constraintTop_toTopOf="parent" />
17
18  </LinearLayout>
```

图 5－20　设置项目线性布局方式

（5）修改完成之后，选择 activity_main 文件的 Design 选项，在 Component Tree 栏显示为 LinearLayout，如图 5－21 所示。

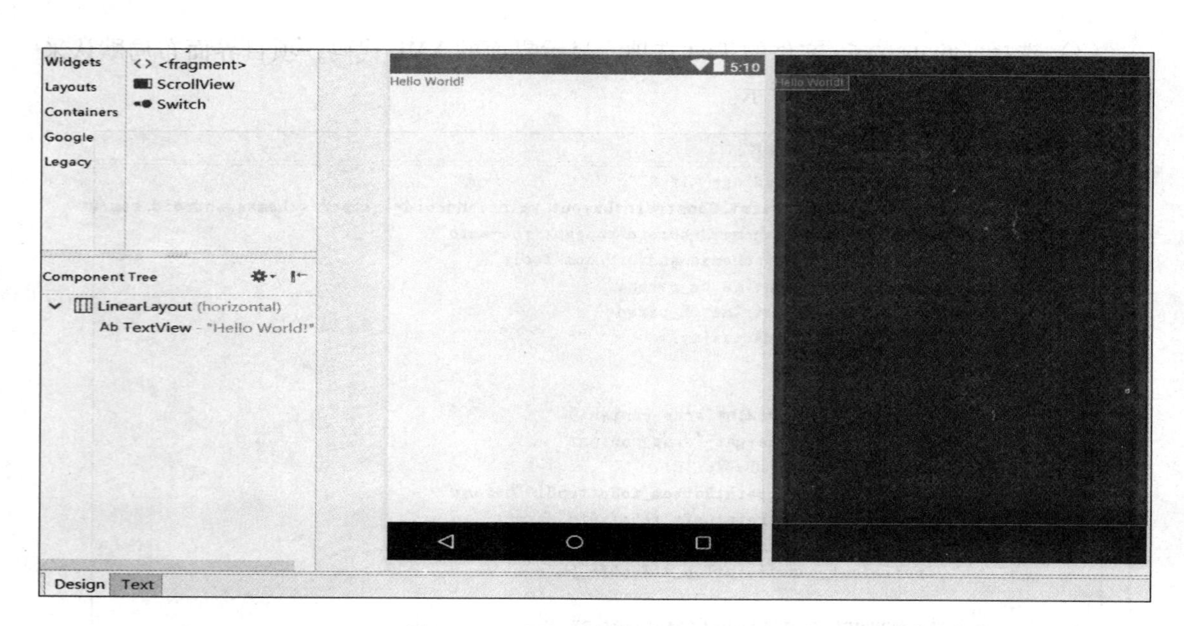

图 5－21　项目界面的线性布局效果

（6）选择 LinearLayout 属性，在 orientation 方向属性栏中选择 vertical，即垂直对齐方式，如图 5－22 所示。

（7）在对齐方式 gravity 属性栏中选择top｜center，即顶部中间对齐方式，如图 5－23 所示。

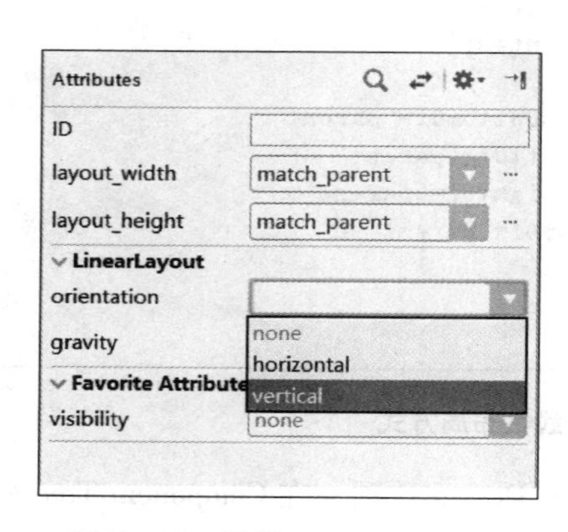

图 5－22　设置 orientation 属性

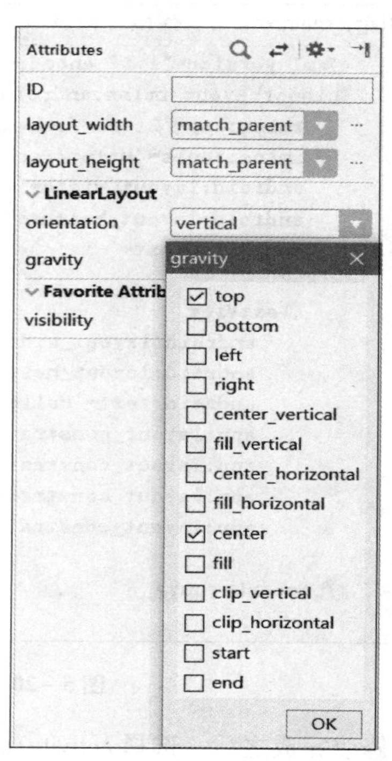

图 5－23　设置 gravity 属性

（8）在 Palette 工具栏中，选择 LinearLayout(horizontal) 布局控件拖动到界面上，同理，选择 TextView 文本控件拖动到界面上，如图 5-24 所示。

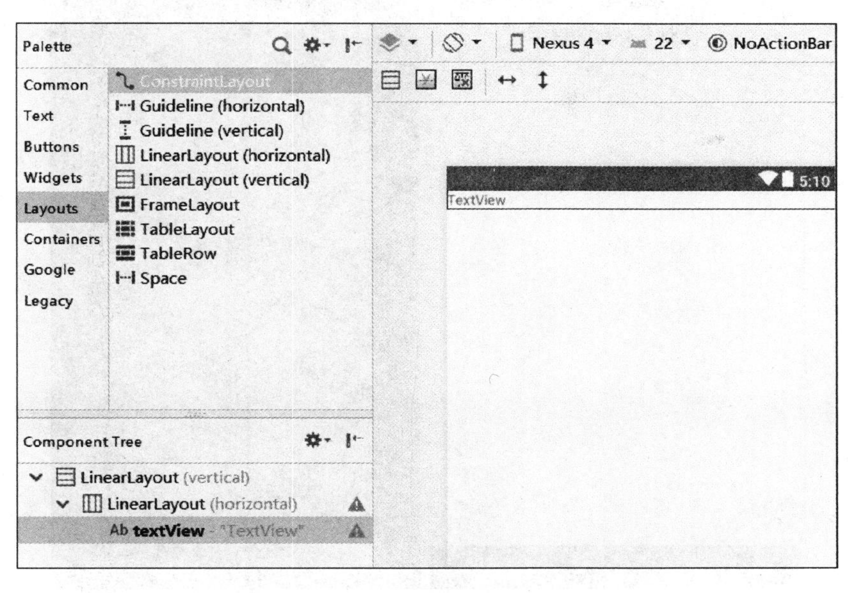

图 5-24　设置标题布局和文本控件

（9）选择 LinearLayout(horizontal) 布局控件，在属性栏中，设置 layout_height 属性值为 wrap_content，gravity 属性值为 top|center，如图 5-25 所示。

（10）选择 TextView 控制，在属性栏中将 text 属性值设置为“人体红外检测程序”，文字大小选择 textApperance 属性为 DeviceDefault. Large，如图 5-26 所示。

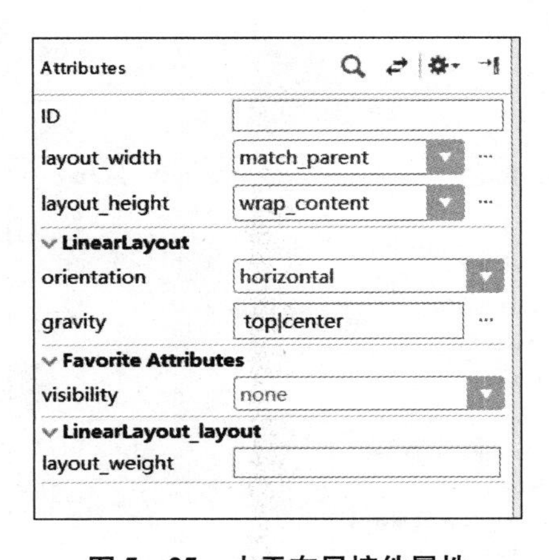

图 5-25　水平布局控件属性

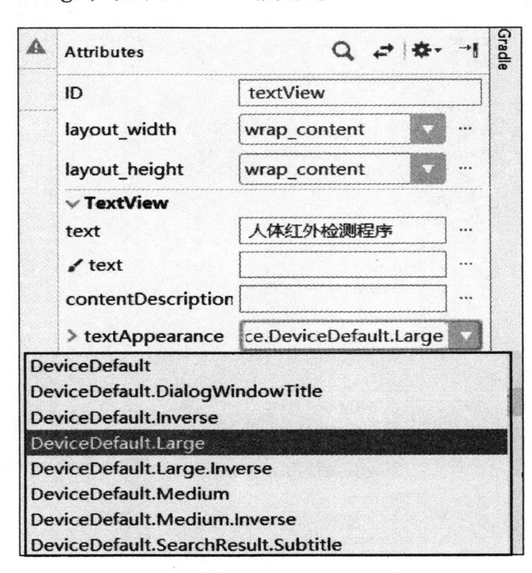

图 5-26　设置标题文本属性

（11）标题文本控件设置完成之后，显示如图 5-27 所示界面效果。

（12）为了在界面上显示相应图片，这里需要将程序中两种张图片复制到 mipmap-mdpi

目录下，如图 5－28 所示。

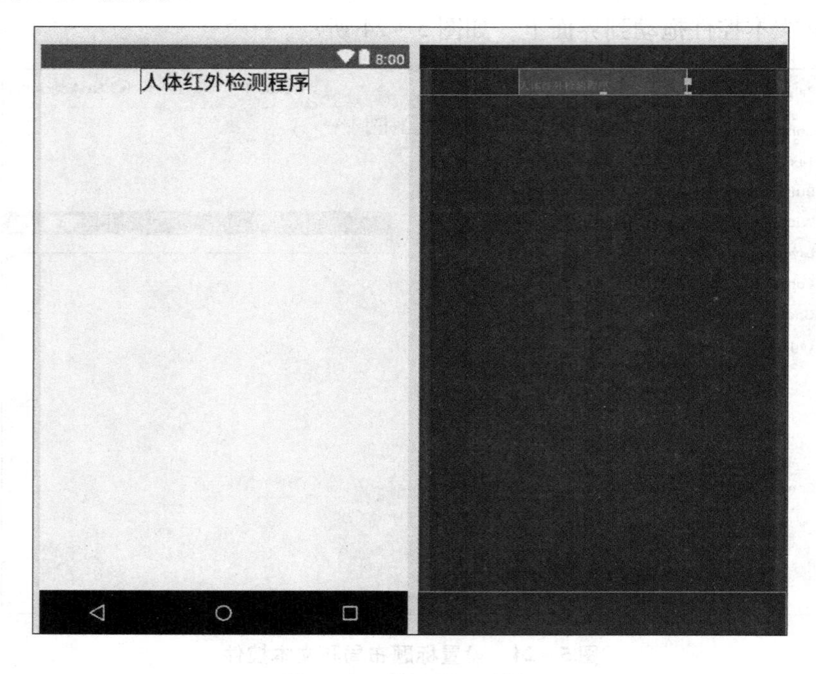

图 5－27　标题显示效果

（13）将 Palette 工具栏中 LinearLayout(horizontal) 布局控件拖动到 Component Tree 栏上，在属性栏中设置 Layout_height 属性值为 wrap_content，gravity 设置为 center，如图 5－29 所示。

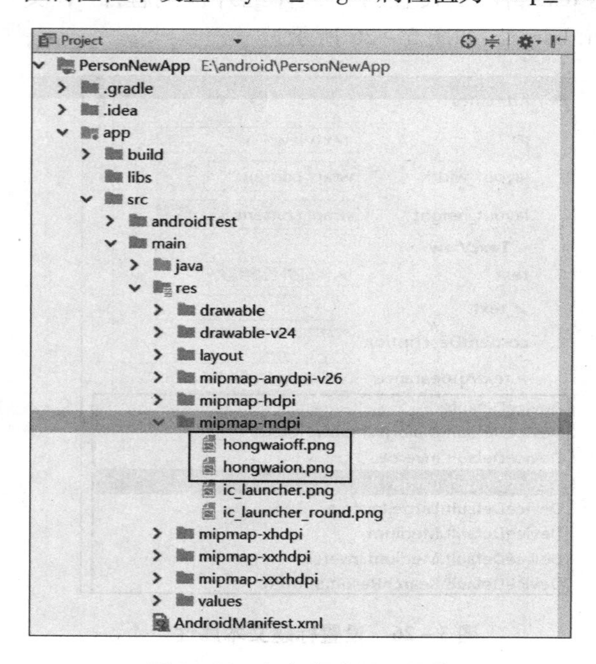

图 5－28　加入程序显示图片

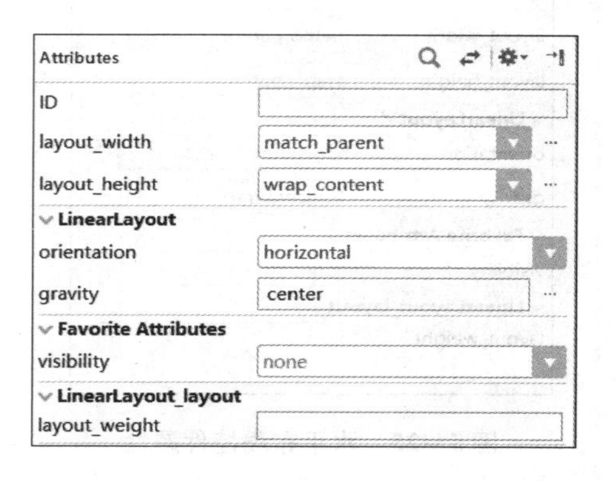

图 5－29　设置 LinearLayout(horizontal) 布局控件属性

（14）将 Palette 工具栏中 imageView 控件拖动到 Component Tree 栏上之后，自动出现图片选择对话框，这里从 Project 中选择“无人进入”图片，单击“OK”按钮，如图 5－30 所示。

图 5－30　选择“无人进入”图片

（15）图片设置完成之后，界面显示效果如图 5－31 所示。

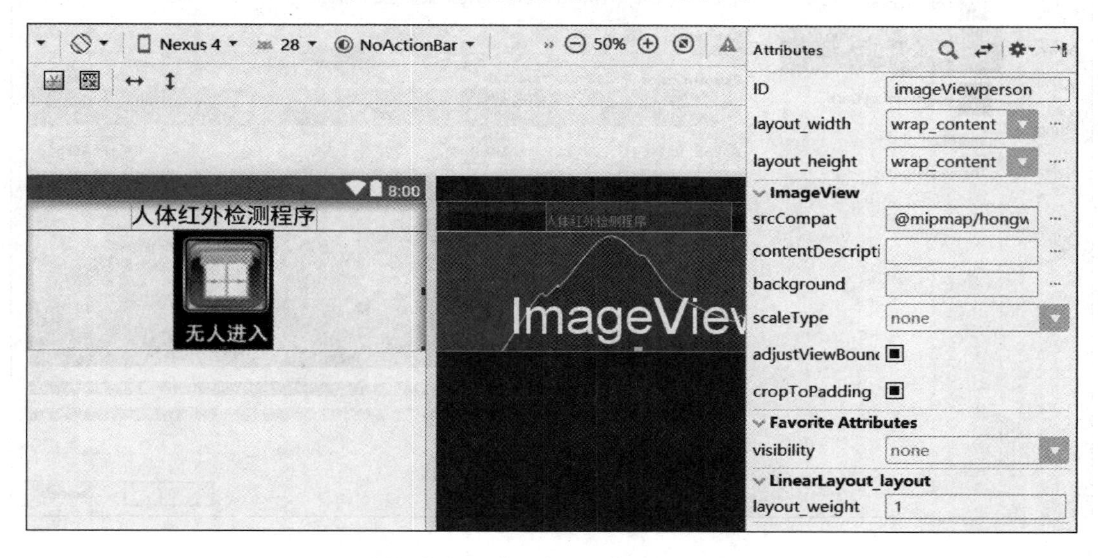

图 5－31　“无人进入”图片显示

（16）同理，在 Palette 工具栏中，选择其他相关控件拖动到 Component Tree 栏上，设置相应属性值之后，显示如图 5－32 所示。

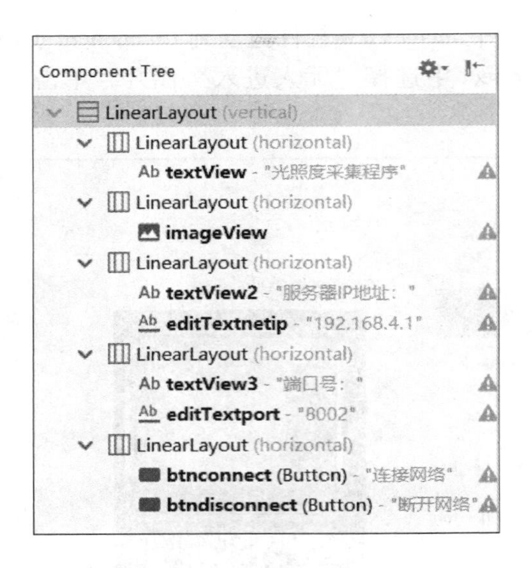

图 5-32　控件拖至 Component Tree 栏

（17）为了将 Button 按钮显示颜色效果，在其 background 属性栏中选择…项，出现如图 5-33 所示的对话框，选择 Color 所对应的颜色，如#FF5AEF61，单击“OK”按钮。

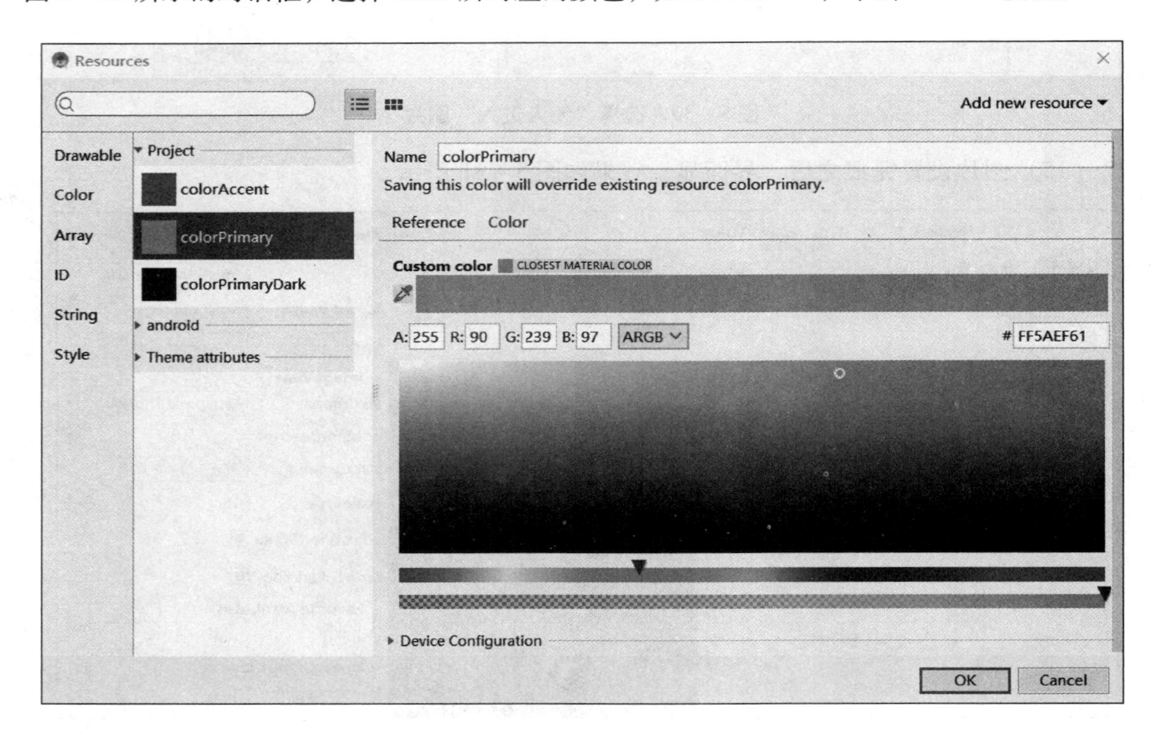

图 5-33　设置 Buton 背景颜色

（18）选择相应的控件之后，在属性栏中设置相关属性值，人体红外检测程序界面设计完成之后如图 5-34 所示。

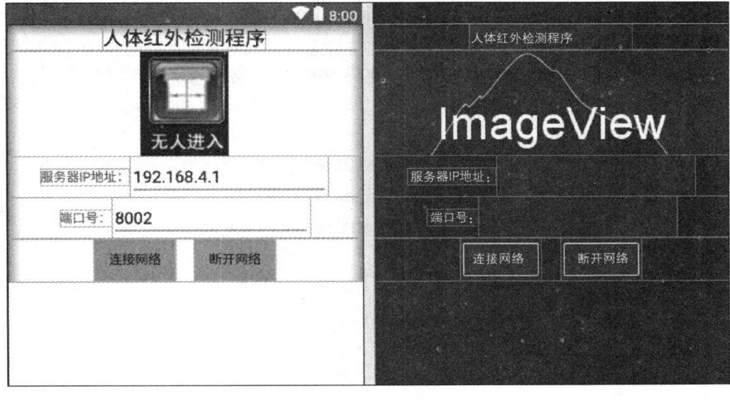

图 5 - 34　人体红外检测程序界面设计

（19）将图 5 - 32 中主要控件进行规范命名和设置初始值，如表 5 - 1 进行说明。

表 5 - 1　程序各项主要控件说明

控件名称	命名	说明
ImageView	imagePerson	人体红外图片控件
EditText	editTextnetip	设置网络服务器 IP 地址文本框
EditText	editTextnetport	设置网络端口号文本框
Button	btnconnect	连接网络按钮
Button	btndisconnect	断开网络按钮
TextView	textViewtitle	标题信息

3. 人体红外检测程序功能代码实现

（1）本项目 Button 按钮单击事件采用在 activity_main. xml 文件中 Button 标签内添加 android：onClick = " OnClickNet"，如图 5 - 35 所示。

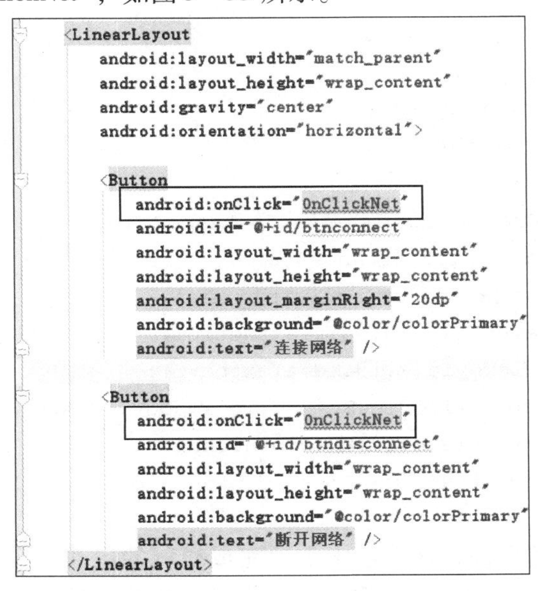

图 5 - 35　添加 onClick 方法名

（2）在 MainActivity. java 文件中，添加 OnClickNet 方法，如图 5－36 所示。

```
public class MainActivity extends AppCompatActivity {

    @Override
    protected void onCreate(Bundle savedInstanceState) {
        super.onCreate(savedInstanceState);
        setContentView(R.layout.activity_main);
    }

    public  void  OnClickNet(View v)
    {

    }
}
```

图 5－36　实现 OnClickNet 方法

（3）根据界面中所设置的 EditText 控件、ImageView 控件和 Button 控件，在 MainActivity 类中定义对应的控件变量，同时定义网络通信的 Socket 套接字、输入流以及接收线程对象等。在 onCreate 方法中通过调用 findViewById 方法将控件的 ID 号转变为对象变量，EtIp = findViewById(R. id. editTextnetip) 。

具体代码如下：

```
public class MainActivity extends AppCompatActivity {
    EditText EtIp,EtPort;
    Button btnConnect,btnDisconnect;
    ImageView imageViewPerson;
    boolean  isConnect = false;
    Socket socket;
    String   NetIp;
    int      NetPort;
    BufferedReader bufferedReader;
    ReceivedThread receivedThread;
    @ Override
    protected void onCreate(Bundle savedInstanceState){
        super.onCreate(savedInstanceState);
        setContentView(R.layout.activity_main);
        EtIp = findViewById(R.id.editTextnetip);
        EtPort = findViewById(R.id.editTextport);
        imageViewPerson = findViewById(R.id.imageViewperson);
        btnConnect = findViewById(R.id.btnconnect);
        btnDisconnect = findViewById(R.id.btndisconnect);
    }
```

（4）在连接网络按钮事件处理方法中主要完成线程的启动，实现网络连接功能，同时开启接收线程，实现 WIFI 网络中人体红外传感器数据到来之后接收。在断开网络按钮事件

处理方法中主要完成输入流和套接字关闭功能。

具体代码如下：

```
public  void  OnClickNet(View v)
{
    switch(v.getId())
    {
        case R.id.btnconnect:
            Thread thread=new Thread(Connectthread);
            thread.start();
            Toast.makeText(MainActivity.this,"网络连接成功",Toast.LENGTH_SHORT).show();
            btnConnect.setEnabled(false);
            btnDisconnect.setEnabled(true);
            break;
        case R.id.btndisconnect:
            if(isConnect){
                try{
                    bufferedReader.close();
                    socket.close();
                    isConnect = false;
                    btnDisconnect.setEnabled(false);
                    btnConnect.setEnabled(true);
                    Toast.makeText(MainActivity.this, "网络断开", Toast.LENGTH_
SHORT).show();
                } catch(IOException e){
                    e.printStackTrace();
                }
            }
            break;
    }
}
```

（5）为了通过启动 Thread 线程连接 WIFI 网络，需要实现 Runnable 接口，在接口 Run 方法中实现套接字对象，并绑定服务器 IP 地址和端口号，另外为了接收服务器端发送过来的人体红外数据，需要再次启动 ReceivedThread 线程进行接收。

具体代码如下：

```
Runnable  Connectthread=new Runnable(){
    @ Override
    public void run(){
        NetIp=EtIp.getText().toString();
        NetPort=Integer.valueOf(EtPort.getText().toString());
        try{
            socket=new Socket(NetIp,NetPort);
            isConnect=true;
```

```
            receivedThread = new ReceivedThread(socket);
            receivedThread.start();
        } catch(IOException e){
            e.printStackTrace();
        }
    }
}
```

（6）为了在连接 WIFI 网络成功之后，能够接收服务器端发送的人体红外数据，需要开启 ReceivedThread 线程进行接收，这里通过继承 Thread 线程类，实现 ReceivedThread 线程类，并在 ReceivedThread 线程类构造方法中传递套接字对象作为参数。

具体代码如下：

```
class  ReceivedThread extends  Thread{
    ReceivedThread(Socket socket)
    {
       try {
           bufferedReader = new BufferedReader(new InputStreamReader(socket.get In-
putStream(),"UTF-8"));
       }
       catch(IOException e){
           e.printStackTrace();
       }
    }
```

（7）在 ReceivedThread 线程类中需要实现 Run 方法，在 Run 方法中通过输入流的 Read 方法读取服务器发送的人体红外数据，并解析数据。首先判断数据是否为空，当不为空时，再判断字符串是否以“666666”开始，如果成立，表示检测当前环境有人；否则判断字符串是否以“555555”开始，如果成立，表示检测当前环境无人，最后以 Message 对象作为参数调用 Handler 对象的 sendMessage 方法，发送给 UI 主线程。

具体代码如下：

```
@ Override
    public void run(){
        while(! socket.isClosed()){
            char[] buffer = new char[64];
            for(int i = 0;i < buffer.length;i + +){
                buffer[i]  =  '\0';
            }
                int len = 0;
                try {
                    len  = bufferedReader.read(buffer);
                } catch(IOException e){
                    e.printStackTrace();
                }
                if(len!  = -1)
```

```
                {
                    //解析数据
                    String str = String.copyValueOf(buffer);
                    if(str.indexOf("666666")! = -1){  //有人
                        Message msg = new Message();
                        msg.what = 1;
                        handler.sendMessage(msg);
                    }
                    if(str.indexOf("555555")! = -1){  //无人
                        Message msg = new Message();
                        msg.what = 2;
                        handler.sendMessage(msg);
                    }
                }
            }
        super.run();
    }
}
```

（8）当 Handler 对象调用 sendMessage 方法之后，将包含人体红外信息的 Message 对象发送至 UI 主线程，主线程中的 Handler 对象再次调用 handleMessage 方法处理 Message 对象中的消息数据，并根据 what 属性值分别将有人和无人图片显示在界面中。

具体代码如下：

```
Handler handler = new Handler(){
    @ Override
    public void handleMessage(Message msg){
        switch(msg.what)
        {
            case 1:
                imageViewPerson.setImageResource(R.mipmap.hongwaion);
                break;
            case 2:
                imageViewPerson.setImageResource(R.mipmap.hongwaioff);
                break;
            default:
                break;
        }
        super.handleMessage(msg);
    }
}
```

（9）为了让程序在移动端通过 WIFI 网络连接物联网网关设备中的服务器，需要将 AndroidManifest. xml 文件打开，添加网络访问权限，如图 5 – 37 所示。

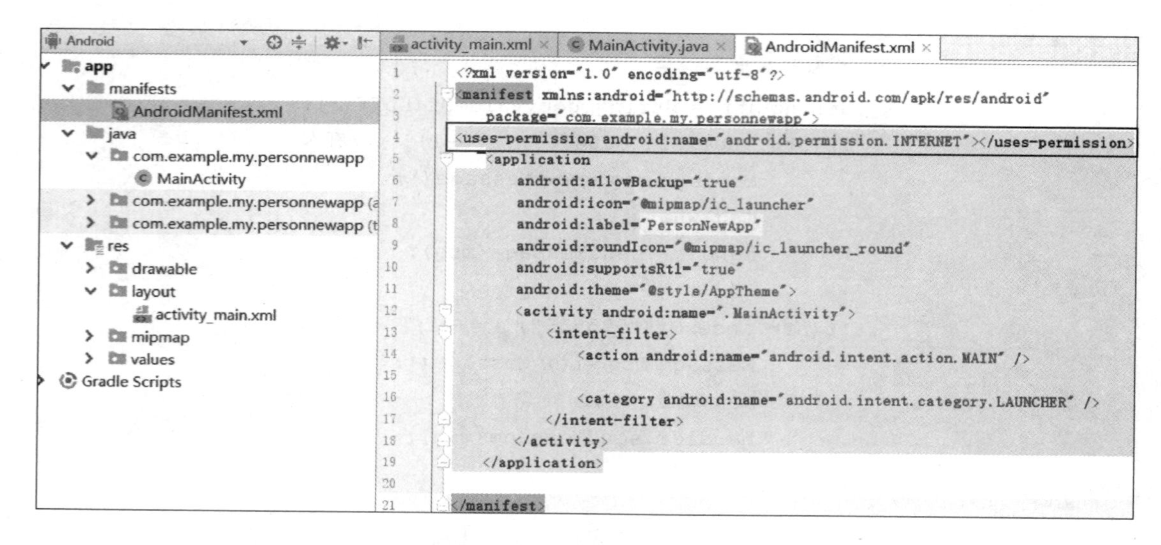

图 5－37　添加网络访问权限

4. 人体红外检测程序下载至移动端运行

（1）程序编译完成之后，单击红色的三角运行按钮“▶”，将人体红外检测程序下载至移动端，如图 5－38 所示。

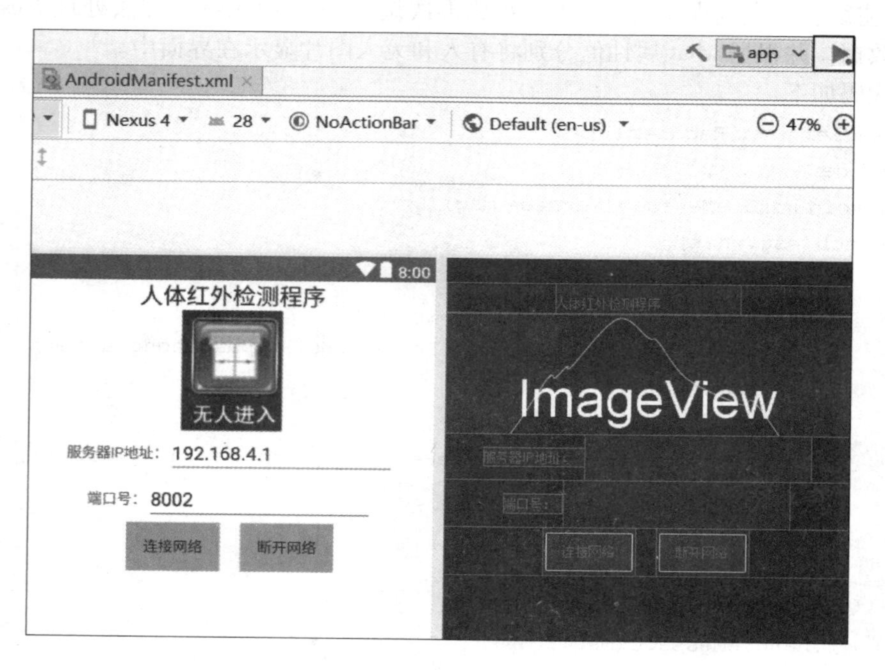

图 5－38　单击程序下载按钮

（2）将功能开关挡位切换到移动端挡位之后，嵌入式网关模块将传感器采集的数据信息通过 WIFI 模块无线发送至手机设备端，从而无线接收各种采集数据，如图 5－39 所示。

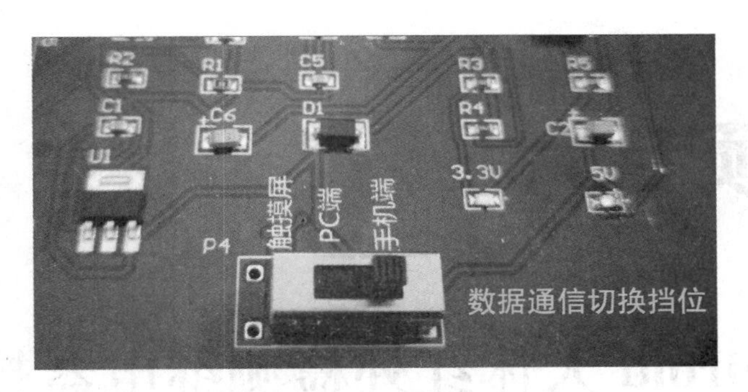

图 5－39　移动端通信挡位

（3）当人体红外检测程序下载至移动端之后，首先将移动端 WIFI 网络连接到物联网设备 WIFI 模块的 AP 热点中，然后运行程序，单击“连接网络”按钮，显示如图 5－40 所示人体红外信息。

图 5－40　移动端显示人体红外信息

项目六

基于 Android 人体红外检测继电器控制应用

项目情境

随着人们的生活水平逐渐提高，以及环保事业的兴起，人们的环保意识也在逐渐提高，节能减排成为了我们生产生活中必须要注意和重视的一个问题。人体感应照明灯通过热释电红外传感器可以监控人体散发的微量红外线，达到人至灯亮、人走灯灭的效果，避免灯具长时间工作对能源的浪费，同时可以通过手机端进行 WIFI 无线控制灯的开启和关闭，如图 6－1 所示为手机端控制灯光系统。

图 6－1　手机端控制灯光系统

学习目标

（1）能正确使用移动设备通过 WIFI 通信获取人体红外信息和控制继电器。

（2）了解 Android 人体红外信息采集和控制的应用场景。

（3）掌握 Android 人体红外检测和继电器控制程序的功能结构。

（4）掌握 Android 人体红外检测和继电器控制程序功能设计。

（5）掌握 Android 人体红外检测和继电器控制程序的功能实现。

（6）掌握 Android 人体红外检测和继电器控制程序调试和运行。

任务 6.1　移动端 WIFI 通信人体红外数据采集和继电器控制

6.1.1　任务描述

本次任务是在人体红外检测项目的基础上，通过物联网教学设备中的热释电人体红外传感器对周边环境人体散发的红外信号进行检测之后，将人体红外信息由 ZigBee 无线传感网络传输至嵌入式网关，一方面移动端通过 WIFI 通信方式连接嵌入式网关，将采集到人体红外数据实时显示在移动端网络调试助手界面上，另一方面可以在网络调试助手上发送字符串控制命令给嵌入式网关，再由嵌入式网关中 ZigBee 协调器通过 ZigBee 无线传感网络发送至 ZigBee 终端节点，进行控制继电器模块的闭合或者断开。如图 6－2 所示为人体红外检测和继电器控制整体功能结构。

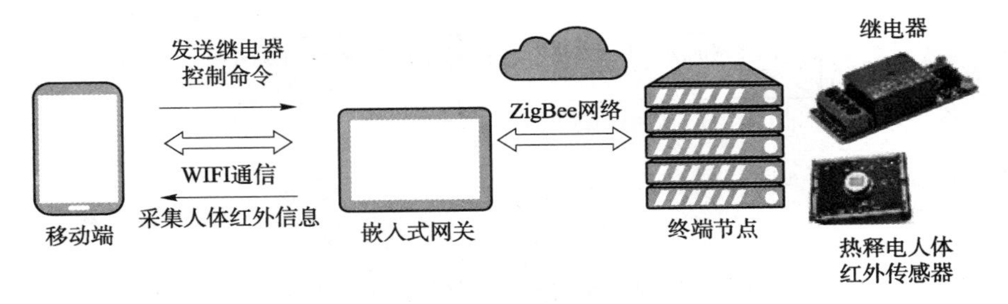

图 6－2　人体红外检测和继电器控制整体功能结构

6.1.2　任务分析

这里 WIFI 通信主要实现人体红外检测和继电器控制两部分功能，一个是人体红外检测功能，另一个是继电器控制功能，这里热释电人体红外传感器实时检测人体红外数据信息，周期性地通过 ZigBee 网络发送至 ZigBee 协调器，当 ZigBee 协调器节点收到数据之后，通过串口转 WIFI 方式发送给 WIFI 无线通信模块。当移动端连接嵌入式网关中 WIFI 模块 AP 热点之后，一方面将人体红外数据信息实时显示在网络调试助手运行界面中，另一方面移动端可以通过 WIFI 方式发送继电器控制命令信息给 ZigBee 协调器，再由 ZigBee 协调器通过无线传感网络发送至 ZigBee 终端通信节点，实现继电器的闭合或者断开操作，如图 6－3 所示。

6.1.3　操作方法与步骤

WIFI 模块网络参数配置如下：

（1）打开物联网设备电源，中央通信处理模块中的 WIFI 模块可以根据相应的参数设置，作为 AP 热点组建局域网，实现 WIFI 无线采集和控制，如图 6－4 所示。

（2）将功能开关挡位切换到移动端挡之后，嵌入式网关将传感器采集的数据信息通过 WIFI 模块无线发送至移动设备端，从而无线接收各种采集数据，如图 6－5 所示。

（3）WIF 通信所使用的人体红外传感器和继电器控制模块如图 6－6 所示。

（4）在 Android 移动设备端上，打开 WIFI 功能，连接 WIFI 模块热点 CYWL001，如图 6－7 所示。

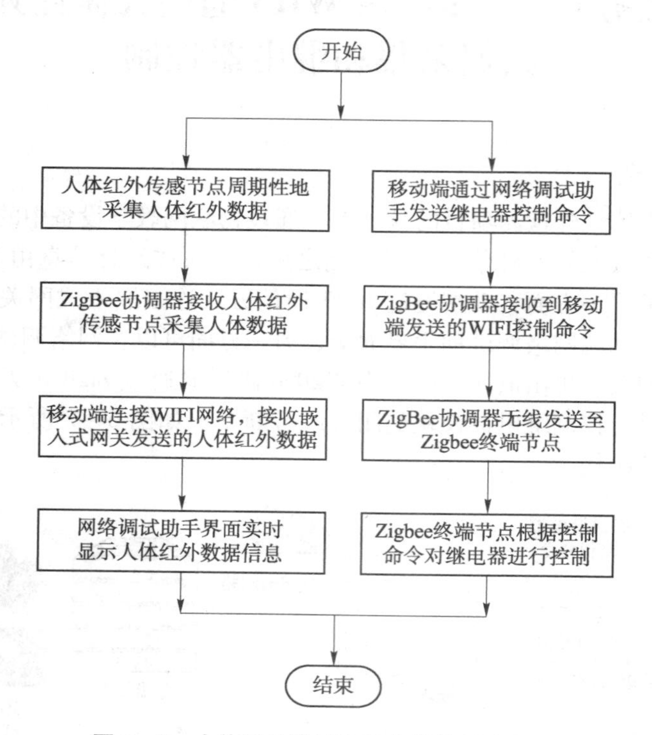

图 6－3　人体红外检测和继电器控制流程图

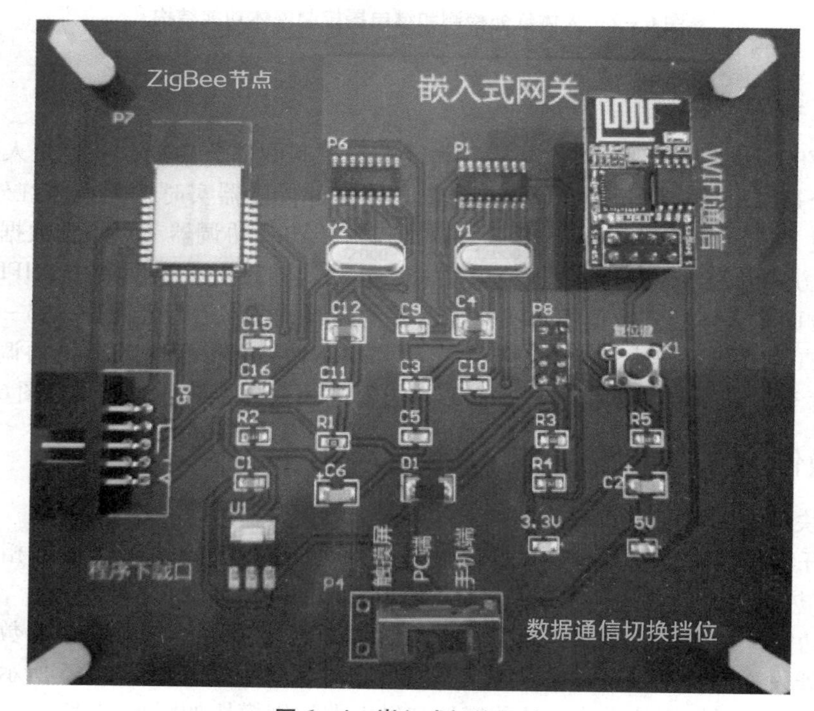

图 6－4　嵌入式智能网关

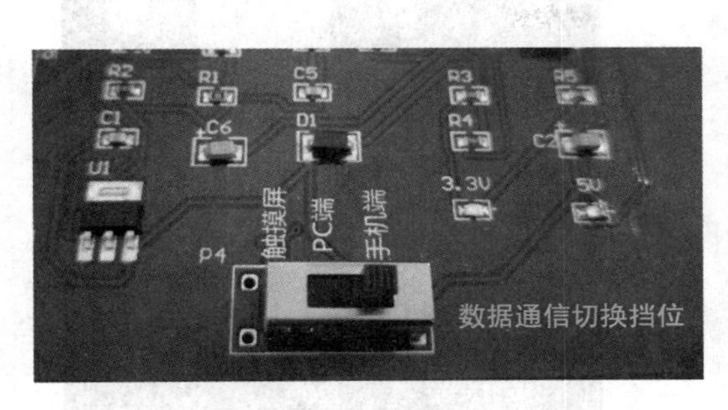

图 6-5　设备端与 Android 移动端通信挡位

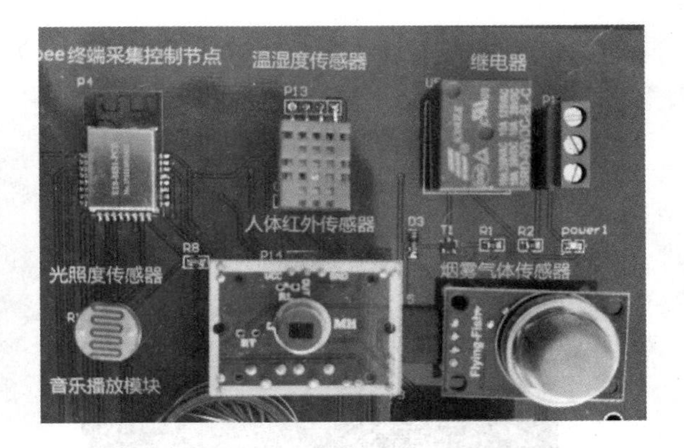

图 6-6　人体红外传感器和继电器控制模块

（5）运行 Android 手机中的网络调试助手软件，选择 tcpclient 通信模式，然后单击增加按钮，出现如图 6-8 所示对话框，IP 地址输入 192.168.4.1，端口为 8002。

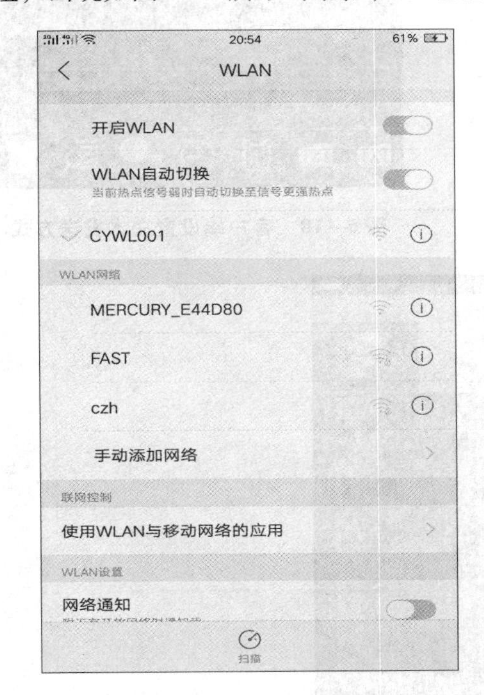

图 6-7　连接 WIFI 模块热点

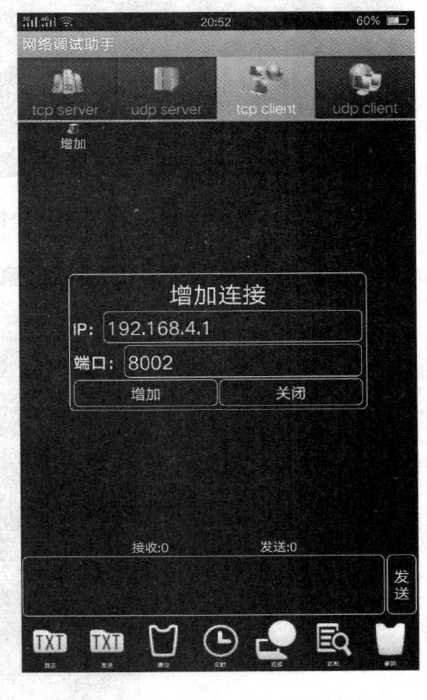

图 6-8　设置 tcpclient 连接参数

（6）如果连接 WIFI 模块成功，则显示传感器端周期性传输过来的相关采集数据，如光照度信息，显示如图 6-9 所示的数据，如果 555555，代表当前人体红外传感器检测当前环境无人；如果 666666，代表人体红外传感器检测当前环境有人。

（7）如果发送步进电机控制命令，需要将客户端发送方式设置为文本，如图 6-10 所示。

（8）在网络调试助手发送区，发送字符串“287”，单击“发送”按钮，则通过移动端向物联网设备发送 287，这时终端采集控制模块将通过无线传感网络接收 287 字符串，然后控制继电器设备，这里打开或者关闭继电器，如图 6-11 所示。

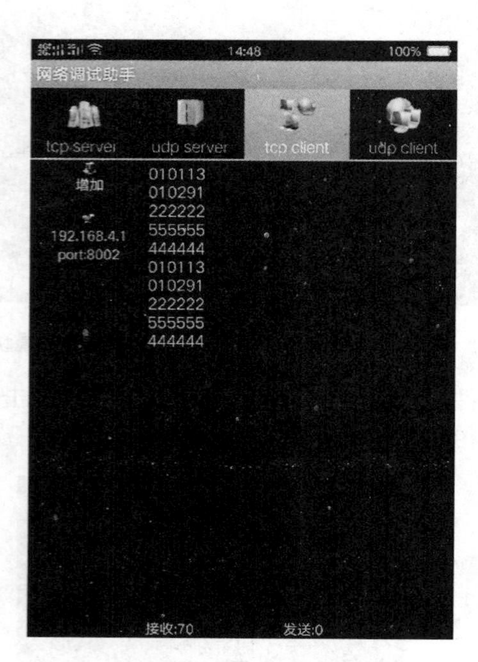

图 6－9　移动设备端获取的人体红外信息

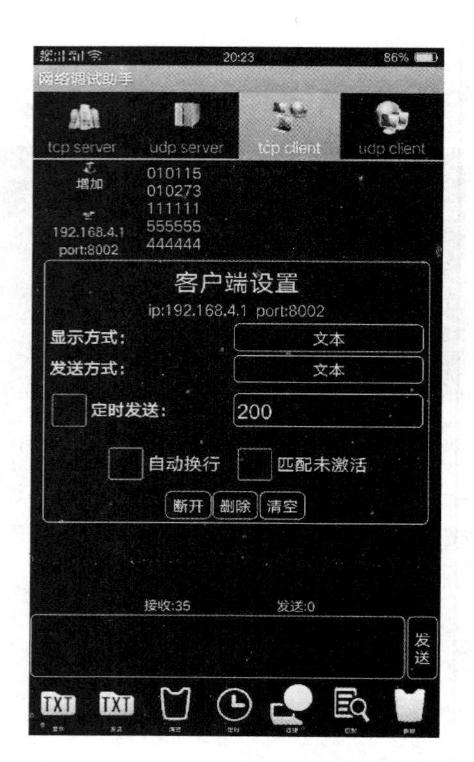

图 6－10　客户端设置文本发送方式

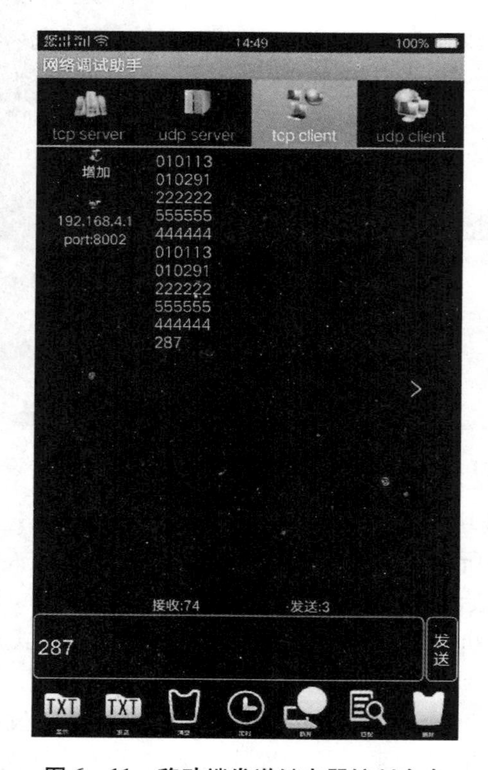

图 6－11　移动端发送继电器控制命令

任务 6.2　基于 Android 人体红外检测继电器控制程序开发

6.2.1　任务描述

在任务 6.1 中，人体红外传感器节点可以将检测到的人体红外数据通过无线传感网络传输至嵌入式网关，然后嵌入式网关通过 WIFI 方式与移动端通信，可以将人体红外信息实时显示在网络调试助手界面上，同时移动端可以通过 WIFI 方式发送继电器控制命令给嵌入式网关，无线控制继电器模块。本次任务通过 Android 人体红外采集控制编程，实现对物联网设备平台上人体红外传感器进行数据采集、数据处理以及数据实时显示，并将检测到的人体红外信息根据条件进行判断，从而实现自动控制继电器闭合或者断开，让同学们在本次项目实践中能够学到和掌握 Android 人体红外检测继电器控制程序开发技术。

6.2.2　任务分析

1. 人体红外检测模块设计

人体红外检测模块主要实现在 Android 人体红外采集继电器控制程序运行界面上进行人体红外数据实时显示。这里人体红外传感节点实时采集人体红外数据信息，周期性地通过 ZigBee 无线传感网络发送至 ZigBee 协调器，由 ZigBee 协调器通过串口转 WIFI 发送至 WIFI 模块，当 Android 移动端通过连接无线 WIFI 模块 AP 热点，将人体红外数据信息实时发送到人体红外检测继电器控制程序中进行解析处理，并最终显示在 Android 图形交互界面上，如图 6 – 12 所示人体红外检测功能流程图。

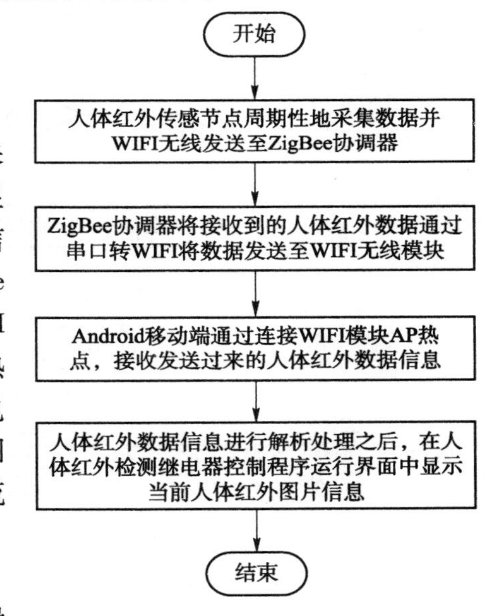

图 6 – 12　人体红外检测功能流程图

2. 继电器控制模块设计

继电器控制模块包括继电器的闭合和断开控制操作。当点击 Android 人体红外检测继电器控制程序界面上继电器按钮时，移动端通过 WIFI 无线方式发送控制命令信息给智能网关，然后智能网关通过 WIFI 转串口将数据发给 ZigBee 协调器，再由 ZigBee协调器通过无线传感网络发送至 ZigBee 终端通信节点，实现继电器的闭合和断开控制。如图 6 – 13 所示为继电器控制模块流程图。

6.2.3　操作方法与步骤

1. 创建 Android 人体红外检测继电器控制程序工程项目

（1）打开 Android Studio 开发环境，项目选择对话窗体界面上，选择 Start a new Android Studio project 项，如图 6 – 14 所示。

（2）在如图 6 – 15 所示的创建 Android 工程对话框中，应用程序名称输入 PersonCtrlNewApp，单击“Next”按钮。

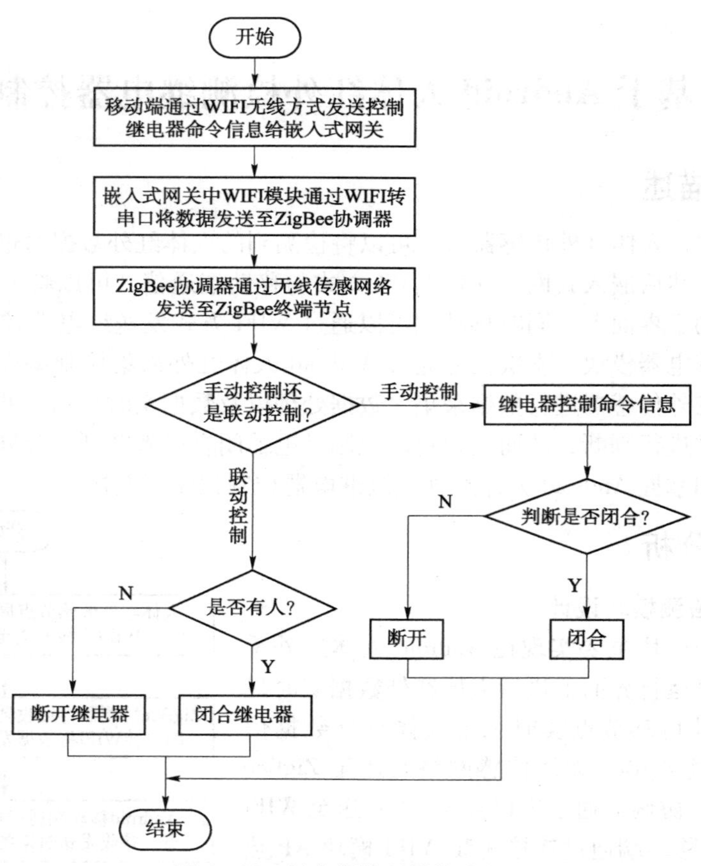

图 6-13　继电器控制模块流程图

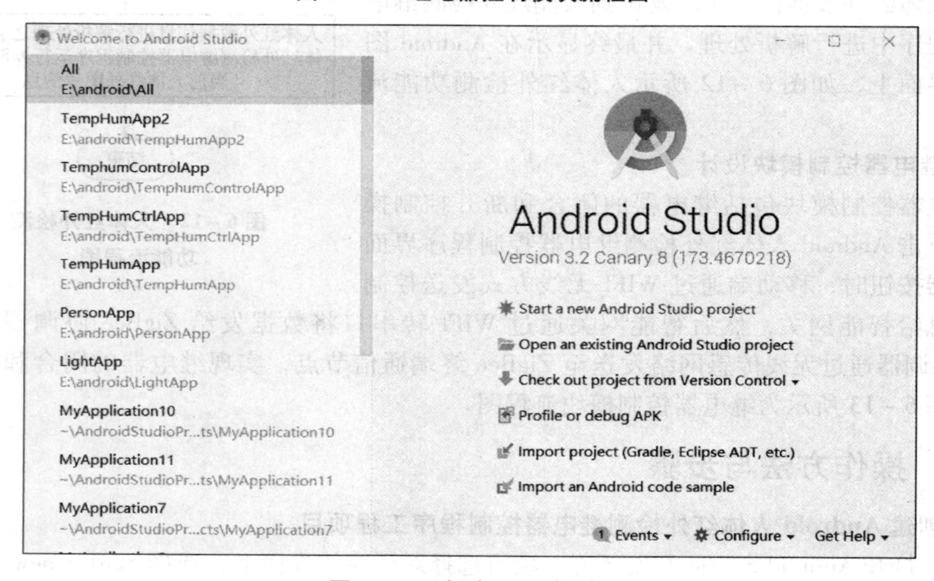

图 6-14　新建工程对话框

（3）选择合适的 Android SDK 版本，这里手机和平板设备选择 API 22 版本，如图 6-16 所示。

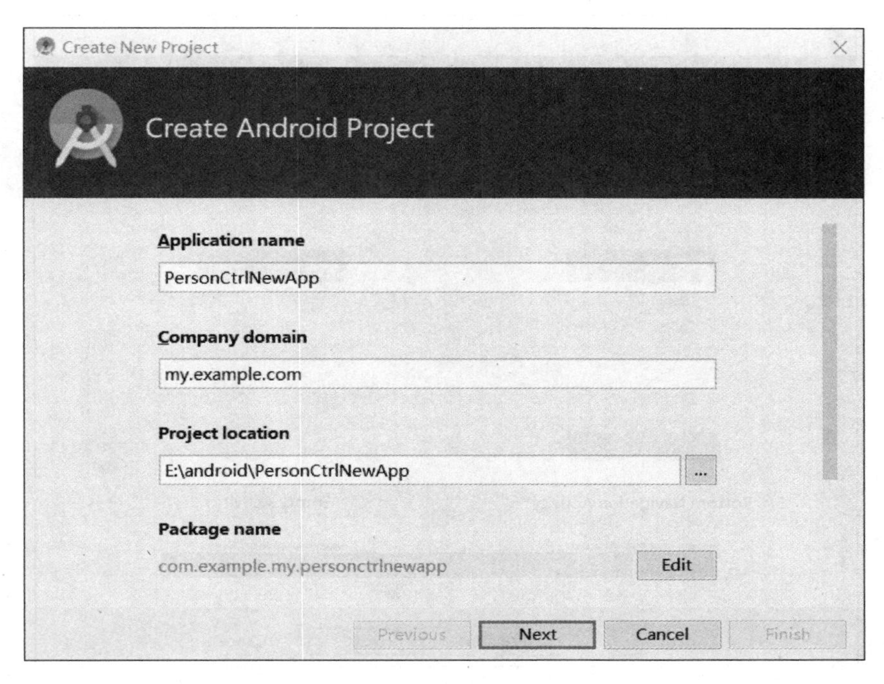

图 6－15　输入 Android 项目名称

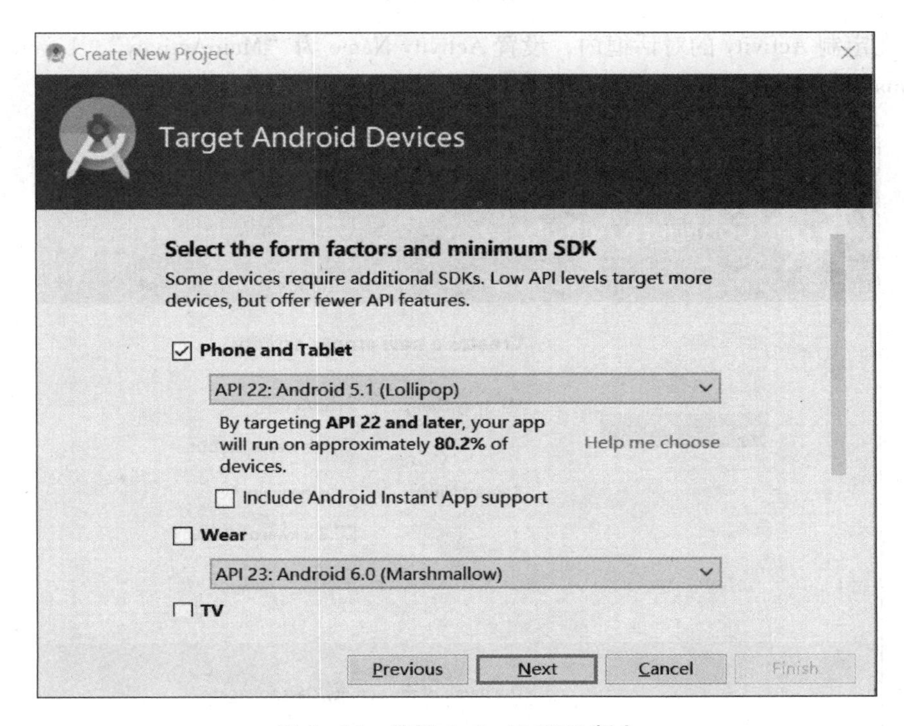

图 6－16　选择 Android SDK 版本

（4）在添加 Activity 的对话框内，选择“Empty Activity”模板，单击“Next”按钮，如图 6－17 所示。

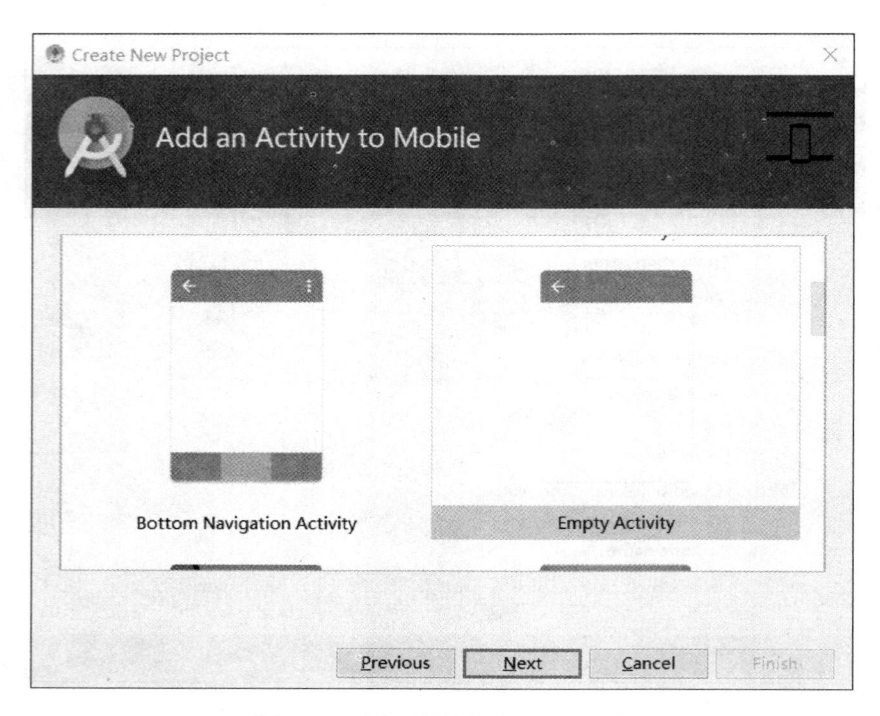

图 6－17　选择创建的 Activity 样式

（5）在定制 Activity 的对话框内，设置 Activity Name 为“MainActivity”，Layout Name 为“activity_main”，单击“Finish”按钮，如图 6－18 所示。

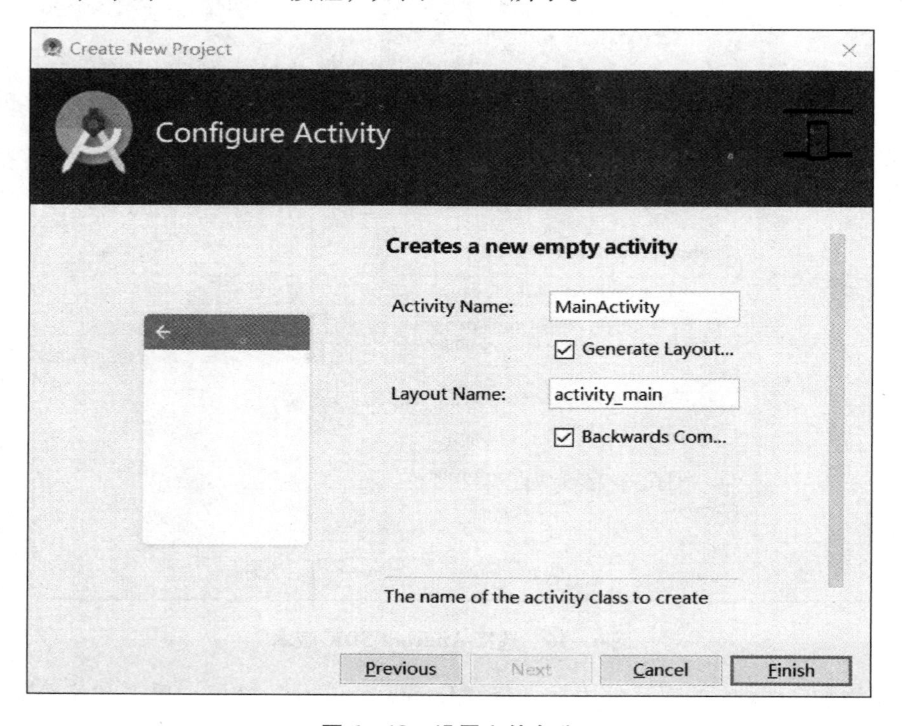

图 6－18　设置文件名称

（6）Android 光照度采集控制程序项目创建完成之后，会自动打开项目开发主界面，在 Android Studio 的主界面上，除了菜单工具栏外，主要是项目结构与项目开发两栏，默认打开 activity_main 的布局文件和 MainActivity. java 文件，如图 6 – 19 所示。

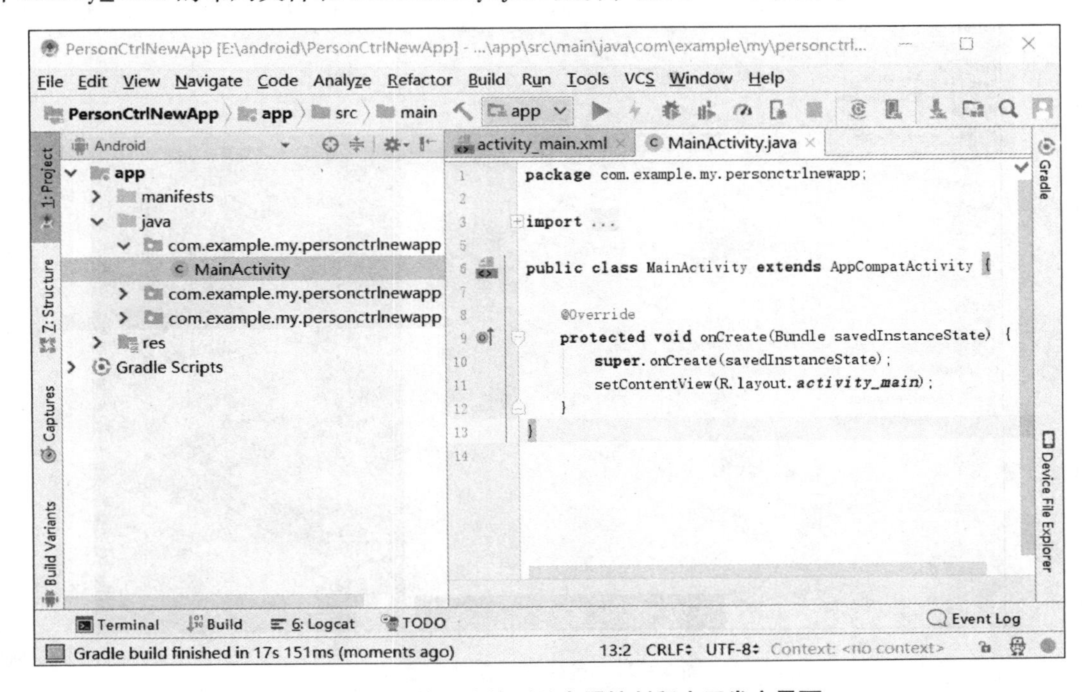

图 6 – 19　人体红外检测继电器控制程序开发主界面

2. 人体红外检测继电器控制程序窗体界面设计

（1）打开 activity_main 文件，显示 Android 的设计界面，然后在 AppTheme 下拉列表中选择 AppCompat. Light. NoActionBar 主题选项，如图 6 – 20 所示。

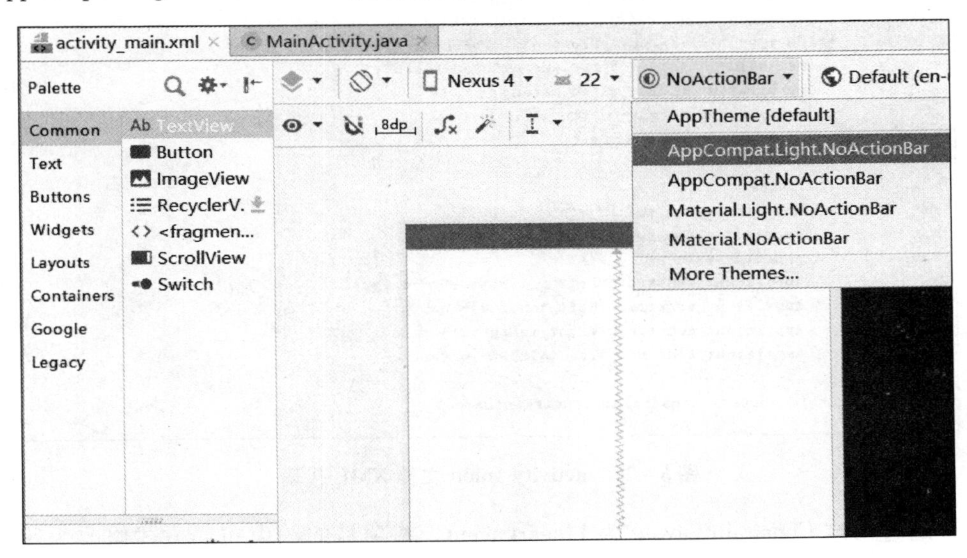

图 6 – 20　选择主题选项

（2）设置主题风格完成之后，显示 Android 的设计界面，左边界面显示设计效果，右边界面显示控件摆放的轨迹，如图 6－21 所示。

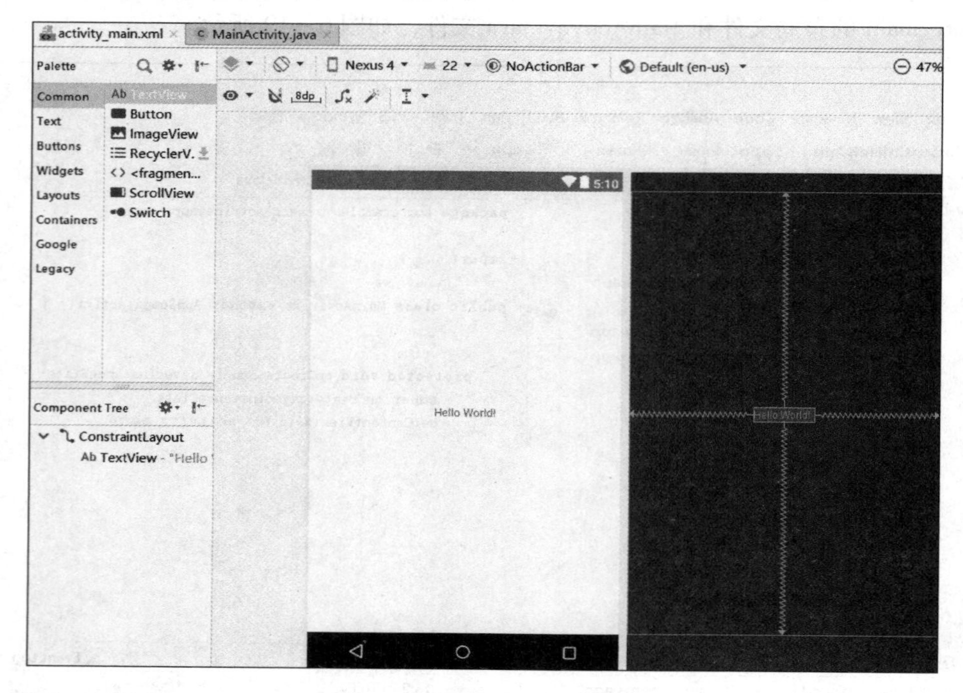

图 6－21　选择显示主题模板

（3）选择 activity_main 文件的 Text 选项，显示界面的 XML 代码，项目界面布局默认采用约束布局方式，如图 6－22 所示。

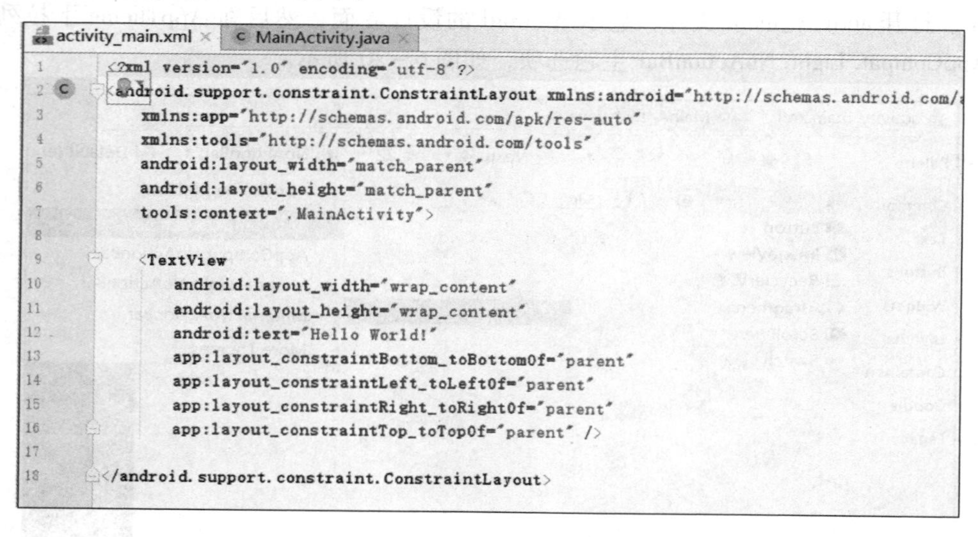

```
activity_main.xml ×   MainActivity.java ×
1   <?xml version="1.0" encoding="utf-8"?>
2   <android.support.constraint.ConstraintLayout xmlns:android="http://schemas.android.com/a
3       xmlns:app="http://schemas.android.com/apk/res-auto"
4       xmlns:tools="http://schemas.android.com/tools"
5       android:layout_width="match_parent"
6       android:layout_height="match_parent"
7       tools:context=".MainActivity">
8
9       <TextView
10          android:layout_width="wrap_content"
11          android:layout_height="wrap_content"
12          android:text="Hello World!"
13          app:layout_constraintBottom_toBottomOf="parent"
14          app:layout_constraintLeft_toLeftOf="parent"
15          app:layout_constraintRight_toRightOf="parent"
16          app:layout_constraintTop_toTopOf="parent" />
17
18  </android.support.constraint.ConstraintLayout>
```

图 6－22　activity_main 文件 XML 代码

（4）通过修改 ConstraintLayout 为 LinearLayout，将项目的约束布局方式修改为线性布局方式，如图 6－23 所示显示界面的 XML 代码。

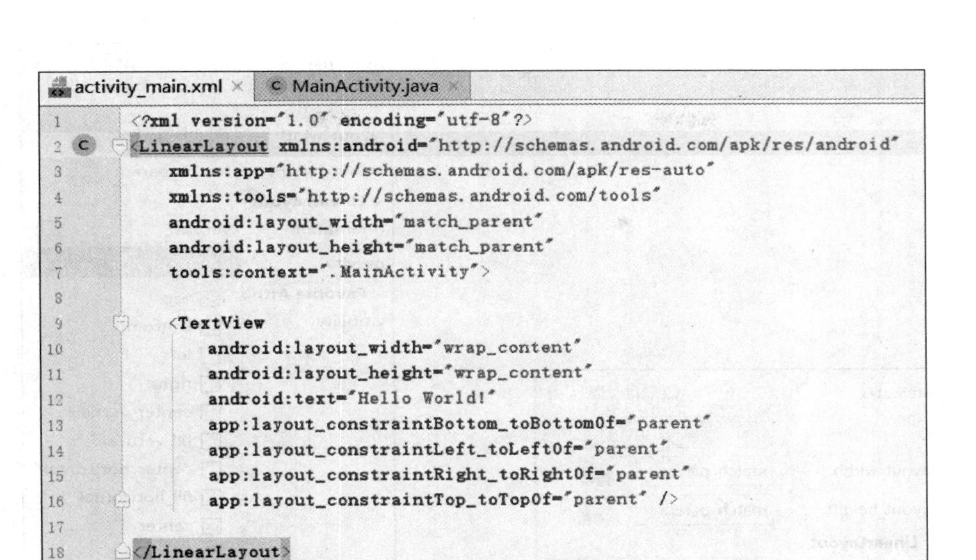

图 6－23　设置项目线性布局

（5）修改完成之后，选择 activity_main 文件的 Design 选项，在 Component Tree 栏显示为 LinearLayout，如图 6－24 所示。

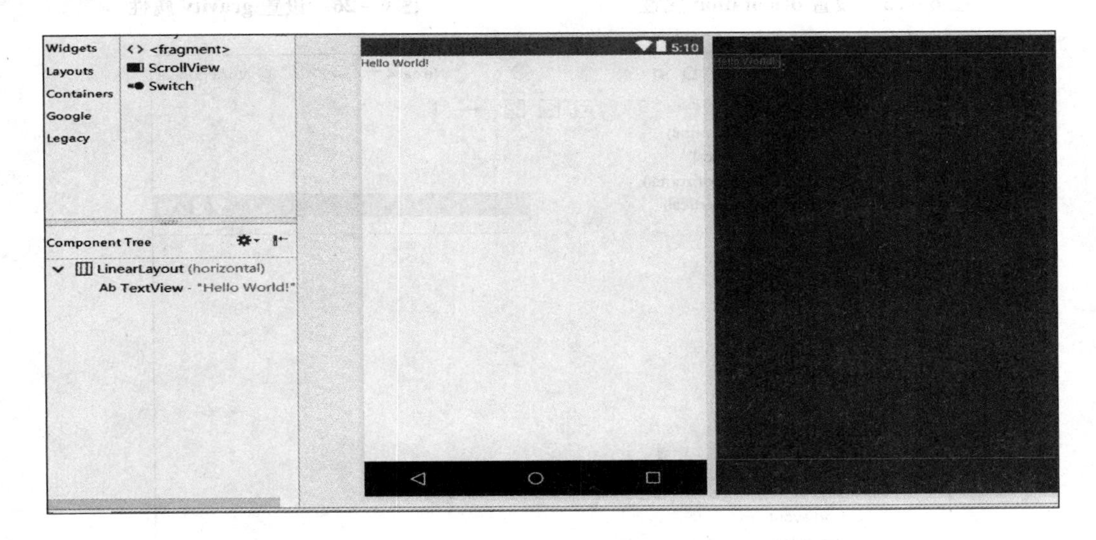

图 6－24　项目界面的线性布局效果

（6）选择 LinearLayout 属性，在 orientation 方向属性栏中选择 vertical，即垂直对齐方式，如图 6－25 所示。

（7）在对齐方式 gravity 属性栏中选择 top | center，即顶部中间对齐方式，如图 6－26 所示。

（8）在 Palette 工具栏中，选择 LinearLayout（horizontal）布局控件拖动到界面上，同理，选择 TextView 文本控件拖动到界面上，如图 6－27 所示。

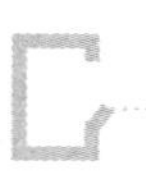

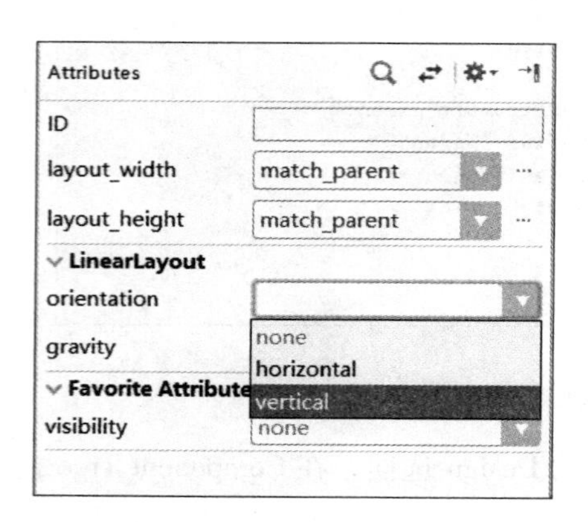

图 6－25　设置 orientation 属性

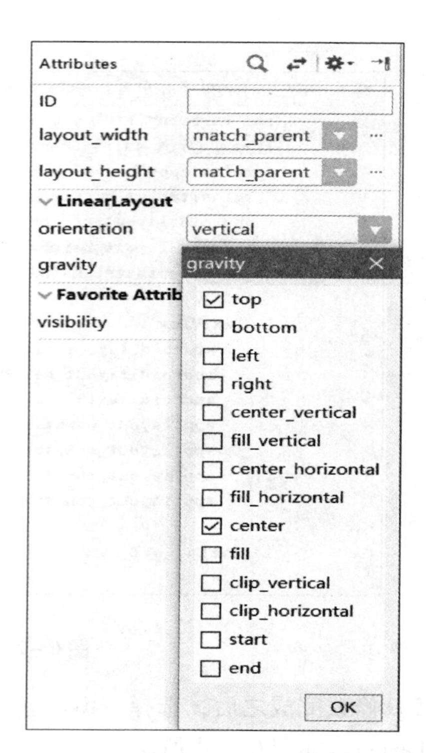

图 6－26　设置 gravity 属性

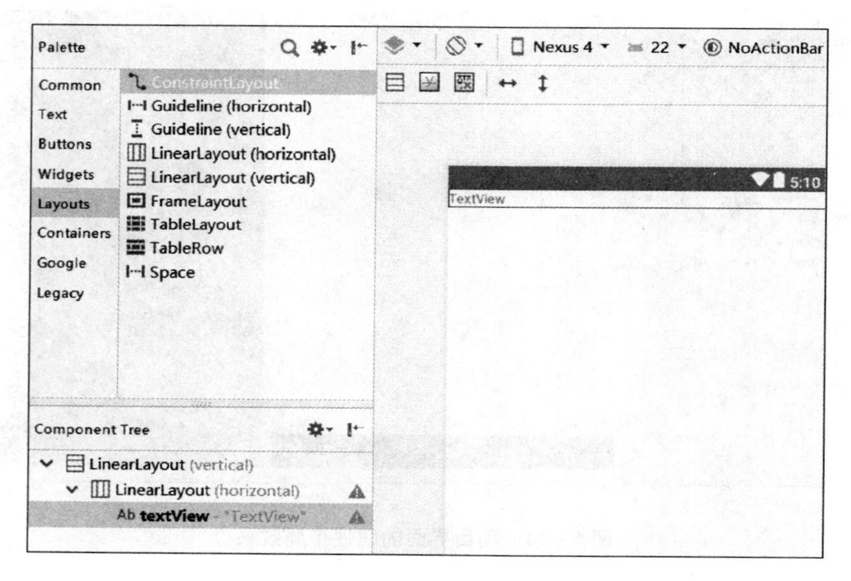

图 6－27　设置标题布局和文本控件

（9）选择 LinearLayout(horizontal）布局控件，在属性栏中，设置 layout_height 属性值为 wrap_content，gravity 属性值为 top|center，如图 6－28 所示。

（10）选择 TextView 控制，在属性栏中将 text 属性值设置为“人体红外检测继电器控制程序”，文字大小选择 textApperance 属性为 DeviceDefault. Large，如图 6－29 所示。

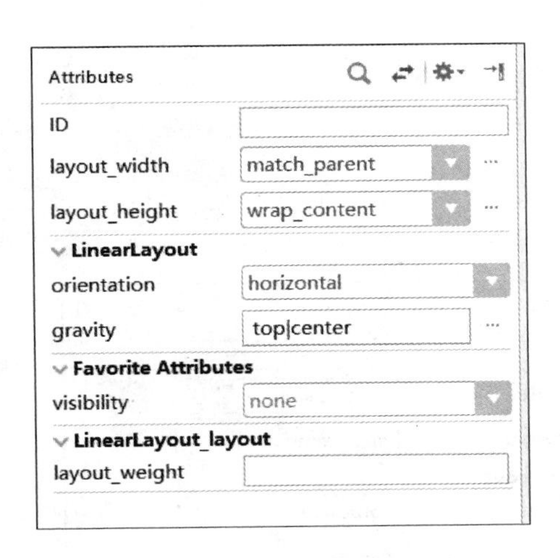

图 6－28　水平布局控件属性

图 6－29　设置标题文本属性

（11）标题文本控件设置完成之后，显示如图 6－30 所示界面效果。

图 6－30　标题显示效果

（12）为了在界面上显示相应图片，这里需要将程序中五张图片复制到 Drawable 目录下，如图 6－31 所示。

（13）将 Palette 工具栏中 LinearLayout(horizontal) 布局控件拖动到 Component Tree 栏上，在属性栏中设置 Layout_height 属性值为 wrap_content，gravity 设置为 center，如图 6－32 所示。

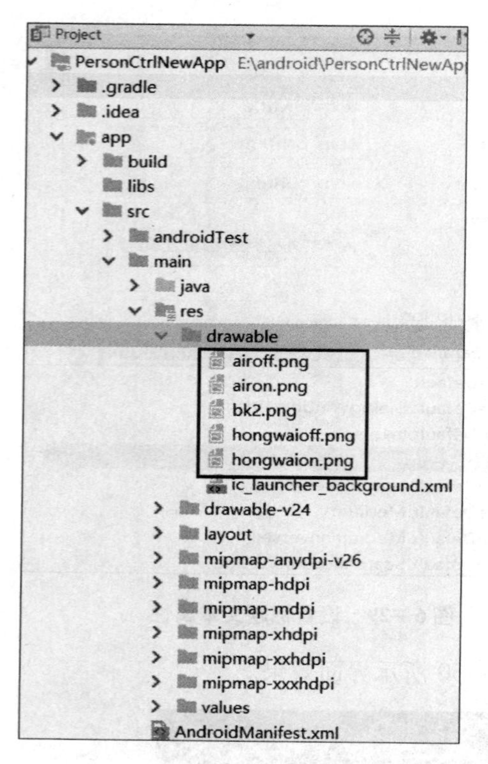

图 6－31　加入程序显示图片

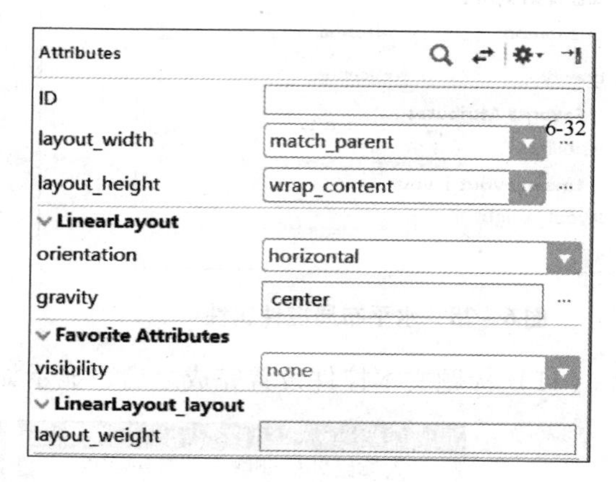

图 6－32　设置 LinearLayout(horizontal) 布局控件属性

（14）将 Palette 工具栏中 imageView 控件拖动到 Component Tree 栏上之后，自动出现图片选择对话框，这里从 Project 中选择“无人进入”图片，单击“OK”按钮，如图 6－33 所示。

图 6－33　选择“无人进入”图片

（15）图片设置完成之后，界面显示效果如图 6－34 所示。

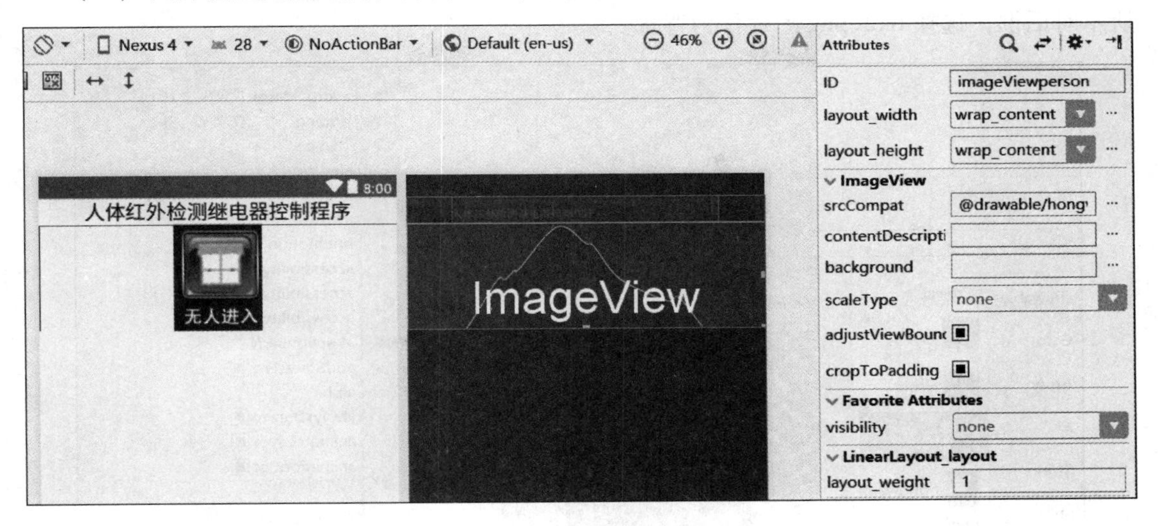

图 6－34　无人进入图片显示

（16）同理，在 Palette 工具栏中，选择其他相关控件拖动到 Component Tree 栏上，设置相应属性值之后，显示如图 6－35 所示。

图 6－35　控件拖至 Component Tree 栏

（17）选择最顶端的 LinearLayout 布局控件，然后单击 background 属性栏出现如图 6－36 所示对话框，选择 bk2. png 图片作为背景。

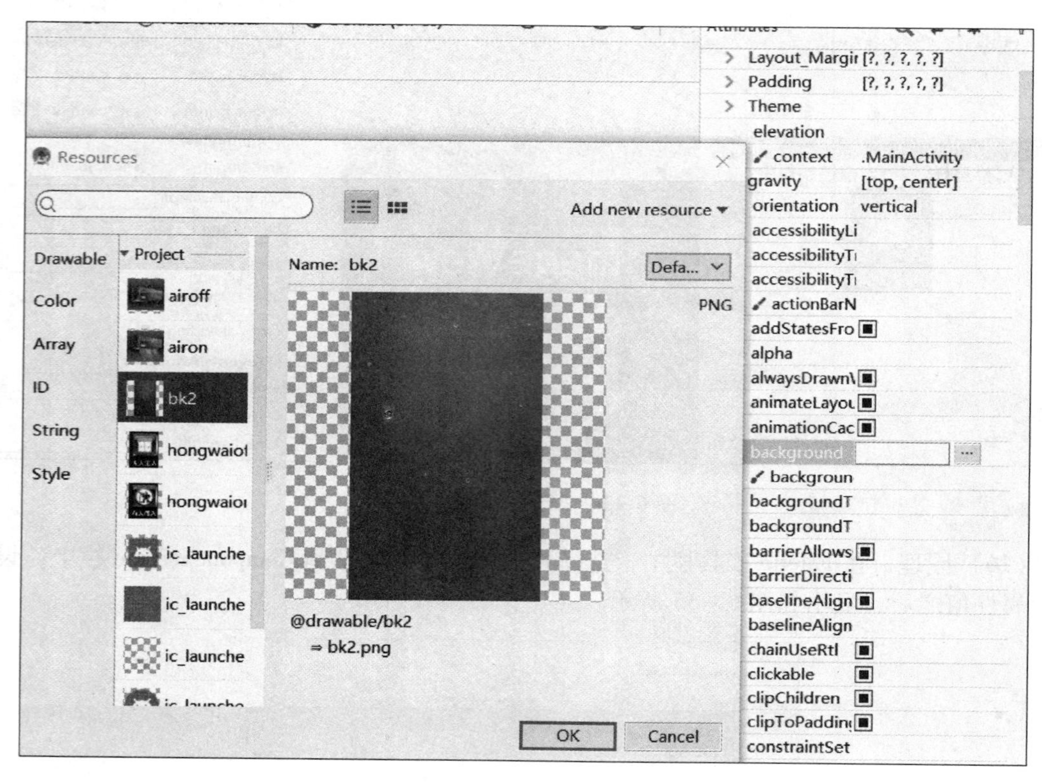

图 6－36　控件拖至 Component Tree 栏

（18）选择相应的控件之后，在属性栏中设置相关属性值，人体红外检测继电器控制程序界面设计完成之后如图 6－37 所示。

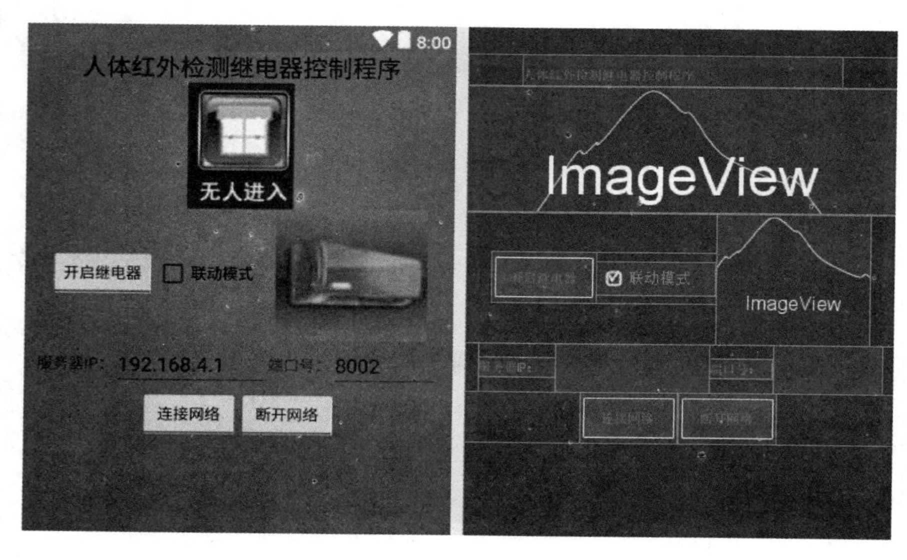

图 6－37　人体红外检测继电器控制程序界面设计

（19）将图 6－36 中主要控件进行规范命名和设置初始值，如表 6－1 进行说明。

表 6－1　程序各项主要控件说明

控件名称	命名	说明
EditText	editTextperson	显示人体红外信息文本框
EditText	editTextnetip	设置网络服务器 IP 地址文本框
EditText	editTextnetport	设置网络端口号文本框
CheckBox	checkBoxAuto	联动模式选择控件
Button	btnconnect	连接网络按钮
Button	btndisconnect	断开网络按钮
Button	btnair	控制继电器按钮
ImageView	imageViewperson	人体红外图片
ImageView	imageair	空调图片
TextView	textViewtitle	标题信息

3. 人体红外检测继电器控制程序功能实现

（1）本项目 Button 按钮单击事件采用在 activity_main. xml 文件中 Button 标签内添加 android：onClick＝"OnClickNet"，如图 6－38 所示。

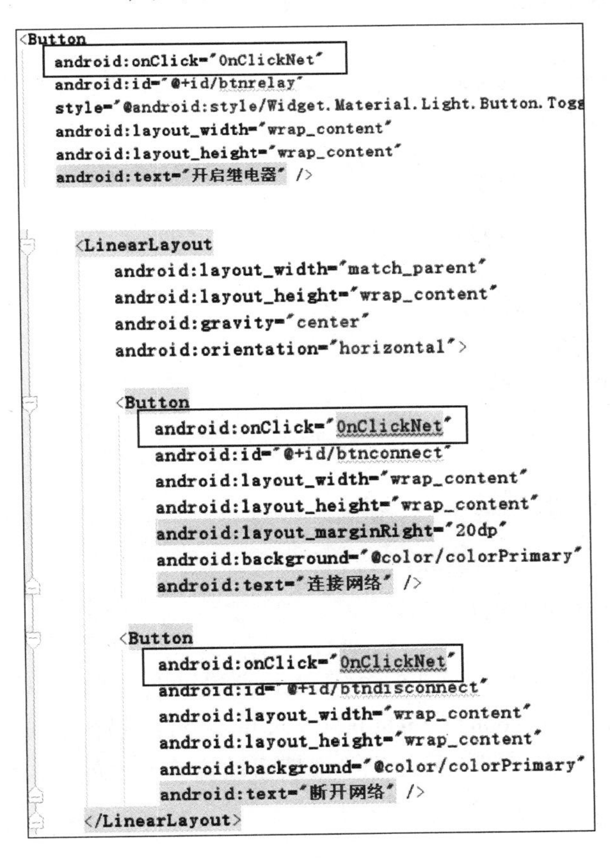

图 6－38　添加 onClick 方法名

（2）在 MainActivity. java 文件中，添加 OnClickNet 方法，如图 6－39 所示。

```
public class MainActivity extends AppCompatActivity {

    @Override
    protected void onCreate(Bundle savedInstanceState) {
        super.onCreate(savedInstanceState);
        setContentView(R.layout.activity_main);
    }

    public  void  OnClickNet(View v)
    {

    }
}
```

图 6－39　实现 OnClickNet 方法

（3）根据界面中所设置的 EditText 控件、ImageView 控件、CheckBox 控件以及 Button 控件，在 MainActivity 类中定义对应的控件变量，同时定义网络通信的 Socket 套接字、输入流、输出流以及接收线程对象等。

具体代码如下：

```
public class MainActivity extends AppCompatActivity {
    EditText EtIp,EtPort;
    Button btnConnect,btnDisconnect,btnRelay;
    ImageView imageViewPerson;
    ImageView imageViewRelay;
    CheckBox chkAutoMode;
    boolean isConnect = false;
    boolean isAuto = false;
    boolean  flagrelay = false;
    Socket socket;
    String  NetIp;
    String  personvalue = "";
    int     NetPort;
    BufferedReader bufferedReader = null;
    PrintWriter printWriter = null;
    ReceivedThread receivedThread = null;
```

（4）在 onCreate 方法中通过调用 findViewById 方法将控件的 ID 号转变为对象变量，如 ETLight = findViewById（R. id. editTextlight），CheckBox 控件设置 setOnCheckedChangeListener 监听器，并实现相应的功能代码。另外，单击按钮设置 Button 的 setOnClickListener 监听器，以便产生 onClick 方法进行单击事件处理。

具体代码如下：

```
@ Override
```

```
protected void onCreate(Bundle savedInstanceState){
    super.onCreate(savedInstanceState);
    setContentView(R.layout.activity_main);
    EtIp = findViewById(R.id.editTextnetip);
    EtPort = findViewById(R.id.editTextnetport);
    imageViewPerson = findViewById(R.id.imageViewperson);
    imageViewRelay = findViewById(R.id.imageair);
    chkAutoMode = findViewById(R.id.checkBoxAuto);
    btnConnect = findViewById(R.id.btnconnect);
    btnDisconnect = findViewById(R.id.btndisconnect);
    btnRelay = findViewById(R.id.btnrelay);
    chkAutoMode.setOnCheckedChangeListener(new
CompoundButton.OnCheckedChangeListener(){
        @ Override
        public void onCheckedChanged(CompoundButton buttonView, boolean isChecked){
            if(isChecked)
            { isAuto = true;
                btnRelay.setEnabled(false);
            }
            else
            { isAuto = false;
                btnRelay.setEnabled(true);
            }
        }
    });
}
```

（5）在连接网络按钮事件处理方法中主要完成线程的启动，实现网络连接功能，同时开启接收线程，实现 WIFI 网络中人体红外传感器数据的接收。在断开网络按钮事件处理方法中主要完成输入流和套接字关闭功能。另外，为了能够手动控制继电器，可以将字符串信息通过 Message 对象作为参数调用 Handler 的 sendMessage 方法，发送给 UI 主线程处理。

具体代码如下：

```
public  void  OnClickNet(View v)
{ switch(v.getId())
    { case R.id.btnconnect:
            Thread thread = new Thread(Connectthread);
            thread.start();
            Toast.makeText(MainActivity.this,"网络连接成功",Toast.LENGTH_SHORT).
show();
            btnConnect.setEnabled(false);
            btnDisconnect.setEnabled(true);break;
        case R.id.btndisconnect:
            if(isConnect){
```

```
                    try {
                        bufferedReader.close();
                        socket.close();
                        isConnect = false;
                        btnDisconnect.setEnabled(false);
                        btnConnect.setEnabled(true);
                        Toast.makeText(MainActivity.this, "网络断开", Toast. LENGTH_
SHORT). show ();
                    } catch (IOException e) { e. printStackTrace (); } } break;
        case R. id. btnrelay:
            if (! isAuto)
            {
                if (! flagrelay)
                {
                flagrelay=true;
                btnRelay. setText (" 断开继电器");
                imageViewRelay. setImageResource (R. drawable. airon);
                Message msg=new Message ();
                msg. what=3;
                msg. obj=" 287";
                handler. sendMessage (msg); }
            else
            {
                flagrelay=false;
                btnRelay. setText (" 开启继电器");
                imageViewRelay. setImageResource (R. drawable. airoff);
                Message msg=new Message ();
                msg. what=3;
                msg. obj=" 287";
                handler. sendMessage (msg);
            }
        }
        break;
    }
}
```

（6）为了通过启动 Thread 线程连接 WIFI 网络，需要实现 Runnable 接口，在接口 Run 方法中实现套接字对象，并绑定服务器 IP 地址和端口号。另外，为了接收服务器端发送过来的人体红外数据，需要再次启动 ReceivedThread 线程进行接收。

具体代码如下：

```
Runnable  Connectthread=new Runnable(){
   @ Override
   public void run(){
```

```
        NetIp = EtIp.getText().toString();
        NetPort = Integer.valueOf(EtPort.getText().toString());
        try {
            socket = new Socket(NetIp,NetPort);
            isConnect = true;
            receivedThread = new ReceivedThread(socket);
            receivedThread.start();
        } catch(IOException e){
            e.printStackTrace();
        }
    }
}
```

（7）为了在连接 WIFI 网络成功之后，能够接收服务器端发送的人体红外数据，需要开启 ReceivedThread 线程进行接收，这里通过继承 Thread 线程类，实现 ReceivedThread 线程类，并在 ReceivedThread 线程类构造方法中传递套接字对象作为参数。

具体代码如下：

```
class  ReceivedThread extends  Thread{
    ReceivedThread(Socket socket)
    {
        try {
            bufferedReader = new BufferedReader(new InputStreamReader(socket.get-
InputStream(),"UTF-8"));
            printWriter  = new PrintWriter(new BufferedWriter(new OutputStream-
Writer(socket.getOutputStream(), "UTF-8")),true);
        } catch(IOException e){
            e.printStackTrace();
        }
    }
```

（8）在 ReceivedThread 线程类中需要实现 Run 方法，在 Run 方法中通过输入流的 Read 方法读取服务器发送的人体红外数据，并解析数据。首先判断数据是否为空，当不为空时，在判断字符串是否以“666666”开始，如果成立，表示检测当前环境有人；否则判断字符串是否以“555555”开始，如果成立，表示检测当前环境无人，最后以 Message 对象作为参数调用 Handler 对象的 sendMessage 方法，发送给 UI 主线程。

具体代码如下：

```
@Override
    public void run(){
        while(! socket.isClosed()){
            char[] buffer = new char[64];
            for(int i = 0;i < buffer.length;i++){
                buffer[i]  = '\0';
            }
            int len = 0;
```

```
                try {
                    len = bufferedReader.read(buffer);
                } catch(IOException e){
                    e.printStackTrace();
                }
                if(len! = -1)
                {
                    //解析数据
                    String str = String.copyValueOf(buffer);
                    if(str.indexOf("666666")! = -1){  //有人
                        Message msg = new Message();
                        msg.what = 1;
                        handler.sendMessage(msg);
                    }
                    if(str.indexOf("555555")! = -1){  //无人
                        Message msg = new Message();
                        msg.what = 2;
                        handler.sendMessage(msg);
                    }
                }
            }
        super.run();
    }
}
```

（9）当 Handler 对象调用 sendMessage 方法之后，将包含人体红外信息的 Message 对象发送至 UI 主线程，主线程中的 Handler 对象再次调用 handleMessage 方法处理 Message 对象中的消息数据，并根据 what 属性值 1 和 2 分别将有人和无人图片显示在界面中。另外根据手动控制继电器 Message 对象中 what 属性值 3 执行继电器控制。

具体代码如下：

```
Handler handler = new Handler(){
    @ Override
    public void handleMessage(Message msg){
        switch(msg.what)
        {
            case 1:
                imageViewPerson.setImageResource(R.drawable.hongwaion);
                personvalue = "有人";
                AutoControl();
                break;
            case 2:
                imageViewPerson.setImageResource(R.drawable.hongwaioff);
                personvalue = "无人";
```

```
                AutoControl();
                break;
            default:
            case 3:
                printWriter.println(msg.obj.toString());
                printWriter.flush();
                break;
        }
        super.handleMessage(msg);
    }
}
```

（10）一旦选择联动模式，isAuto 变量设置为真，如果当前环境有人，则执行继电器开启，否则执行继电器断开，具体代码如下：

```
void AutoControl(){
    if(isAuto){
        if(personvalue == "有人"){
            if(! flagrelay){
                imageViewRelay.setImageResource(R.drawable.airon);
                flagrelay = true;
                btnRelay.setText("断开继电器");
                printWriter.println("287");
                printWriter.flush();
            }
        } else {
            if(personvalue == "无人"){
                if(flagrelay){
                    imageViewRelay.setImageResource(R.drawable.airoff);
                    flagrelay = false;
                    btnRelay.setText("开启继电器");
                    printWriter.println("287");
                    printWriter.flush();
                }
            }
        }
    }
}
```

（11）为了让程序在移动端通过 WIFI 网络连接物联网网关设备中的服务器，需要将 AndroidManifest. xml 文件打开，添加网络访问权限，如图 6－40 所示。

4. 人体红外检测继电器控制程序下载至移动端运行

（1）程序编译完成之后，单击红色的三角运行按钮“▶”，将人体红外检测控制程序下载至移动端，如图 6－41 所示。

（2）将功能开关挡位切换到移动端挡之后，嵌入式网关模块将传感器采集的数据信息通过 WIFI 模块无线发送至手机设备端，从而无线接收各种采集数据，如图 6－42 所示。

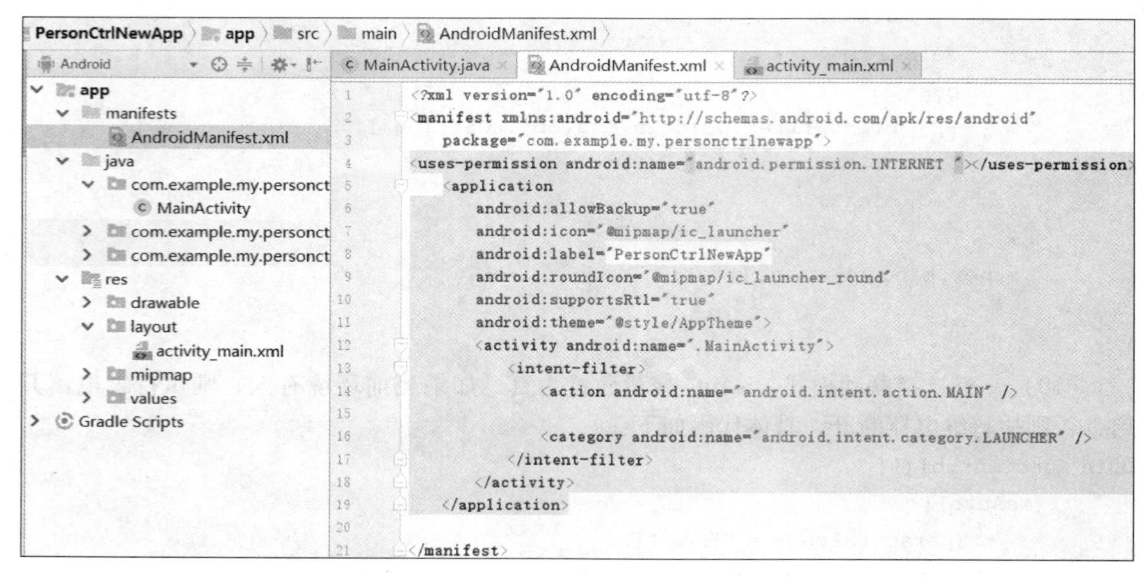

图 6－40　添加网络访问权限

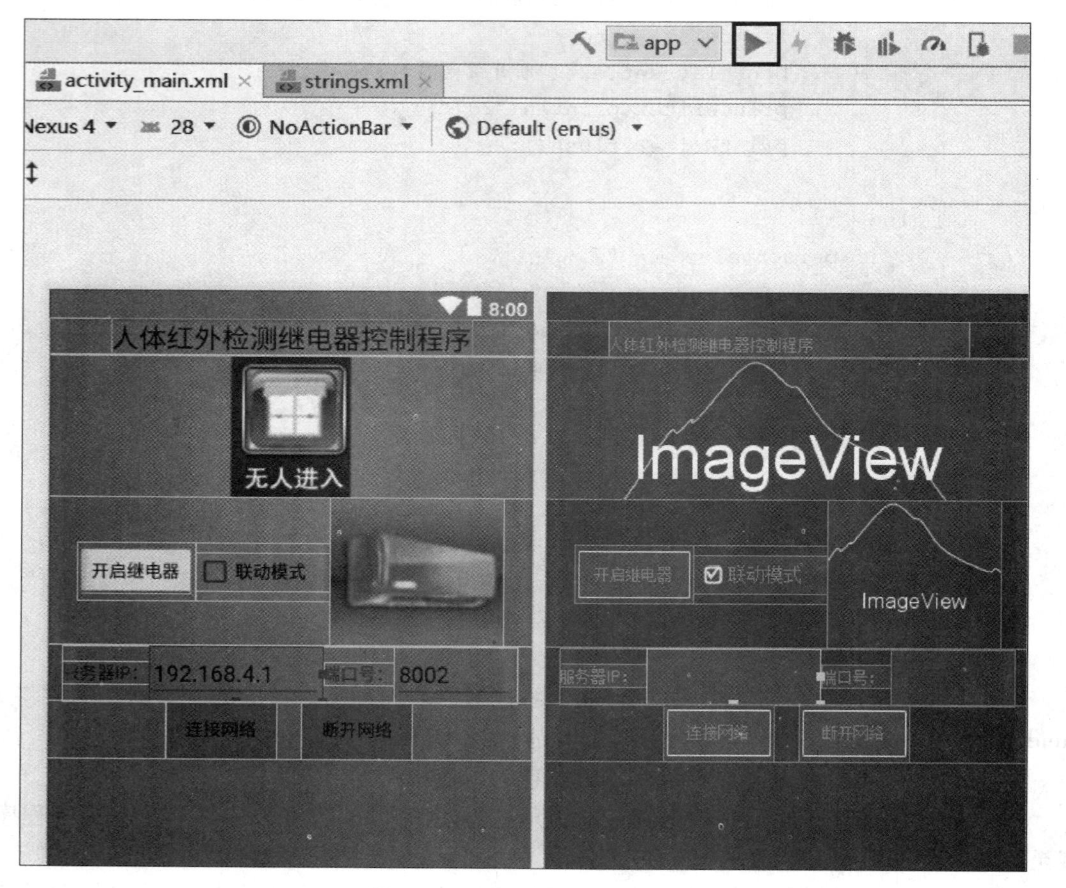

图 6－41　单击程序下载按钮

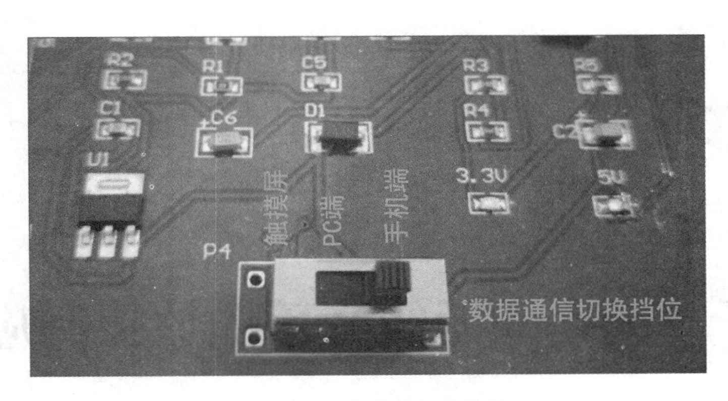

图 6－42　移动端通信挡位

（3）当人体红外检测控制程序下载至移动端之后，首先将移动端 WIFI 网络连接到物联网设备 WIFI 模块的 AP 热点中，然后运行程序，单击“连接网络”按钮，显示如图 6－43 所示人体红外信息。

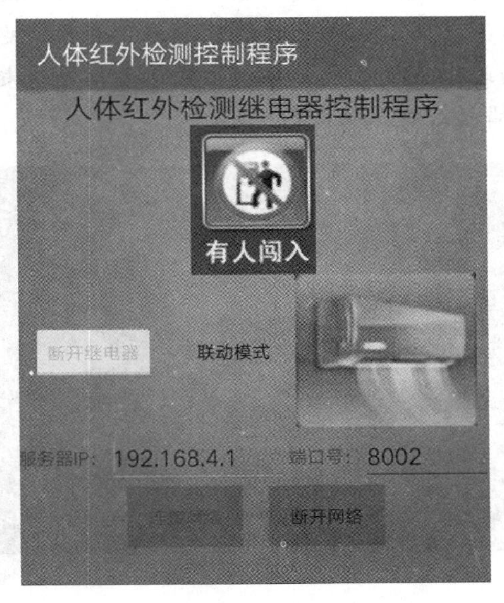

图 6－43　移动端显示人体红外信息

项目七

基于 Android 无线音乐播放控制应用

项目情境

在生活节奏越来越快的今天，智能家居背景音乐系统越来越受到都市业主的关注和青睐，音乐成为大部分人缓解压力的方式。通过手机端可以一键开 Party，可以不同的房间倾听不同的音乐，手机不仅可以选择定时播放和停止音乐，也可以选择喜爱的任意一首歌曲进行循环播放。因此，与智能家居对接的背景音乐系统越来越成为一种潮流。如图 7－1 所示的智能音乐播放控制系统。

图 7－1　智能音乐播放控制系统

学习目标

（1）能正确使用移动设备通过 WIFI 通信无线控制 MP3 音乐模块。

（2）了解 Android 无线音乐播放控制的应用场景。

（3）掌握 Android 无线音乐播放控制程序的功能结构。

（4）掌握 Android 无线音乐播放控制程序功能设计。

（5）掌握 Android 无线音乐播放控制程序的功能实现。

（6）掌握 Android 无线音乐播放控制程序调试和运行。

任务 7.1　移动端 WIFI 通信无线音乐播放控制

7.1.1　任务描述

本次任务是在物联网教学设备中安装一个 MP3 音乐控制模块，通过移动端与嵌入式网关之间的 WIFI 通信方式，在网络调试助手界面上发送十六进制控制命令给嵌入式网关，然后通过 ZigBee 无线传感网络传输至 MP3 控制模块，最后对 MP3 音乐模块无线控制，实现歌曲的播放、停止、上一首、下一首以及音量的调节控制。如图 7－2 所示无线音乐播放控制功能结构。

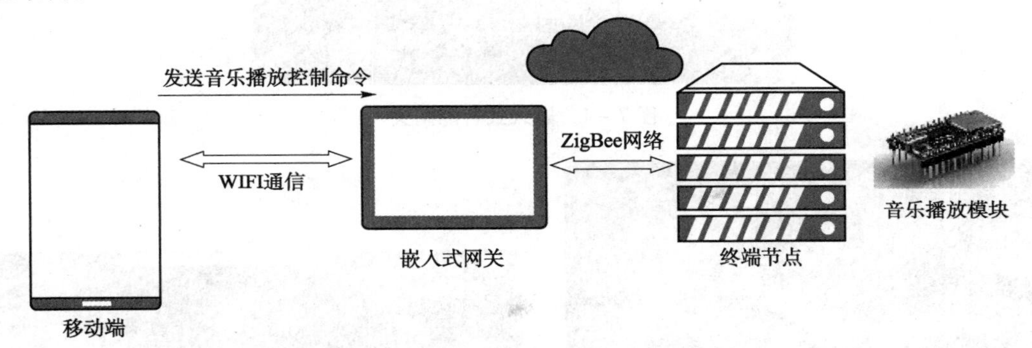

图 7－2　无线音乐播放控制功能结构

7.1.2　任务分析

这里 WIFI 通信主要实现音乐无线播放控制功能。Android 移动端通过网络调试助手界面发送十六进制音乐播放控制命令，包括音乐播放和停止，循环播放歌曲、前一首和下一首歌曲播放以及音量调节命令。首先由网络调试助手界面上发送至嵌入式网关中的 WIFI 无线通信模块，然后通过 WIFI 转串口发送至 ZigBee 协调器，再由 ZigBee 协调器通过无线传感网络发送至 ZigBee 终端节点，实现对音乐模块的控制，如图 7－3 所示。

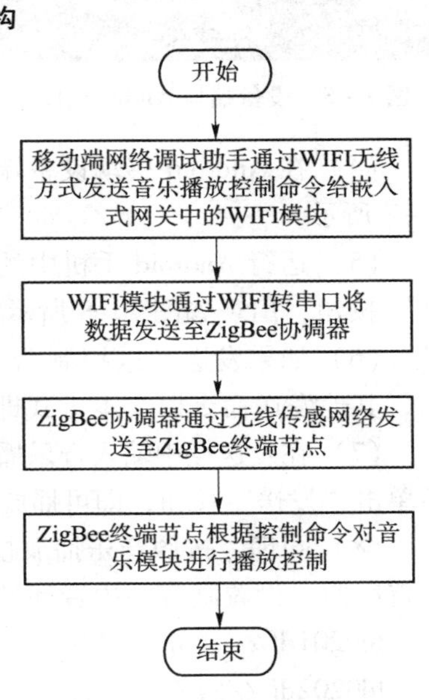

图 7－3　音乐播放无线控制流程图

7.1.3　操作方法与步骤

WIFI 模块网络参数配置如下：

（1）打开物联网设备电源，中央通信处理模块中的 WIFI 模块可以根据相应的参数设置，作为 AP 热点组建局域网，实现 WIFI 无线采集和控制，如图 7－4 所示。

（2）将功能开关挡位切换到手机端挡之后，可以通过移动端对物联网设备中的音乐模块机进行控制，如图7－5所示。

（3）WIFI 通信所使用的 MP3 音乐播放控制模块如图 7－6 所示。

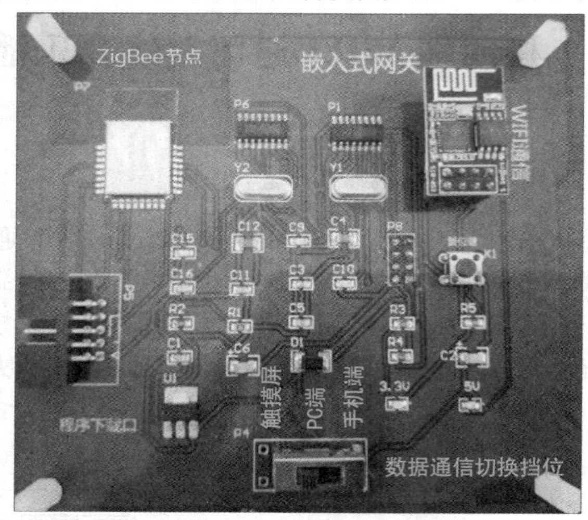

图 7－4　嵌入式智能网关

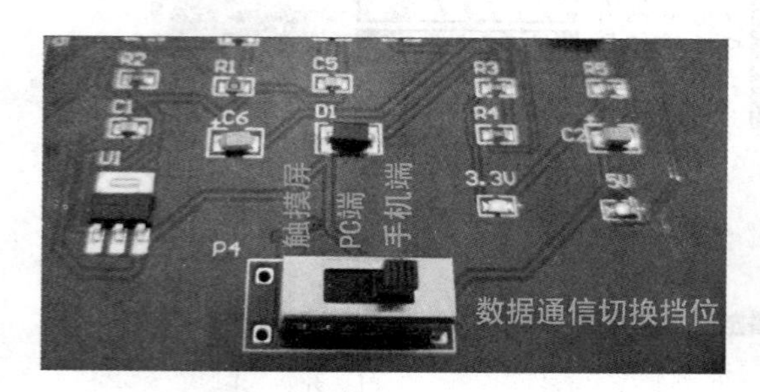

图 7－5　设备端与 Android 移动端通信挡位

图 7－6　MP3 音乐播放控制模块

（4）在 Android 移动设备端上，打开 WIFI 功能，连接 WIFI 模块热点 CYWL001，如图 7－7 所示。

（5）运行 Android 手机中的网络调试助手软件，选择 tcpclient 通信模式，然后单击“增加”按钮，出现如图 7－8 所示对话框，IP 地址输入 192.168.4.1，端口为 8002。

（6）如果发送音乐控制命令，需要将客户端发送方式设置为十六进制，如图 7－9 所示，其他发送命令以文本方式即可。

（7）在发送栏中输入音乐播放控制命令，如 FD0201DF，这里要每两位数值加入空格，然后单击“发送”按钮，即可播放音乐，如图 7－10 所示。

（8）同理，按照音乐播放控制步骤，可以发送音乐暂停、音乐停止、上一首歌曲、下一首歌曲、设置高音、中音和低音等指令，具体指令如下：

fd0201df //播放

fd0202df //暂停

fd020Edf //停止

fd0203df //下一首

fd0204df //上一首

fd03311Edf //设置高音

fd03310Fdf //设置高音

fd033105df //设置低音

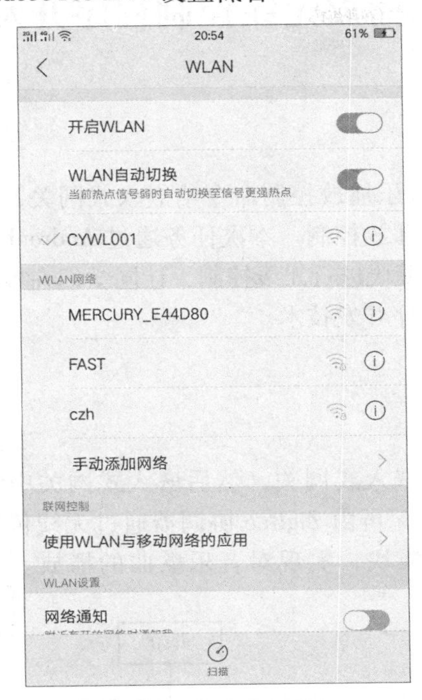

图 7－7　连接 WIFI 模块热点

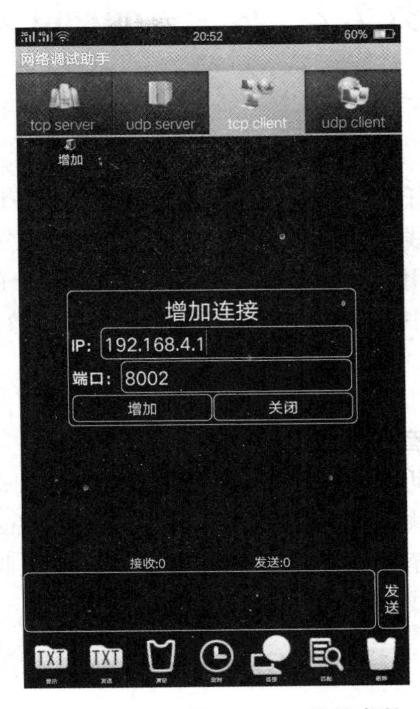

图 7－8　设置 tcpclient 连接参数

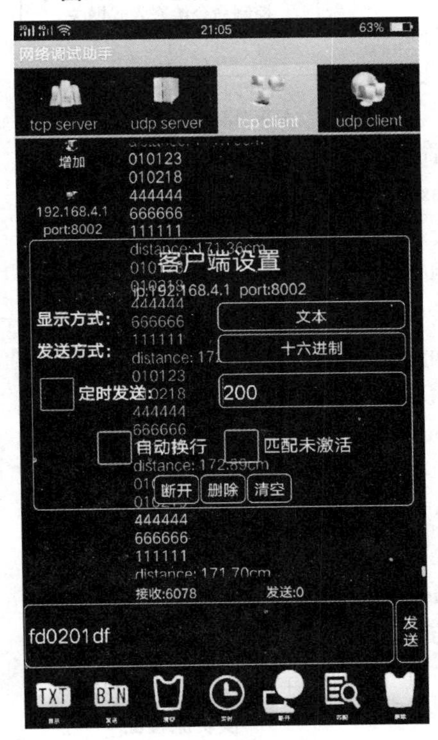

图 7－9　客户端设置十六进制发送方式

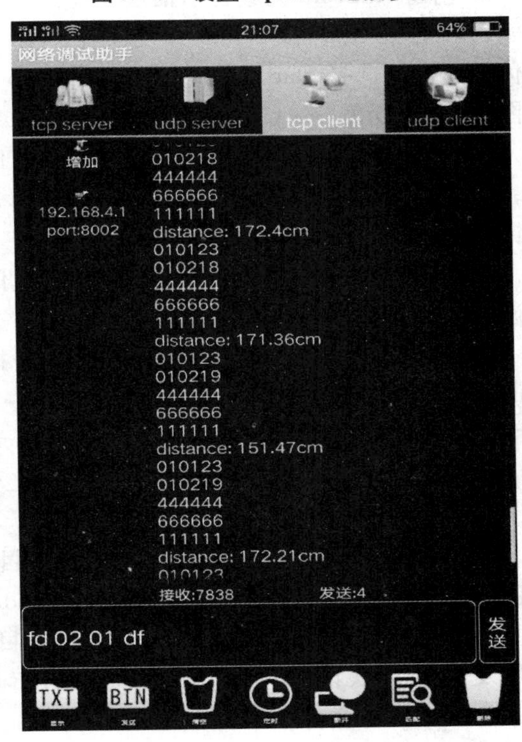

图 7－10　移动设备 TCP 客户端发送音乐控制命令

任务 7.2　基于 Android 无线音乐播放无线控制程序开发

7.2.1　任务描述

在任务 7.1 中，移动端可以通过 WIFI 方式发送音乐播放控制命令给嵌入式网关，然后通过无线传感网络到达终端节点模块，实现无线音乐播放控制。本次任务通过 Android 音乐播放应用编程，实现对物联网设备平台上的音乐播放模块进行无线控制，让同学们在本次项目实践中能够学习和掌握Android音乐播放无线控制程序开发技术。

7.2.2　任务分析

1. 音乐播放控制模块设计

移动端通过 WIFI 无线方式发送控制命令信息给嵌入式网关，然后嵌入式网关中无线通信模块通过 WIFI 转串口将数据发给 ZigBee 协调器，再由 ZigBee 协调器通过无线传感网络发送至 ZigBee 终端通信节点，从而控制音乐播放模块，实现对音乐歌曲的播放。音乐播放无线控制程序流程如图 7－11 所示。

7.2.3　操作方法与步骤

1. 创建 Android 无线音乐播放控制程序工程项目

（1）打开 Android Studio 开发环境，项目选择对话窗体界面上，选择 Start a new Android Studio project 项，如图 7－12 所示。

（2）在如图 7－13 所示的创建 Android 工程对话框中，应用程序名称输入 MusicControlapp，单击“Next”按钮。

（3）选择合适的 Android SDK 版本，这里手机和平板设备选择 API 22 版本，如图 7－14 所示。

（4）在添加 Activity 的对话框内，选择“Empty Activity”模板，单击“Next”按钮，如图 7－15 所示。

（5）在定制 Activity 的对话框内，设置 Activity Name 为“MainActivity”，Layout Name 为“activity_main”，单击“Finish”按钮，如图 7－16 所示。

（6）Android 无线音乐播放控制程序项目创建完成之后，会自动打开项目开发主界面。在 Android Studio 的主界面上，除了菜单工具栏外，主要是项目结构与项目开发两栏，默认打开 activity_main 的布局文件和 MainActivity.java 文件，如图 7－17 所示。

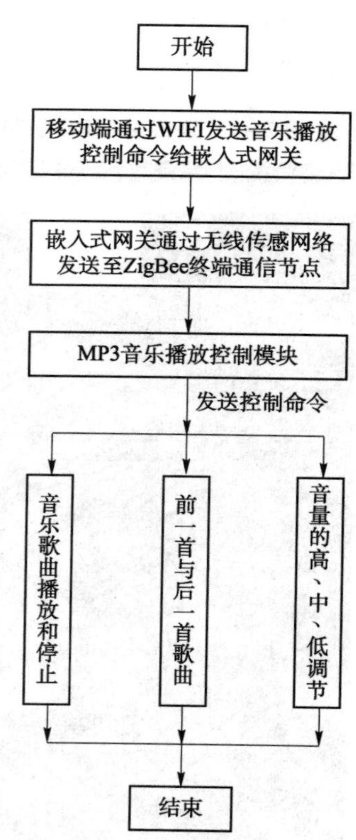

图 7－11　音乐播放控制模块流程图

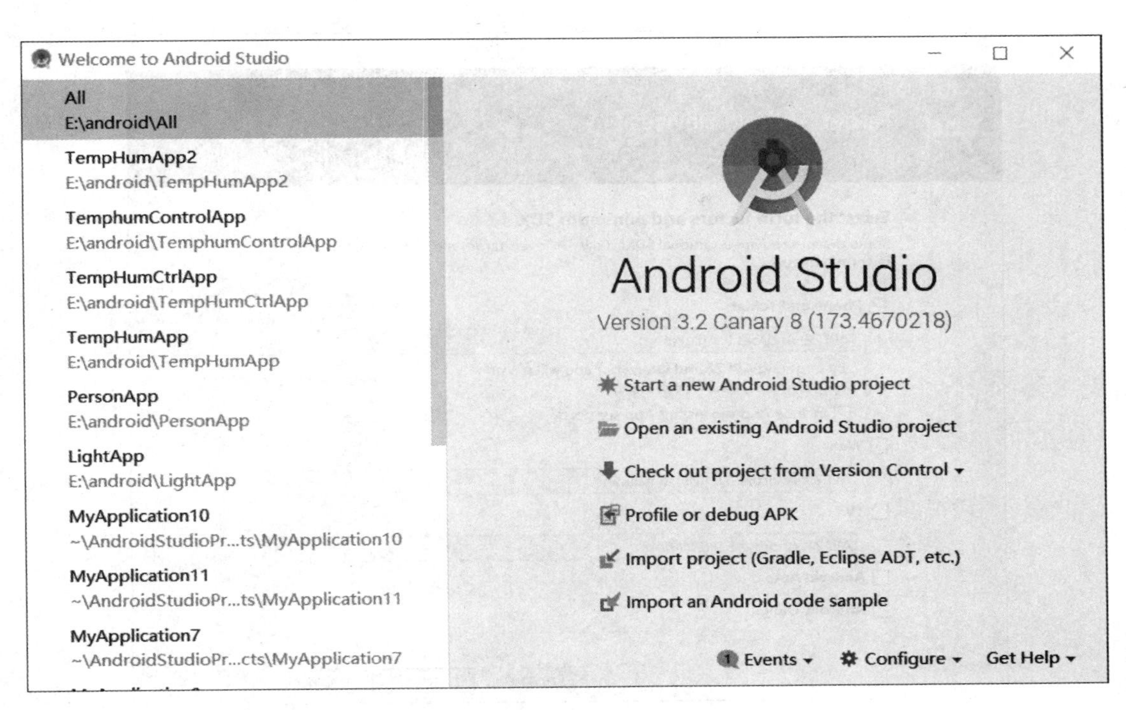

图 7－12　新建工程对话框

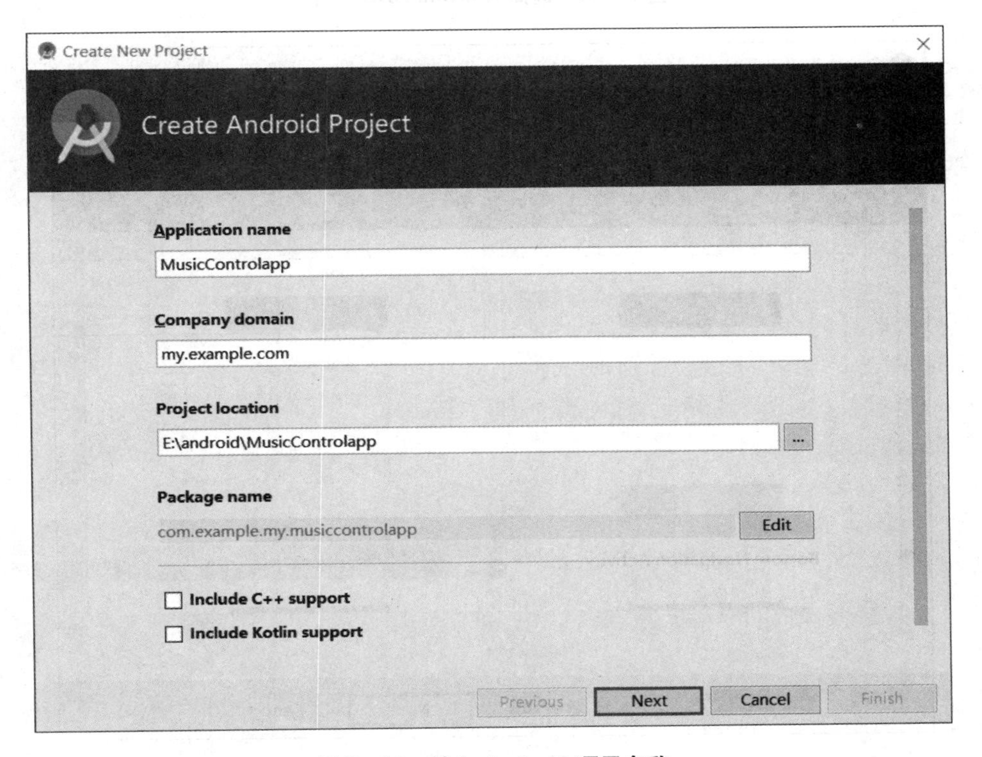

图 7－13　输入 Android 项目名称

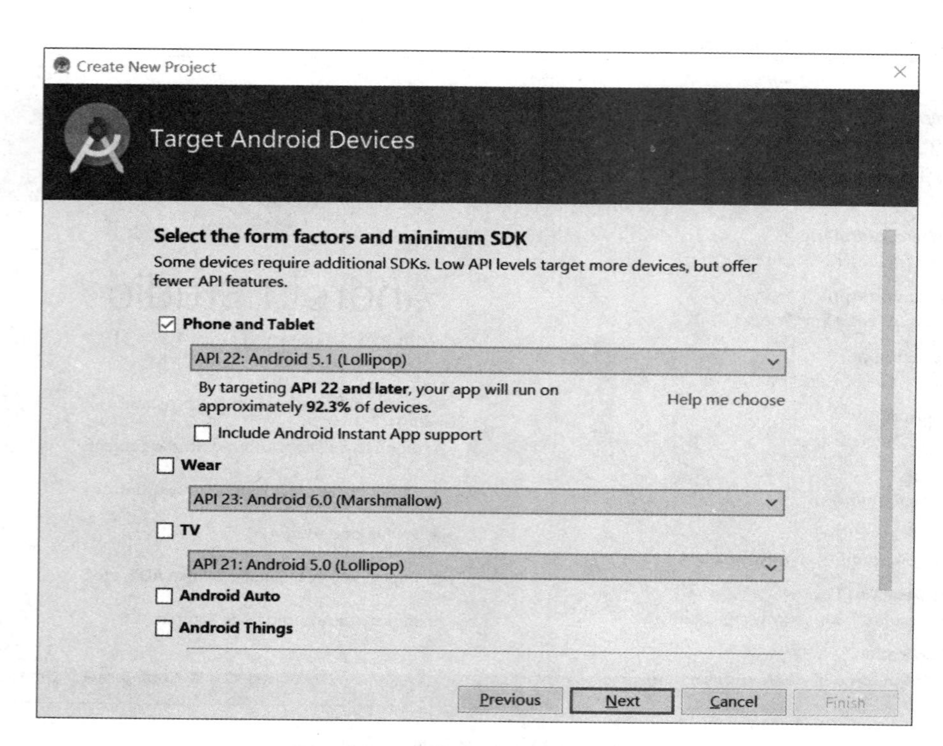

图 7－14　选择 Android SDK 版本

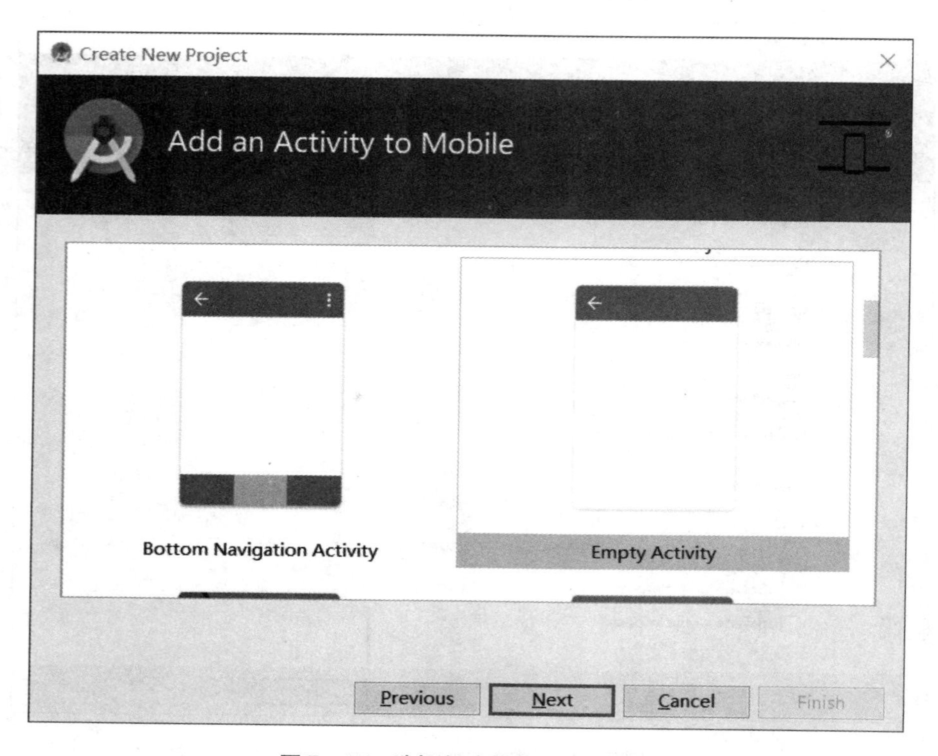

图 7－15　选择创建的 Activity 样式

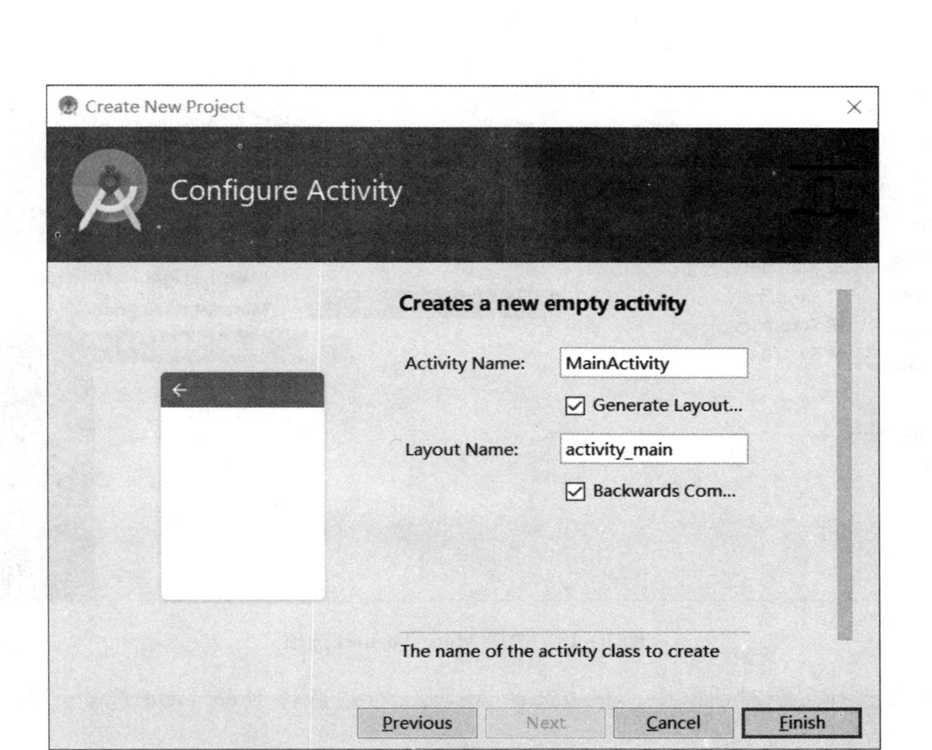

图 7－16　设置文件名称

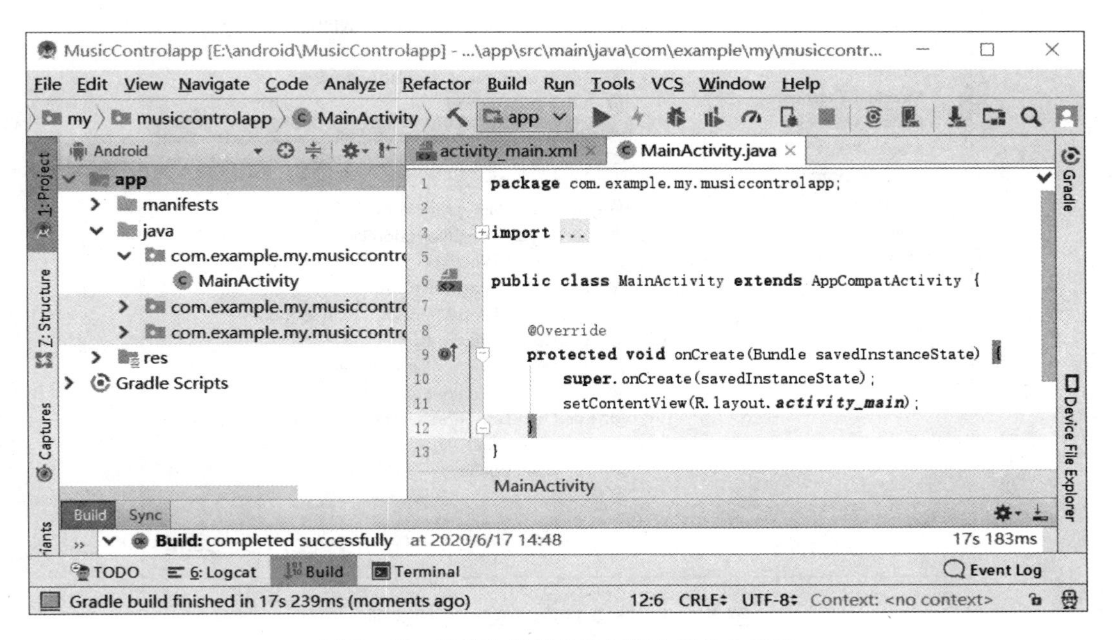

图 7－17　无线音乐播放控制程序开发主界面

2. 无线音乐播放控制程序窗体界面设计

（1）打开 activity_main 文件，显示 Android 的设计界面，为了能够显示标题栏，在 AppTheme下拉列表中选择 More Themes…选项，如图 7－18 所示。

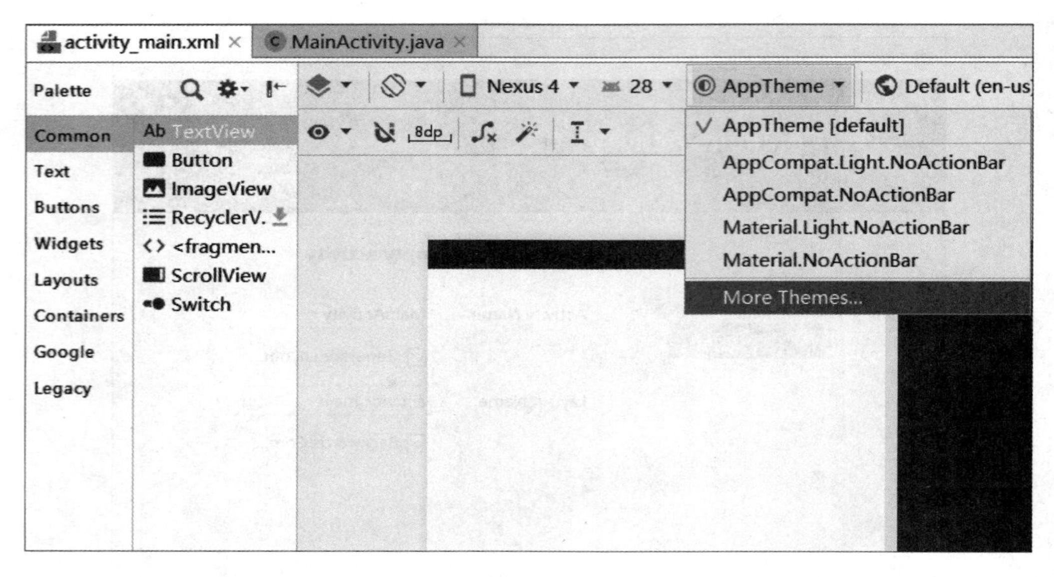

图 7-18　选择 More Themes 选项

（2）在选择主题对话框中，左边选择 All 项，右边选择 Holo. Light 选项，如图 7-19 所示。

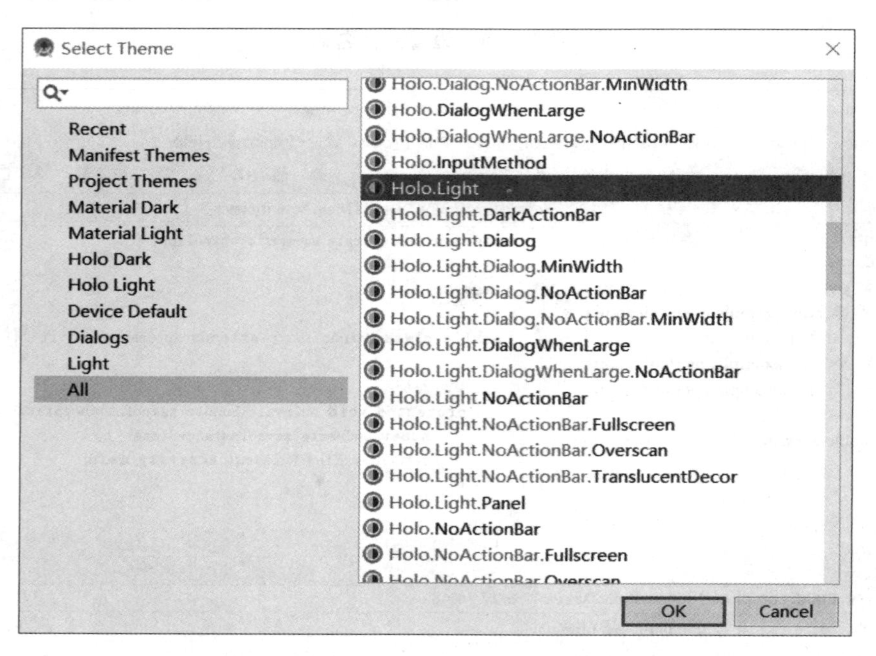

图 7-19　选择 Holo. Light 主题选项

（3）设置主题风格完成之后，显示带有标题栏的 Android 的设计界面，左边界面显示设计效果，右边界面显示控件摆放的轨迹，如图 7-20 所示。

（4）选择 activity_main 文件的 Text 选项，显示界面的 XML 代码，项目界面布局默认采用约束布局方式，如图 7-21 所示。

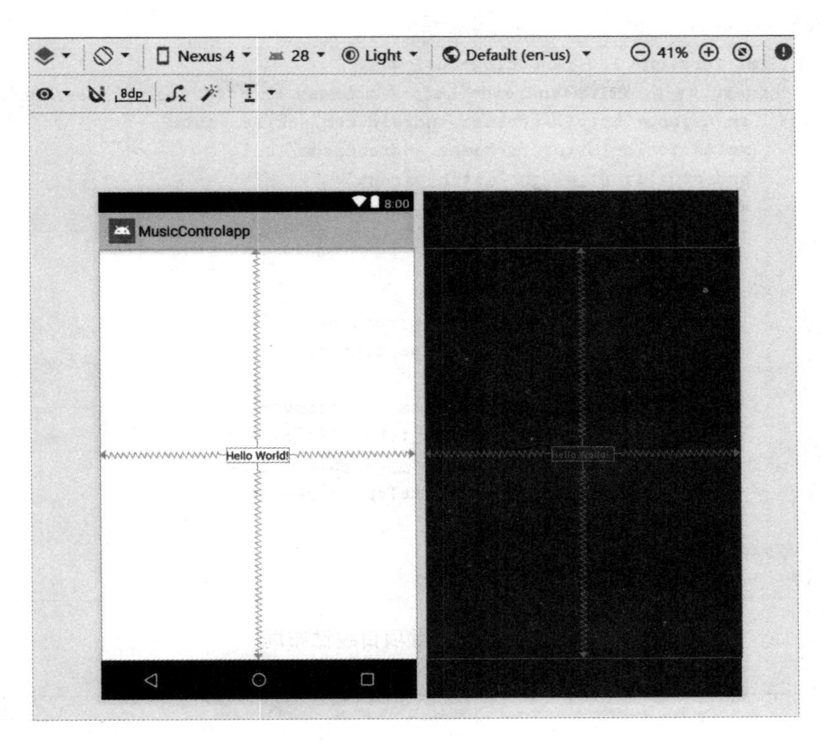

图 7－20　显示主题模板风格

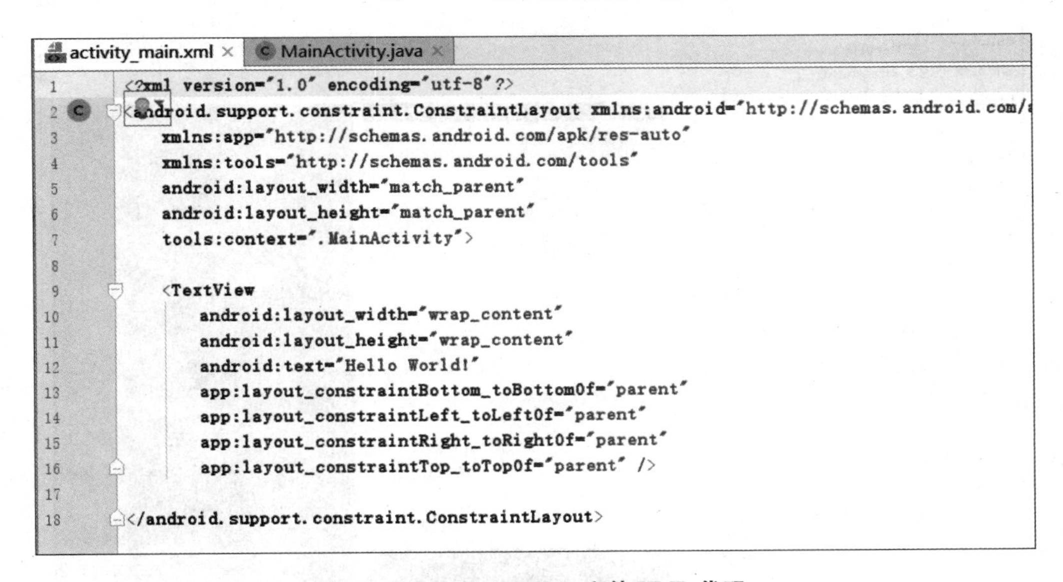


```
<?xml version="1.0" encoding="utf-8"?>
<android.support.constraint.ConstraintLayout xmlns:android="http://schemas.android.com/
    xmlns:app="http://schemas.android.com/apk/res-auto"
    xmlns:tools="http://schemas.android.com/tools"
    android:layout_width="match_parent"
    android:layout_height="match_parent"
    tools:context=".MainActivity">

    <TextView
        android:layout_width="wrap_content"
        android:layout_height="wrap_content"
        android:text="Hello World!"
        app:layout_constraintBottom_toBottomOf="parent"
        app:layout_constraintLeft_toLeftOf="parent"
        app:layout_constraintRight_toRightOf="parent"
        app:layout_constraintTop_toTopOf="parent" />

</android.support.constraint.ConstraintLayout>
```

图 7－21　activity_main 文件 XML 代码

（5）通过修改 ConstraintLayout 为 LinearLayout，将项目的约束布局方式修改为线性布局方式，如图 7－22 所示，显示界面的 XML 代码。

（6）修改完成之后，选择 activity_main 文件的 Design 选项，在 Component Tree 栏显示为 LinearLayout，如图 7－23 所示。

图 7－22　设置项目线性布局

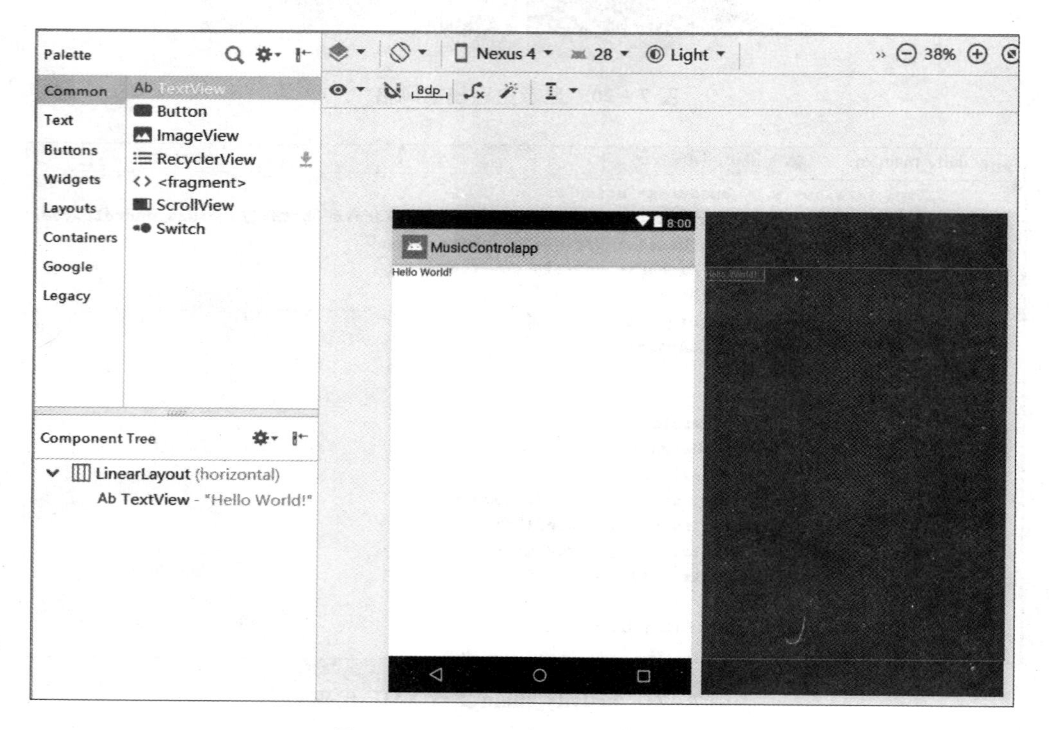

图 7－23　项目界面的线性布局效果

（7）选择 LinearLayout 属性，在 orientation 方向属性栏中选择 vertical，即垂直对齐方式，设置 Layout_height 属性值为 wrap_content，如图 7－24 所示。

（8）对齐方式 gravity 属性栏中选择top｜center，即中间顶部对齐方式，如图 7－25 所示。

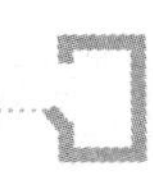

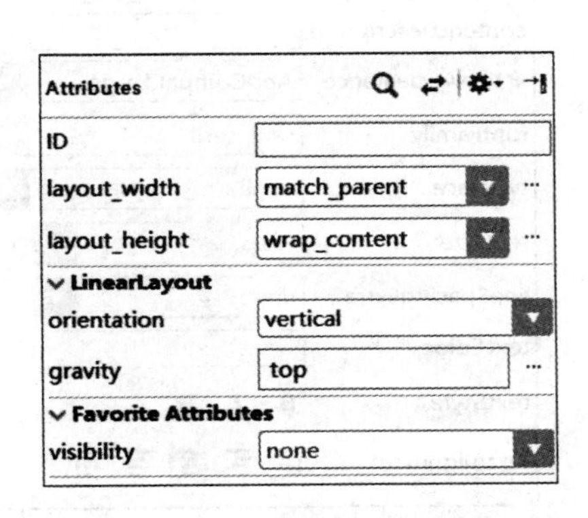

图 7-24　设置 orientation 属性

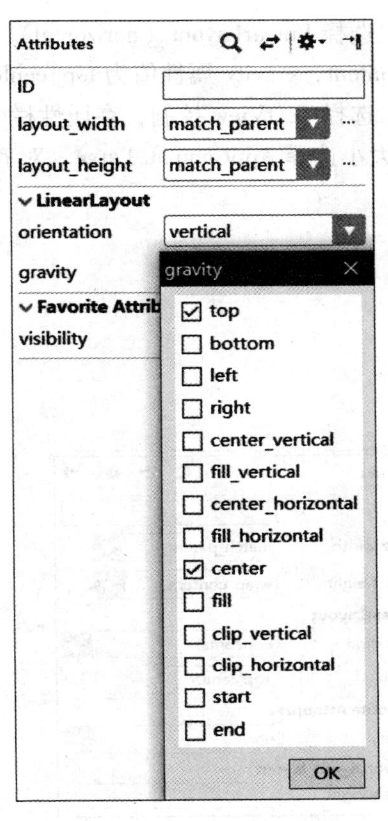

图 7-25　设置 gravity 属性

（9）在 Palette 工具栏中，选择 LinearLayout（horizontal）布局控件拖动到界面上，同理，选择 TextView 文本控件拖动到界面上，如图 7-26 所示。

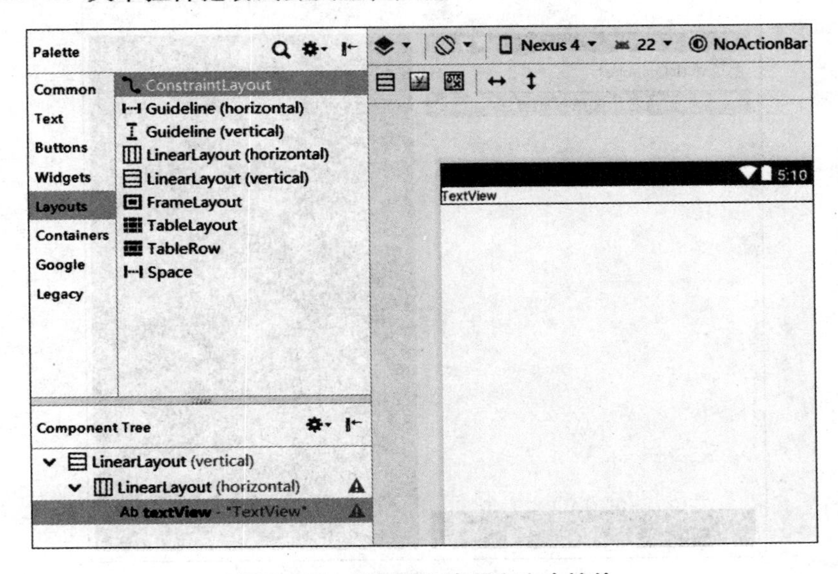

图 7-26　设置标题布局和文本控件

（10）选择 LinearLayout（horizontal）布局控件，在属性栏中，设置 layout_height 属性值为 wrap_content，gravity 属性值为 top|center 如图 7－27 所示。

（11）选择 TextView 控制，在属性栏中将 text 属性值设置为“无线音乐播放控制程序”，设置字体大小选择 AppCompat. Large，对齐方式选择中间对齐，如图 7－28 所示。

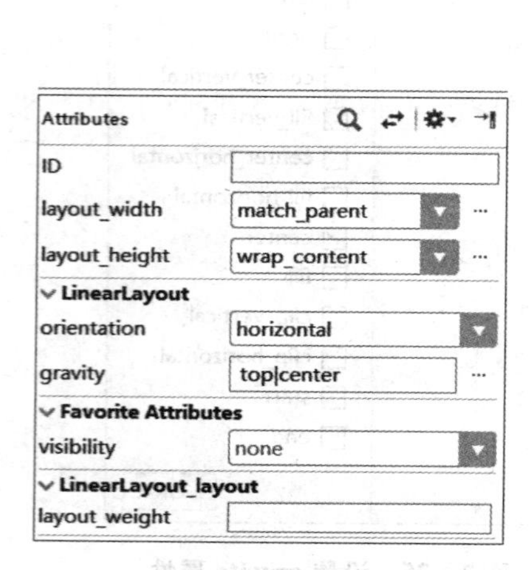

图 7－27　水平布局控件属性

图 7－28　设置标题文本属性

（12）标题文本控件设置完成之后，显示如图 7－29 所示界面效果。

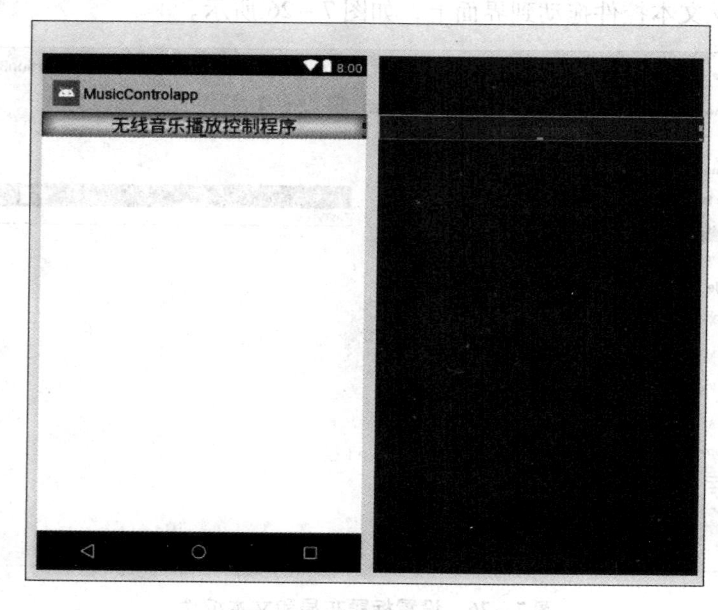

图 7－29　标题显示效果

（13）左上角标题栏显示英文的项目名称，为了显示中文项目名称，这里打开 strings. xml 文件，在 string 标签中设置“音乐播放控制程序”，如图 7－30 所示。

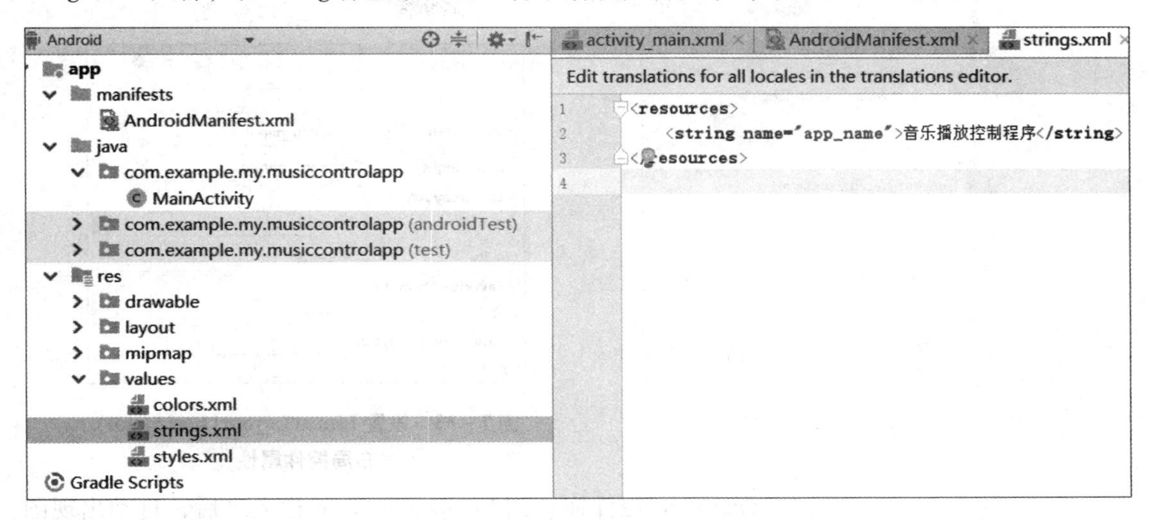

图 7－30　修改 strings. xml 文件内容

（14）项目名称设置完成之后，显示如图 7－31 所示界面效果。

图 7－31　项目标题栏显示

（15）为了在界面上显示相应图片，这里需要将程序中图片复制到 Drawable 目录下，如图 7－32 所示。

（16）将 Palette 工具栏中 LinearLayout（horizontal）布局控件拖动到 Component Tree 栏上，在属性栏中设置 Layout_height 属性值为 wrap_content，gravity 设置为 center，如图 7－33 所示。

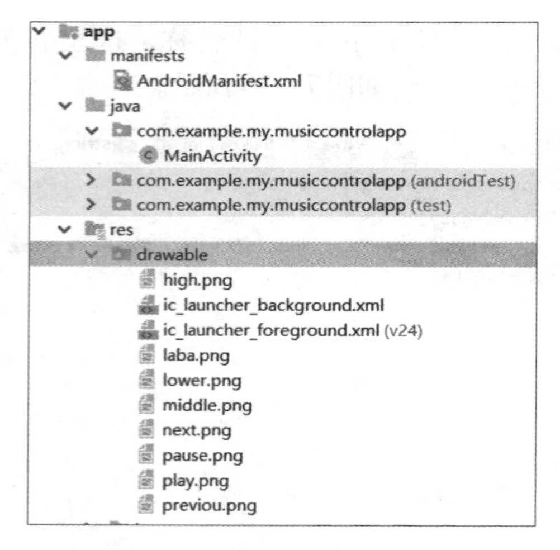

图 7－32　加入程序显示图片

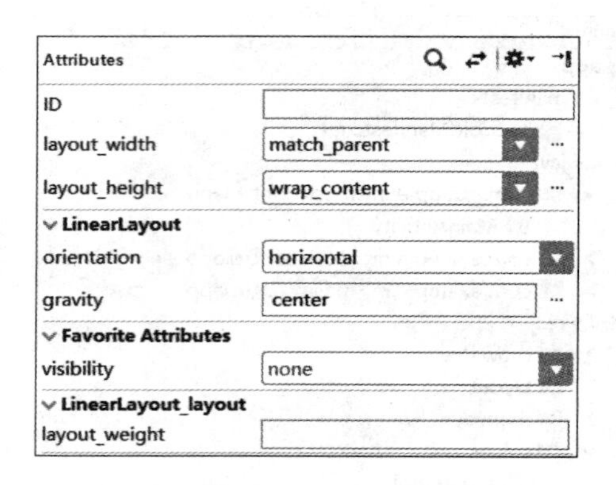

图 7－33　设置 LinearLayout(horizontal)布局控件属性

（17）将 Palette 工具栏中 imageView 控件拖动到 Component Tree 栏上之后，自动出现图片选择对话框，这里从 Project 中选择有光照图片，单击“OK”按钮，如图 7－34 所示。

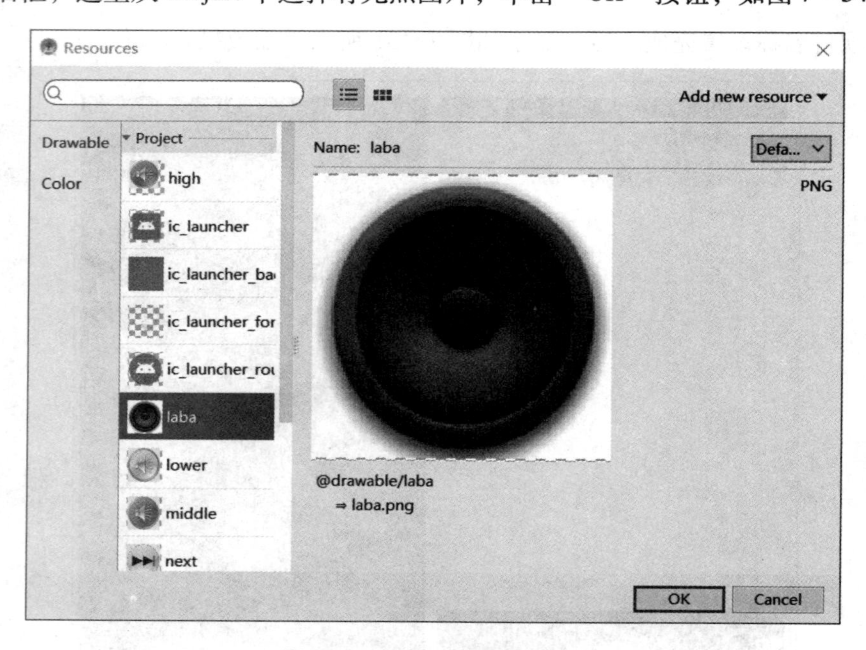

图 7－34　选择光照显示图片

（18）图片设置完成之后，界面显示效果如图 7－35 所示。

（19）同理，将 Palette 工具栏中 LinearLayout （horizontal） 布局控件拖动到 Component Tree 栏上，再将三个 imageButton 控件拖动到 Component Tree 栏上之后，代表音乐播放与停止、前一首歌曲、下一首歌曲图片显示，设置完成之后如图 7－36 所示。

（20）在 Palette 工具栏中，选择其他相关控件拖动到 Component Tree 栏上，设置相应属性值之后，显示如图 7－37 所示。

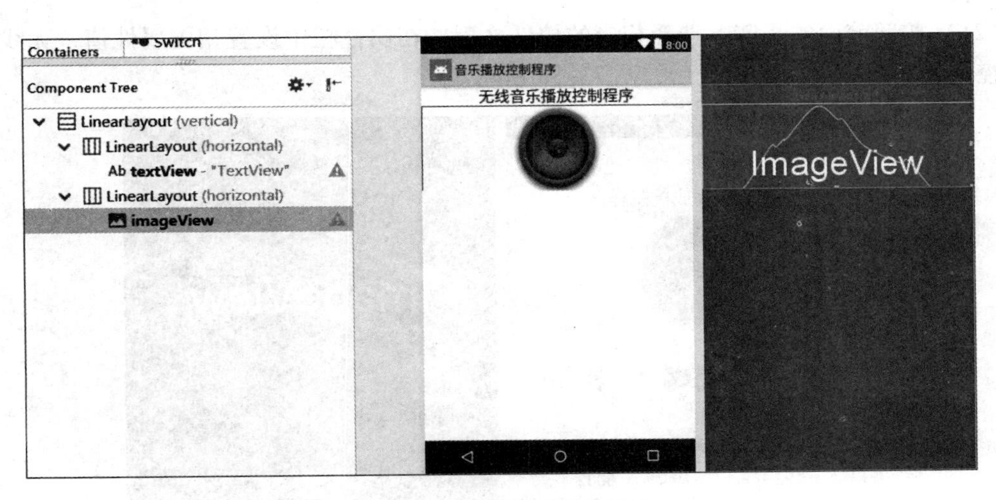

图 7 – 35　音乐喇叭图片显示

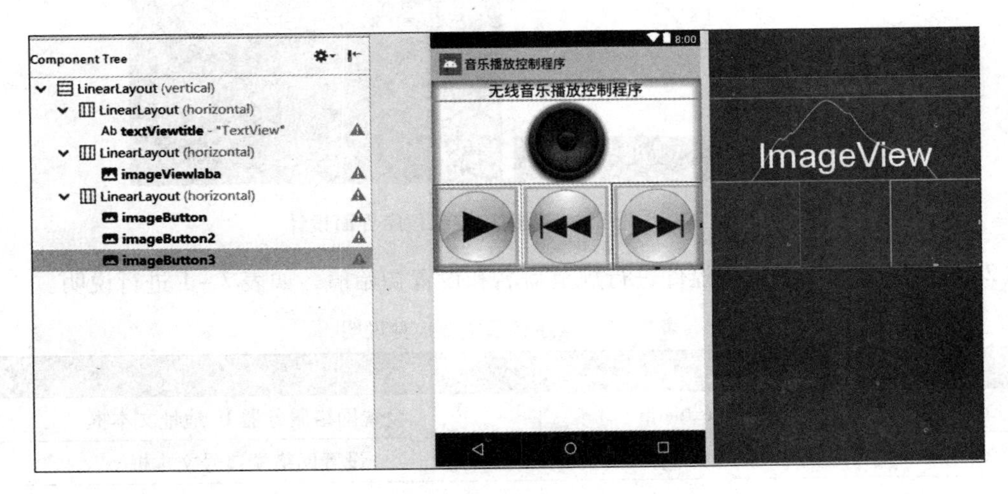

图 7 – 36　光照图片和文本控件显示

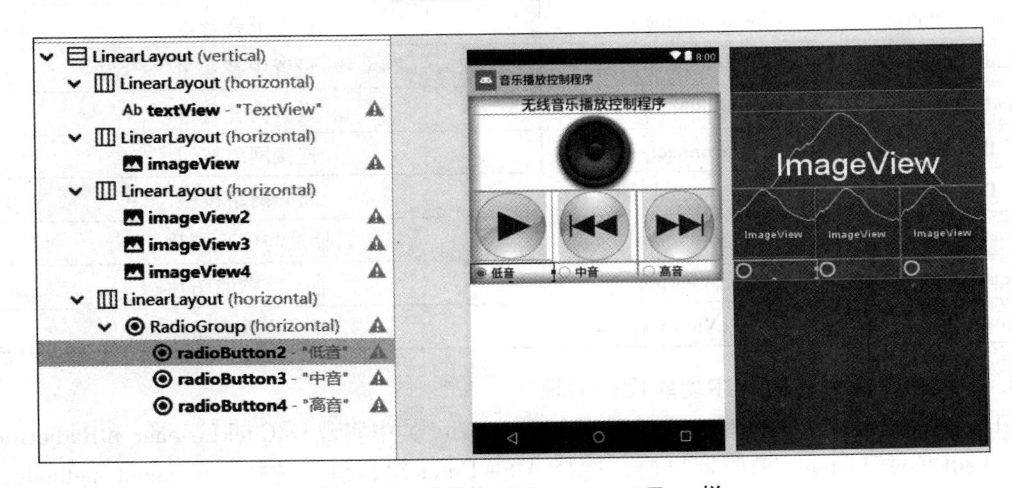

图 7 – 37　控件拖至 Component Tree 栏

（21）按照前面的步骤，选择相应的控件之后，在属性栏中设置相关属性值，无线音乐播放控制程序界面设计完成之后如图 7－38 所示。

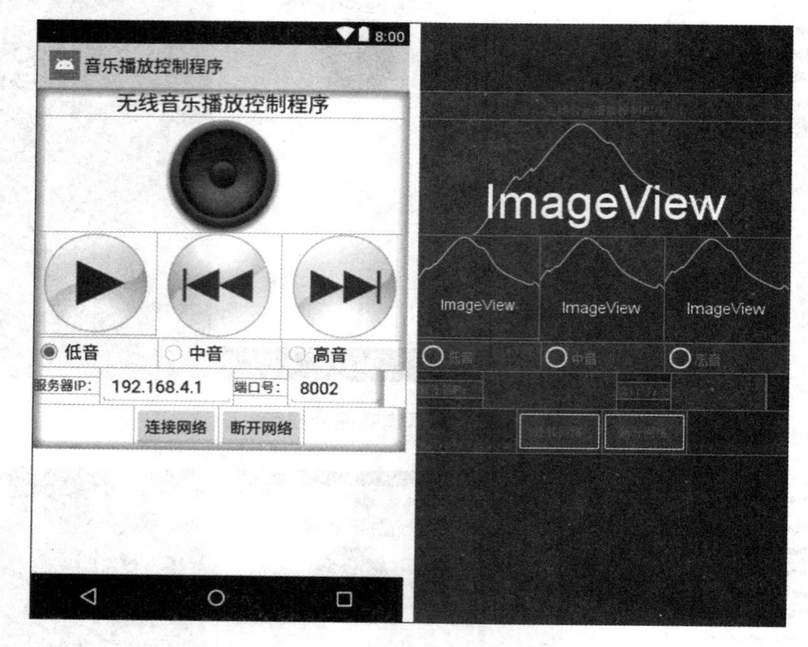

图 7－38　无线音乐播放控制程序界面设计

（22）将图 7－37 中主要控件进行规范命名和设置初始值，如表 7－1 进行说明。

表 7－1　程序各项主要控件说明

控件名称	命名	说明
EditText	editTextnetip	设置网络服务器 IP 地址文本框
EditText	editTextnetport	设置网络端口号文本框
RadioGroup	RadioGroupvolume	设置音量调节
RadioButton	radioButtonlow	设置低音音量
RadioButton	radioButtonmiddle	设置中音音量
RadioButton	radioButtonhigh	设置高音音量
Button	btnconnect	连接网络按钮
Button	btndisconnect	断开网络按钮
ImageView	imageViewplay	播放与停止图片
ImageView	imageViewpre	前一首歌曲图片
ImageView	imageViewnext	下一首歌曲图片

3. 无线音乐播放控制程序功能代码实现

（1）本项目 Button 按钮单击事件采用 MainActivity 类中实现 OnClickListener 和RadioGroup. OnCheckedChangeListener 监听器接口，选择 Alt + Enter 组合键，选择 Implement methods，如图 7－39 所示。

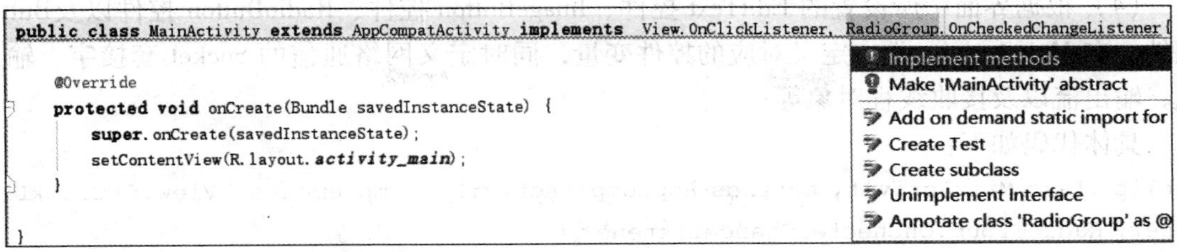

```
public class MainActivity extends AppCompatActivity implements View.OnClickListener, RadioGroup.OnCheckedChangeListener {

    @Override
    protected void onCreate(Bundle savedInstanceState) {
        super.onCreate(savedInstanceState);
        setContentView(R.layout.activity_main);
    }
}
```

Implement methods
Make 'MainActivity' abstract
Add on demand static import for
Create Test
Create subclass
Unimplement Interface
Annotate class 'RadioGroup' as @

图 7－39　实现 OnClickListener 监听器接口

（2）当选择 Implement methods 项之后，出现单击事件对话框，选择 onClick 方法，如图 7－40 所示。

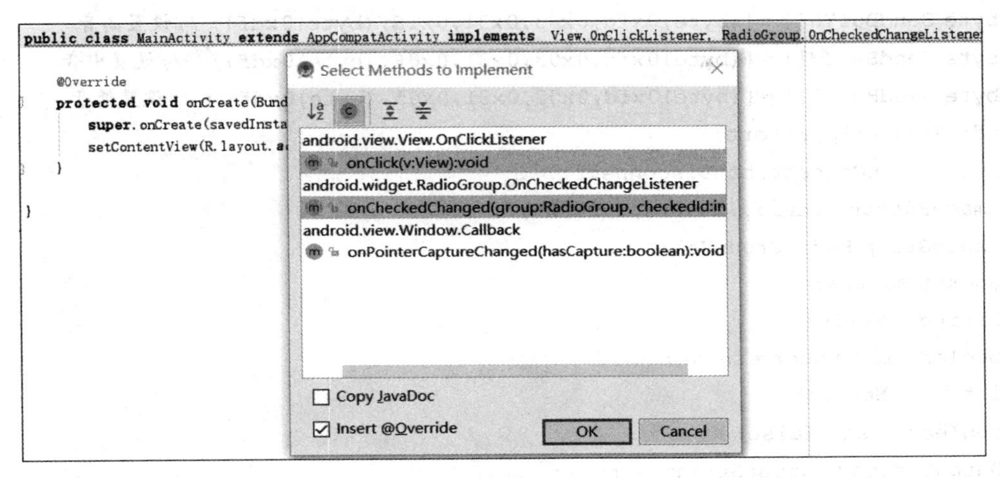

图 7－40　选择 OnClick 方法

（3）当选择 onClick 方法和 onCheckedChanged 之后，代码栏中自动实现如图 7－41 所示的 onClick 方法代码框架。

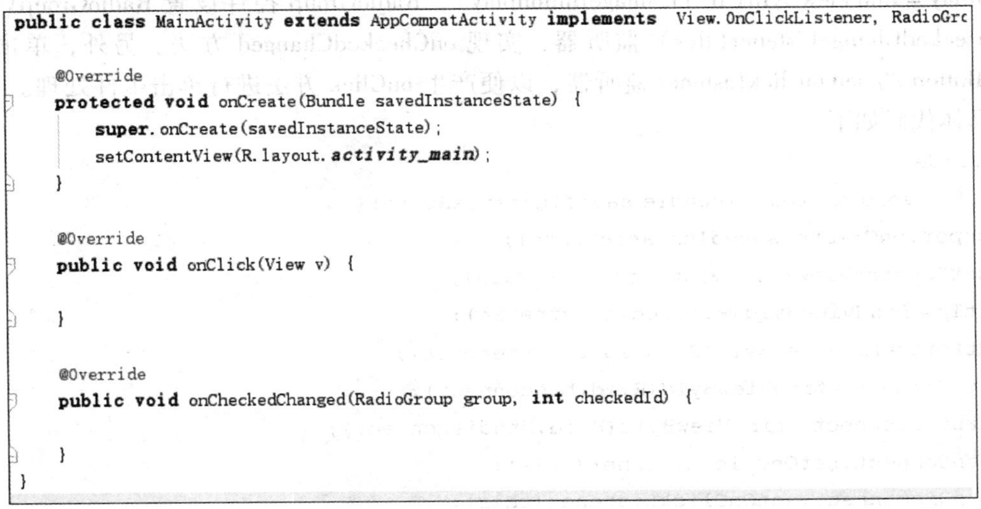

```
public class MainActivity extends AppCompatActivity implements View.OnClickListener, RadioGrc

    @Override
    protected void onCreate(Bundle savedInstanceState) {
        super.onCreate(savedInstanceState);
        setContentView(R.layout.activity_main);
    }

    @Override
    public void onClick(View v) {

    }

    @Override
    public void onCheckedChanged(RadioGroup group, int checkedId) {

    }
}
```

图 7－41　OnClick 和 onCheckedChanged 方法代码框架

（4）根据界面中所设置的 EditText 控件、ImageButton 控件、RadioButton 控件以及Button 控件，在 MainActivity 类中定义对应的控件变量，同时定义网络通信的 Socket 套接字、输入流、输出流以及接收线程对象等。

具体代码如下：

```
public class MainActivity extends AppCompatActivity  implements  View.OnClickLis-
tener, RadioGroup.OnCheckedChangeListener {
    byte SendBufPlay[] = {(byte)0xfd,0x02,0x01,(byte)0xdf}; //播放
    byte SendBufStop[] = {(byte)0xfd,0x02,0x0E,(byte)0xdf}; //停止
    byte SendBufNext[] = {(byte)0xfd,0x02,0x03,(byte)0xdf};  //下一首
    byte SendBufPre[] = {(byte)0xfd,0x02,0x04,(byte)0xdf};  //上一首
    byte SendBufYH[] = {(byte)0xfd,0x03,0x31,0x1E,(byte)0xdf}; //设置高音
    byte SendBufYM[] = {(byte)0xfd,0x03,0x31,0x0F,(byte)0xdf};  //设置中音
    byte SendBufYL[] = {(byte)0xfd,0x03,0x31,0x05,(byte)0xdf} ; //设置低音
    EditText EtIp,EtPort;
    Button btnConnect,btnDisconnect;
    ImageButton btnPlay,btnPre,btnNext;
    RadioGroup RadioGroupVol;
    Socket socket;
    String  NetIp;
    boolean isConnect = false;
    int     NetPort;
    boolean flag = false;
    OutputStream outputStream = null;
    InputStream inputStream = null;
    final int SERVER_PORT = 8002;
```

（5）在 onCreate 方法中通过调用 findViewById 方法将控件的 ID 号转变为对象变量，如 btnPlay = findViewById(R. id. imageButtonplay)；RadioGroup 控件设置 RadioGroupVol. setOnCh eckedChangeListener(this) 监听器，实现 onCheckedChanged 方法。另外，单击按钮设置 Button 的 setOnClickListener 监听器，以便产生 onClick 方法进行单击事件处理。

具体代码如下：

```
@ Override
protected void onCreate(Bundle savedInstanceState){
    super.onCreate(savedInstanceState);
    setContentView(R.layout.activity_main);
    EtIp = findViewById(R.id.editTextnetip);
    EtPort = findViewById(R.id.editTextnetport);
    btnConnect = findViewById(R.id.btnconnect);
    btnDisconnect = findViewById(R.id.btndisconnect);
    btnConnect.setOnClickListener(this);
    btnDisconnect.setOnClickListener(this);
    btnPlay = findViewById(R.id.imageButtonplay);
```

```
    btnPre = findViewById(R.id.imageButtonpre);
    btnNext = findViewById(R.id.imageButtonnext);
    btnPlay.setOnClickListener(this);
    btnPre.setOnClickListener(this);
    btnNext.setOnClickListener(this);
    RadioGroupVol = findViewById(R.id.RadioGroupvolume);
    RadioGroupVol.setOnCheckedChangeListener(this);
}
```

（6）在连接网络按钮事件处理方法中主要完成线程的启动，实现网络连接功能。在断开网络按钮事件处理方法中主要完成输入流和套接字关闭功能，另外为了能够控制音乐播放、停止，前一首歌曲和下一首歌曲，可以将十六进制控制命令通过 Message 对象作为参数调用 Handler 的 sendMessage 方法，发送给 UI 主线程处理。

具体代码如下：

```
@ Override
public void onClick(View v){
    switch(v.getId())
    { case R.id.btnconnect:
        Thread thread = new Thread(Connectthread);thread.start();
        Toast.makeText(MainActivity.this,"网络连接成功",Toast.LENGTH_SHORT).show();
        btnConnect.setEnabled(false);
        btnDisconnect.setEnabled(true);break;
        case R.id.btndisconnect:
            if(isConnect){
                try { inputStream.close();
                        socket.close();
                        isConnect = false;
                        btnDisconnect.setEnabled(false);
                        btnConnect.setEnabled(true);
                        Toast.makeText (MainActivity.this, "网络断开", Toast.LENGTH_
SHORT).show();
                } catch(IOException e){ e.printStackTrace();
                } }
            break;
        case R.id.imageButtonplay:
        {
            if(! flag)
            { flag = true;
                btnPlay.setImageResource(R.drawable.pause);
                Message msg = new Message();
                msg.what = 1;
                msg.obj = SendBufPlay;
```

```
                handler.sendMessage(msg);
            }
            else
            { flag=false;
                btnPlay.setImageResource(R.drawable.play);
                Message msg=new Message();
                msg.what=2;
                msg.obj=SendBufStop;
                handler.sendMessage(msg);
            }
        }
        break;
        case R.id.imageButtonpre: {
            Message msg = new Message();
            msg.what = 3;
            msg.obj =SendBufPre;
            handler.sendMessage(msg);
        }
        break;
        case R.id.imageButtonnext: {
            Message msg = new Message();
            msg.what = 4;
            msg.obj = SendBufNext;
            handler.sendMessage(msg);
        }
        break;
    }
}
```

（7）为了通过启动 Thread 线程连接 WIFI 网络，需要实现 Runnable 接口，在接口 Run 方法中实现套接字对象，并绑定服务器 IP 地址和端口号，另外为了向服务器端发送控制命令，这里创建输入流和输出流对象。

具体代码如下：

```
Runnable  Connectthread=new Runnable(){
    @ Override
    public void run(){
        NetIp=EtIp.getText().toString();
        NetPort=Integer.valueOf(EtPort.getText().toString());
        try {
            socket=new Socket(NetIp,NetPort);
            isConnect=true;
            inputStream = socket.getInputStream();
```

```
                outputStream = socket.getOutputStream();
            } catch(IOException e){
                e.printStackTrace();
            }
        }
}
```

（8）为了能够对音乐实现低音、中音和高音的控制，这里将十六进制控制命令通过 Message 对象作为参数调用 Handler 的 sendMessage 方法，发送给 UI 主线程处理。

具体代码如下：

```
@ Override
public void onCheckedChanged(RadioGroup group, int checkedId){
     Message msg = new Message();
     switch(checkedId){
          case R.id.radioButtonlow:
               msg.what = 5;
               msg.obj = SendBufYL;
               handler.sendMessage(msg);
               break;
          case R.id.radioButtonmiddle:
               msg.what = 6;
               msg.obj = SendBufYM;
               handler.sendMessage(msg);
               break;
          case R.id.radioButtonhigh:
               msg.what = 7;
               msg.obj = SendBufYH;
               handler.sendMessage(msg);
               break;
     }
}
```

（9）当 Handler 对象调用 sendMessage 方法之后，将包含控制音乐播放的 Message 对象发送至 UI 主线程，主线程中的 Handler 对象再次调用 handleMessage 方法处理 Message 对象中的消息数据，并根据 what 属性值 1 和 2 分别将有光照和无光照图片显示在界面中。另外，根据手动控制步进电机 Message 对象中 what 属性值 3 执行步进电机控制。

具体代码如下：

```
Handler handler = new Handler(){
        @ Override
        public void handleMessage(Message msg){
            switch(msg.what){
                case 1:
                    try {
```

```
                outputStream.write((byte[])msg.obj, 0, 4);
                outputStream.flush();
            } catch(IOException e){
                e.printStackTrace();
            }
            break;
        case 2:
            try {
                outputStream.write((byte[])msg.obj, 0, 4);
                outputStream.flush();
            } catch(IOException e){
                e.printStackTrace();
            }
            break;
        case 3:
            try {
                outputStream.write((byte[])msg.obj, 0, 4);
                outputStream.flush();
            } catch(IOException e){
                e.printStackTrace();
            }

            break;
        case 4:
            try {
                outputStream.write((byte[])msg.obj, 0, 4);
                outputStream.flush();
            } catch(IOException e){
                e.printStackTrace();
            }
            break;
        case 5:
            try {
                outputStream.write((byte[])msg.obj, 0, 5);
                outputStream.flush();
            } catch(IOException e){
                e.printStackTrace();
            }
            break;
        case 6:
            try {
                outputStream.write((byte[])msg.obj, 0, 5);
```

```
                    outputStream.flush();
                } catch(IOException e){
                    e.printStackTrace();
                }
                break;
            case 7:
                try {
                    outputStream.write((byte[])msg.obj, 0, 5);
                    outputStream.flush();
                } catch(IOException e){
                    e.printStackTrace();
                }
                break;
        }
        super.handleMessage(msg);
    }
}
```

（10）为了让程序在移动端通过 WIFI 网络连接物联网网关设备中的服务器，需要将 AndroidManifest. xml 文件打开，添加网络访问权限，如图 7－42 所示。

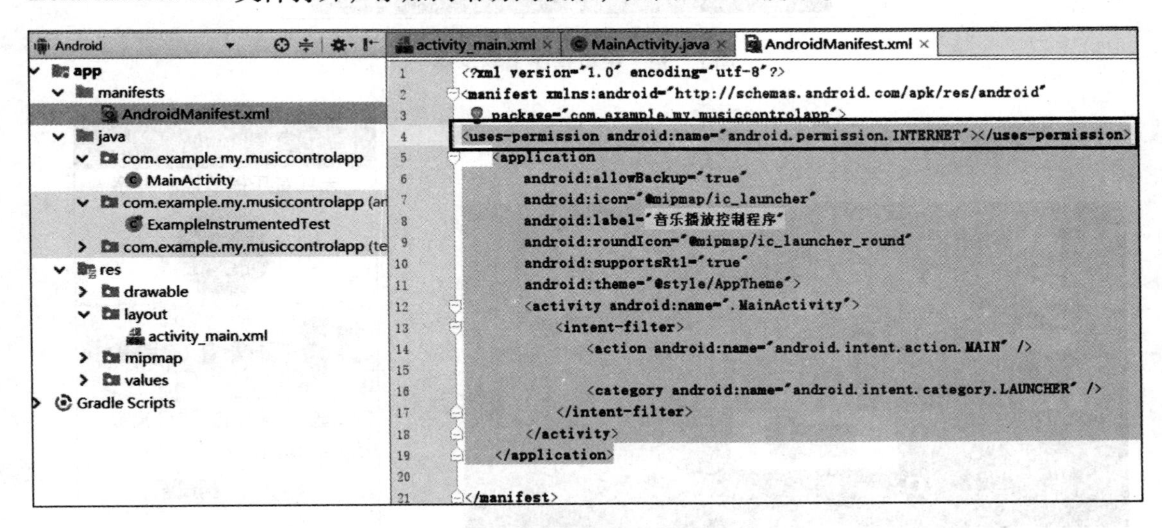

图 7－42　添加网络访问权限

4. 无线音乐播放控制程序下载至移动端运行

（1）程序编译完成之后，单击红色的三角运行按钮“▶”，将音乐播放控制程序下载至移动端，如图 7－43 所示。

（2）将功能开关挡位切换到移动端挡之后，嵌入式网关模块将传感器采集的数据信息通过 WIFI 模块无线发送至手机设备端，从而无线接收各种采集数据，如图 7－44 所示。

（3）当无线音乐播放控制程序下载至移动端之后，首先将移动端 WIFI 网络连接到物联网设备 WIFI 模块的 AP 热点中，然后运行程序，单击连接网络按钮，通过单击音乐播放控制按钮可以实现无线音乐播放控制操作，显示如图 7－45 所示。

图 7－43　单击程序下载按钮

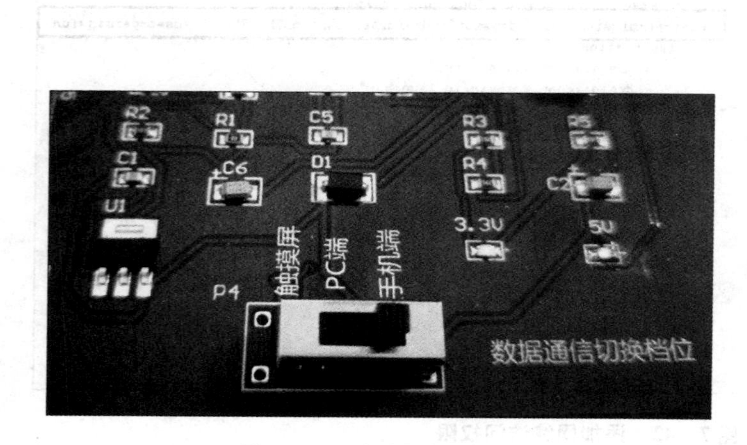

图 7－44　移动端通信挡位

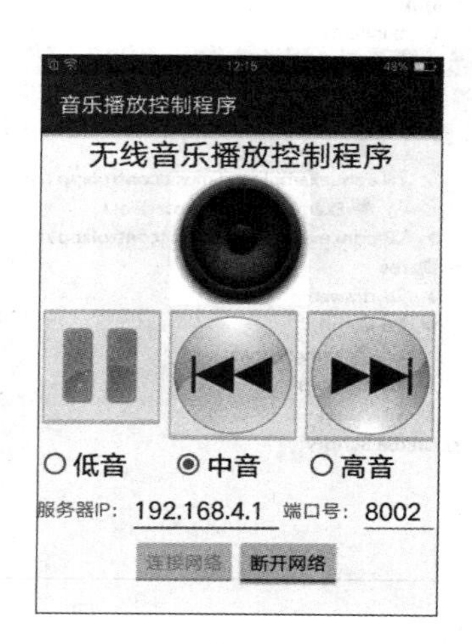

图 7－45　移动端显示音乐播放控制信息